U0304586

水利水电工程施工新技术应用研究

罗晓锐　李时鸿　李友明◎著

吉林科学技术出版社

图书在版编目（ＣＩＰ）数据

水利水电工程施工新技术应用研究 / 罗晓锐，李时鸿，李友明著. -- 长春 ： 吉林科学技术出版社，2022.9
ISBN 978-7-5578-9716-1

Ⅰ．①水… Ⅱ．①罗… ②李… ③李… Ⅲ．①水利水电工程－工程施工－研究 Ⅳ．①TV5

中国版本图书馆 CIP 数据核字 (2022) 第 181209 号

水利水电工程施工新技术应用研究

著　罗晓锐　李时鸿　李友明
出 版 人　宛　霞
责任编辑　周振新
封面设计　南昌德昭文化传媒有限公司
制　　版　南昌德昭文化传媒有限公司
幅面尺寸　185mm×260mm
开　　本　16
字　　数　360 千字
印　　张　17
印　　数　1-1500 册
版　　次　2022 年 9 月第 1 版
印　　次　2023 年 3 月第 1 次印刷

出　　版　吉林科学技术出版社
发　　行　吉林科学技术出版社
地　　址　长春市福祉大路 5788 号出版大厦 A 座
邮　　编　130118
发行部电话/传真　0431—81629529　　81629530　　81629531
　　　　　　　　　　81629532　　81629533　　81629534
储运部电话　0431-86059116
编辑部电话　0431-81629510
印　　刷　三河市嵩川印刷有限公司

书　　号　ISBN 978-7-5578-9716-1
定　　价　95.00 元

《水利水电工程施工新技术应用研究》
编审会

前　言

—— PREFACE ——

　　水是国民经济的命脉，也是人类发展的命脉。水利水电建设关乎国计民生，水利水电工程是我国最重要的基础设施工程建设之一，对我国经济发展、人民日常生活都具有重要作用。

　　在我国社会经济发展的推动下，我国水利水电工程蓬勃发展，取得了一定的成就。随着我国人民生活水平的不断提高，对水利水电工程的建设也提出了新的要求。为适应时代背景下的水利水电工程发展要求，实现水利水电工程的现代化，必须确保水利水电工程的质量符合标准。

　　为了全面实现对水利资源的充分利用，以在缓解能源资源危机的基础上，实现我国经济的可持续发展，国家加大了对水利水电工程项目的投入力度，进而使得相应的工程施工项目逐渐增多。在此背景下，为了全面确保这一工程的施工质量，就需要科学且合理地实现对基础施工技术的应用，以在满足水利水电工程施工实际要求的基础上，确保水利水电工程能够造福于社会，实现自身综合效益的发挥。

　　本书通过工程施工实践检验规划设计方案，使工程完建并投入运用。水利水电工程建设，可以划分为规划、设计和施工等阶段。各个阶段既有分工又有联系，施工以规划、设计的成果为依据，起着将规划和设计方案转变为工程实体的作用。在施工过程中，按照工程招标投标文件的技术要求及相关技术文件要求，既要实现规划设计的意图，又要根据施工条件和工程规范，综合运用与水利水电工程建设有关的技术和科学管理组织，使工程得以优质、高效、低成本地建成和投产。

　　由于水利水电工程与施工研究内容广泛，具有较强的综合性和应用性，加之编者水平有限，时间仓促，书中缺点错误和不妥之处在所难免，敬请读者批评指正，以便今后进一步修改，使之日臻完善。

目 录

CONTENTS

第一章 水利水电工程概述

第一节 水利事业的基础认知

为了充分利用水资源，研究自然界的水资源，对河流进行控制和改造，采取工程措施合理使用和调配水资源，以达到兴利除害的各部门从事的事业统称为水利事业。水利水电工程是以水力发电为主的水利事业。

水利事业的根本任务是除水害和兴水利。除水害主要是防止洪水泛滥和旱涝成灾；兴水利则是从多方面利用水资源为人类服务。主要措施包括：兴建水库、加固堤防、整治河道、增设防洪道、利用洼地湖泊蓄洪、修建提水泵站及配套的输水渠道和隧洞。

水利事业的效益主要有防洪，农田水利、水力发电、工业及生活供水、排水、航运、水产、旅游等。

一、防洪

洪水造成的危害，轻者会毁坏良田，重者造成工业停产、农业绝收，甚至使人员生命财产受到威胁。水害发生往往是大面积的。由于目前的水文预报还远未尽如人意，因此，防洪往往是水利事业的头等大事。

防洪是指根据洪水规律与洪灾特点，研究并采取各种对策和措施，以防止或减轻洪水灾害，保障社会经济发展的水利工作。其基本工作内容有防洪规划、防洪建设、防洪工程的管理和运用、防汛（防凌）洪水调度和安排、灾后恢复重建等。防洪措施包括工程措施和非工程措施。防洪也是水利科学的一项重要专业学科。防止洪灾的措施主要有以下几项。

（一）增加植被，加强水土保持

在植被情况好的地方，树木、草丛可以截留和拦蓄部分雨水，减缓坡面上的水流速度，延缓洪水形成过程，从而减少洪峰流量。良好的植被能够保护地表土壤免受水流冲刷，减少坡面水土流失和河道泥沙；还能够增加土壤中的含水量，改善空气中的湿润程度。

（二）提高河槽行洪能力

由于降水量等因素的影响，河道内洪水流量有大有小，河水位有涨有落。在相对宽阔的河道中，往往会形成一些滩地。在常年多数情况下，这些河滩地无水，只有在洪水期才漫滩地行洪，河滩处水面陡然变宽。河水一旦漫滩，河道的过流能力迅速加大，有利于洪水通过。河滩地是行洪的重要通道，是防洪的安全储备，不应随意侵占。

（三）提高蓄洪、滞洪能力

滞洪和蓄洪是利用水库、湖泊、洼地等完成的。特别是修建水库，是当前提高防洪能力的重要设施。水库的巨大库容，能够蓄积和滞留大量的洪水，削减下泄洪峰流量，从而减轻和消除下游河道可能发生的洪灾。

天然湖泊的广大水域在洪水过程中，能够大量的减滞、囤积洪水，降低洪水位。因此，在修建大型水库的同时，也要重视天然水域的蓄洪、滞洪作用。前些年，洞庭湖面积锐减，使之滞洪能力降低，是此地区洪水灾害频发的重要原因之一。长江流域发生全流域特大洪水后，中央做出洞庭湖和鄱阳湖实行退田还湖政策，使这些湖泊在滞洪、蓄洪方面发挥重要作用。

在河道泄洪能力不足的上游某处设置分洪区，修筑分洪闸，将超过下游河段安全泄量的部分洪水引入分洪区，以保证下游河段的安全。分洪区是滞洪非常措施。选择适当的时候向分洪区分洪，能在抗洪的关键时刻舍弃局部利益，保全大局。

二、农田水利

在全国的总用水量中，80%以上的用水量是农业用水。良好的排灌水利设施是保证农业丰收的主要措施。修建水库、堰塘、渠道、泵站等水利设施可以提高农业的生产保障，是水利事业中的重要内容。

农田水利在国外一般称为灌溉和排水。农田水利涉及水力学、土木工程学、农学、土壤学以及水文、气象，水文地质及农业经济等学科。其任务是通过工程技术措施对农业水资源进行拦蓄、调控、分配和使用，并结合农业技术措施进行改土培肥，扩大土地利用，以达到农业高产稳产的目的。农田水利与农业发展有密切的关系，农业生产的成败在很大程度上决定于农田水利事业的兴衰。

三、水力发电

水能资源由太阳能转变而来，是以位能、压能、动能等形式存在于水体中的能量资源，亦称水力资源。广义的水能资源包括河流落差水能、海洋潮汐水能、波浪水能、海洋潮流水能、盐差能和深海温差能源。狭义的水能资源指主要河流水能资源。水在自然界周而复始地循环，从这种意义上而言，水能资源是一种取之不尽，用之不竭的能源。同时，水能是一种清洁能源。水能相对于石油、煤炭等不可再生、易产生污染的化石能源，具有不可比拟的优势。

水力发电就是利用蓄藏在江河、湖泊、海洋的水能发电。现代技术主要是利用大

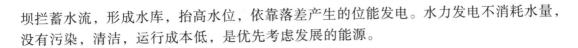

坝拦蓄水流，形成水库，抬高水位，依靠落差产生的位能发电。水力发电不消耗水量，没有污染，清洁，运行成本低，是优先考虑发展的能源。

四、给水和排水

工业和民用供水要求供水质量好，供水保证率高。修建水库等储水供水设施可提高供水保证率和供水质量。

生活和工业污水排放是城市市政建设和工业设施的一部分。当前，污水排放是江河污染的源头，采用一定的污水处理措施是必要的。

五、航运及水产养殖

航运表示透过水路运输和空中运输等方式来运送人或货物。一般来说，水路运输的所需时间较长，但成本较为低廉，这是空中运输与陆路运输所不能比拟的。水路运输每次航程能运送大量货物，而空运和陆运每次的负载数量则相对较少。因此，在国际贸易上，水路运输是较为普遍的运送方式。15世纪以来，航运业的蓬勃发展极大的改变了人类社会与自然景观。一方面，水利水电工程修建了拦河大坝等建筑物后，阻隔了江河水流的天然通道，隔挡了船只的航行，需要在水利水电枢纽工程中修建船闸、升船机等通航建筑物，帮助船只克服上游水位抬升造成的落差，恢复全河段的河道通航问题；另一方面，某些河段在天然情况下，或是落差大、水流急，或是河滩多、水深浅。在这些河流中，有些只能作季节性通航，有些却根本无法通航。高坝大库可以彻底解决深山峡谷的船只通航问题。在平原地区，用滚水坝、水闸等壅水建筑物来抬高河道水深，改善河道航运条件，延伸通航里程。这时，同样需要用通航建筑物使船只逐级通过这些建筑物。

修建水利工程为库区养鱼提供了广阔的水域条件。同时，水工建筑物阻碍了自然洄游鱼类的生存环境，需要用一定措施来帮助鱼类生存，如水利水电工程中鱼道、鱼闸等。

六，旅游及其他

大型水库宽阔的水域将库内一些山体包围成岛屿，形成有山有水的美丽风景，是旅游的理想去处，甚至工程自身也能成为旅游热点。库区旅游在许多地方成为旅游热点，例如，浙江省新安江水库的千岛湖，湖北长江三峡水利枢纽，湖南来水东江水电站。

大型水利水电枢纽的建设往往可以刺激当地经济的发展，成为当地经济的支柱产业。丹江口水电站的建成，使丹江口由一个村贸小镇逐渐发展成为10余万人口的新型城市。新安江水电站建成投产后，相继创建了全新的淳安，建德等中型城市。湖北宜昌市充分利用葛洲坝工程和三峡工程建设作为发展契机，使城市的经济建设获得两次较大发展。

第二节　水利水电规划

一、水电站在电网中的作用

在一个较大供电区域内，用高压输电线路将各种不同类别的发电站（火电站，水电站、核电站、风力电站、潮汐电站等）连接在一起，统一向用户供电所构成的系统，称为电力系统，也称电网。在电力系统中，用户在某一时刻所需电力功率称为负荷。负荷在一天中是不断变化的。在电力系统中，水电站、火电站，核电站、风力电站、潮汐电站等多种类型的发电站共同向电网供电。各种不同类型的发电站有其自身的特性，其在电力系统中的作用也各不相同。

与其他电站相比，水电站有以下几个工作特性：第一，发电能力和发电量随天然径流情况变化。河道天然来水的季节性变化和年际变化直接影响电站的出力。在枯水年，水电站可能因来水不足则难以发挥效益。第二，发电机组开停灵活、迅速。水电站机组从停机状态到满负荷运行仅需要 1 ~ 2 分钟，能够适应电力系统中负荷的迅速变化和周期性波动。第三，建设周期长，运行费用低廉。水电站需要修筑挡水建筑物和泄水建筑物，以提供安全稳定的水能资源。整个工程的前期资金投入大，建设周期长。水电站建成以后，所需要的水能是一种廉价的、清洁的、不断循环的能源。通过水电站发电后的水体流入下游，不消耗水量。与火电站相比，不需要燃料，也不会产生废料。水电站的运行成本大大低于火电站，核电站。

水电站这些特性决定了它在电力系统中的作用。具有较大库容的水库调节天然径流的能力强，能够将多余的水储存在水库中，供负荷增加或来水减少时使用，这种水电站在电网担任日负荷的峰荷，称为调峰电站。没有调节能力或调节能力差的水电站则担任电力系统中的基荷或腰荷。夏季，河道天然来水充足，电力系统应该充分利用廉价的水能资源发电，以避免因发电量不足而发生弃水，浪费水能资源。此时，水电站也承担部分腰荷和基荷。

水电站还可以利用其调节迅捷、方便的特点，调节电网频率，改善电力质量，这种电站称为调频电站。例如，湖北清江隔河岩水电站承担华中电网的调峰、调频任务。

二、水能利用和开发方式

水力发电是利用河流的水能发电，水电站的功能就是将这些水的机械能转变为电能。

河川径流从地势高的地方流向低处。水流流动有流速，即具有一定的动能。在自然条件下，河段间的水能消耗于水流与河道边壁的摩擦中。这个摩擦阻力将大部分水能转化为热能。河道断面不变的情况下，河道流速不变。摩擦阻力沿程消耗水的势能，在河段两断面之间产生落差。要利用这些水能资源发电，需要将天然河流中分散状态下消耗的水能集中起来加以利用。水电站筑坝建库后，水流流速接近于零，积蓄的水能集中为坝前落差。

水能开发方式按调节流量的方式，可分为蓄水式和径流式。蓄水式水电站用较高的拦河坝形成水库，在短距离内抬高水头，集中落差发电。蓄水式水电站适用于山区水流落差大，能够形成较大水库的情况，如长江三峡水电站、雅砻江二滩水电站、汉江丹江口水电站、清江水布垭水电站等。径流式水电站没有水库，或水库库容相对很小，落差较小，主要利用天然径流发电。径流式水电站适用于河道较平缓，河道流量较大的情况，如长江葛洲坝水电站、汉江王甫洲水电站、珠江北江飞来峡水电站等。

水能开发方式按集中落差的方式，大致可分为坝式水电站、引水式水电站和混合式水电站三种。坝式水电站是在河道上修筑大坝，截断水流，抬高水位，在靠大坝的下游建造水电站厂房，甚至用厂房直接挡水。引水式水电站一般仅修筑很低的坝，通过取水口将水引取到较远的、能够集中落差的地方修建水电站厂房。引水式水电站对上游造成的影响小，造价相对较低，为许多中小型水电站采用。混合式水电站修建有较高的拦河大坝，用水库调节水量；水电站厂房修建在坝址下游有一定距离的某处合适地方，用输水隧洞或输水管道将发电用水从水库引到水电站厂房发电。混合式水电站多用于土石坝枢纽以及建于山区性狭窄河谷的枢纽，比较典型的布置方式是拦河坝修建在岩基坚硬，河谷狭窄的地方，厂房修建在河谷出口的开阔地带。这样既能使工程量省，又便于布置，还能利用坝址至厂房间的河道落差。湖北的古洞口水电站、峡口水电站，湖南的贺龙水电站均采用这种形式。

三，水库的特征水位及其库容

在河道上修筑建筑物(拦河坝、水闸)，拦截水流，抬高水位而形成的水体称为水库。在水利水电工程中，水库是径流调节的主要设施。它吞吐水量，并根据发电量的大小调节下泄流量。水库的规模应根据整个河流规划情况，综合考虑政治、经济、技术、运用等因素确定。根据工程运行情况，水库具有许多特征水位。水库的主要特征水位和相应库容如图1-1所示，其中1为死水位，2为防洪限制水位，3为正常蓄水位，4为防洪高水位，5为设计洪水位，6为校核洪水位。

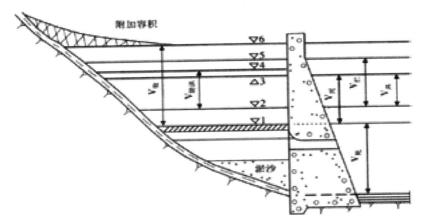

图1-1 水库特征水位及相应库容示意图

（一）正常蓄水位

正常蓄水位指设计枯水年（或枯水期）开始供水时应蓄到的水位，又称正常高水位或设计兴利水位。

正常蓄水位是水库设计中非常重要的参数，它关系到枢纽规模、投资成本、工程效益、库区淹没、生态环境、经济发展等重大问题，应该进行综合评价后确定。

正常蓄水位是水库在正常运用时，允许长期维持的最高水位。在没有设置闸门的水库，泄水建筑物的正常蓄水位等于溢流堰顶。在梯级开发的河流上，正常蓄水位要考虑与上一级水电站的尾水位相衔接，最大限度地利用水能资源。

（二）死水位与死库容

死水位是允许库水位消落的最低水位。死水位以下的库容称为死库容，为设计所不利用。死水位以上的静库容称为有效库容。

死水位的选定与各兴利部门的利益密切相关。灌溉和给水部门一般要求死水位相对低些，可获得更多的水量。发电部门常常要求有较高的死水位，以获得较多的年发电量。有航运要求的水库，要考虑死水位时库首回水区域能够保持足够的航运水深。在多泥沙河流上，还要考虑泥沙淤积的影响。

（三）兴利库容

兴利库容是正常蓄水位与死水位之间的库容，又称为调节库容，用以调节径流，提供水库的供水量。正常蓄水位与死水位之间的水库水位差称为水库消落深度。

（四）防洪限制水位

防洪限制水位是指水库在汛期允许兴利蓄水的上限水位，也称汛期限制水位。

在汛期，将水库运行水位限制在正常蓄水位以下，可以预留一部分库容，增大水库的调蓄功能。待汛期结束时，才将库水位升蓄到正常蓄水位。水库可以根据洪水特性和防洪要求，在汛期的不同时期规定出不同的防洪限制水位，更有效地发挥水库效益。防洪限制水位至正常蓄水位之间的库容称为重叠库容。

（五）防洪高水位和防洪库容

当水库的下游河道有防洪要求时，对于下游防护对象根据其重要性采用相应的防洪标准，从防洪限制水位开始，经过水库调节防洪标准洪水后，在坝前达到的最高水位，称为防洪高水位。防洪高水位与防洪限制水位之间的库容称为防洪库容。防洪库容与兴利库容之间的位置有以下三种结合形式。

1.不结合

防洪限制水位等于正常蓄水位，重叠库容为零。水库需要在正常蓄水位以上另外增加库容用于防洪，大坝的坝体相对较高。不结合方式的水库运行管理简单，但是不够经济，中小型工程的水库常常采用这种结合形式。不结合方式的溢洪道一般不设闸门控制泄流量。

2.完全结合

防洪高水位等于正常蓄水位，重叠库容等于防洪库容。这种形式的防洪库容完全包容在兴利库容之中，不需要加高大坝用于防洪最经济。对于汛期洪水变化规律稳定，或具有良好的水情预报系统的水库可以采用这种形式。

3.部分结合

部分结合是一般水库采用的形式，结合部分越多越经济。

（六）设计洪水位和拦洪库容

当水库遭遇到超过防洪标准的洪水时，水库的首要任务是保证大坝安全，避免发生毁灭性的灾害。这时，所有泄水建筑物不加限制地敞开下泄入库洪水。保证拦河坝安全的设计标准洪水称为设计洪水。大坝的设计洪水远大于防洪标准洪水。例如，长江三峡工程，大坝的设计洪水为1000年一遇，但而下游防洪标准在大坝建成以后也只能提高到百年一遇。从防洪限制水位开始，设计洪水经过水库的拦蓄调节以后，在水库坝前达到的最高水位称为设计洪水位。在设计洪水位下，拦河大坝仍然有足够的安全性。

设计洪水位与防洪限制水位之间的库容称为拦洪库容。

（七）校核洪水位和总库容

在遭遇到更大的可能稀遇洪水时，拦河坝仍然要求其不会因洪水作用发生漫坝或垮塌等严重事故。水库在遭遇校核标准的洪水时，以泄洪保坝为主。大坝遭遇到校核洪水时，其安全裕量小于设计洪水。从防洪限制水位开始，水库拦蓄校核标准的洪水，经过调节下泄流量，水库在坝前达到的最高水位称为校核洪水位。

校核洪水位是水库可能达到的最高水位。校核洪水位以下的全部库容为总库容。校核洪水位与防洪限制水位之间的库容称为调洪库容。

（八）水库的动库容

上述各种库容统属于静库容。静库容是假定库内水面为水平时的库容。当水库泄洪时，由于洪水流动，水库上游部分水面受到水面坡降的影响向上抬高，直至某一断面与上游河道水面相切。水库因水流流动而导致水面上抬部分形成的库容称为附加库容。在库前同一水位下，水库的附加库容不是固定值。洪水流量越大，附加库容越大。附加库容与静库容合称为动库容。在洪水调节计算时，一般采用静库容即可满足精确度要求。在考虑上游淹没和梯级衔接时，则需要按动库容考虑。

第三节 工程地质

一、岩石的形成

（一）岩浆岩

岩浆岩又称火成岩，是岩浆侵入地壳上部或喷出地表凝固而形成的岩石。岩浆位于地壳深部和上地幔中，是以硅酸盐为主和一部分金属硫化物、氧化物、水蒸气及其挥发性物质组成的高温、高压熔融体，具有流动性。岩浆流动是地球物质运动的一种重要形式。当地壳运动出现大断裂或者岩浆的膨胀力超过了上部岩层压力时，岩浆沿断裂带或地壳薄弱地带侵入上部岩层，称为侵入运动。当岩浆喷出地表时，称为喷出作用。

主要的岩浆岩有花岗岩、花岗斑岩、流纹岩、正长岩、闪长岩、安山岩、辉长岩、辉绿岩、玄武岩、火山灰岩等。

岩浆岩可分为深成岩、浅层岩和喷出岩。由于岩石生成条件、结构、构造和矿物成分不同，其工程地质性质也不一样。

在地壳深部发生侵入作用形成的岩石称为深成岩。深成岩往往形成巨大侵入体，岩性一般较均匀，以中、粗粒结构为主，致密坚硬，孔隙很小，力学强度高，透水性弱，抗水性强。所以深成岩工程地质性质较好，常被选为良好的建筑物场地。但是，深成岩与其他岩石相比较易于风化，风化层厚度也大，作为地基或隧洞围岩时必须加以处理。

在地壳浅层处形成的岩石称为浅成岩。浅成岩矿物成分与深成岩相似，但产状、结构和构造却大不相同。浅成岩的产状多以岩床、岩脉、岩盘等形态存在，有时相互穿插，岩性不一。颗粒细小的岩石，强度高，不易风化；呈斑状结构的岩石，由于颗粒大小不均，较易风化，强度低。此外，这些小侵入体与其围岩接触的边缘部位，不但有明显流纹、流层构造，而且本身岩石性质复杂，加之地质构造因素作用，岩石破碎，节理裂隙发育。因此，风化程度严重，透水性增大，作为大型水利水电工程地基时，需进行详细的勘探和试验工作，论证工程地质性质特征。

由喷出作用形成的岩石称为喷出岩，如玄武岩、安山岩，流纹岩及火山碎屑岩等。喷出岩的结构构造多种多样，一般而言，喷出岩的原生孔隙和节理发育，产状不规则，厚度变化较大，岩性很不均一。因此，其强度低，透水性高，抗风化能力差。但是，对于那些孔隙、节理不发育，颗粒细、致密玻璃质的喷出岩，如安山岩和流纹岩石等强度很高、抗风化能力强的岩石，仍是良好的建筑物地基和建筑材料。特别应注意的是，喷出岩多覆盖在其他岩层之上。尤其是新生代的玄武岩，常覆盖于松散沉积物和软溺岩层之上。在工程建设中，不仅要重视喷出岩的性质，而且要研究了解下伏岩层和接触带的岩石特征。

（二）沉积岩

在常温常压环境下，原先位于地表或接近地表的各种岩石受到外力（风、雨、冰、太阳、水流、波浪等）的作用，逐渐风化、剥蚀成大小不一的松散物质。大多数破碎物质在流水、风和重力的作用下搬运到河口、湖海等处。在搬运过程中，松散物进一步磨蚀变圆变小。随着搬运力减弱，被风、水所携带的物质逐渐沉积下来。沉积物具有明显的分选性，在同一地区沉积大小相近的颗粒。沉积物逐渐加厚，下部物质被上覆物质压密，脱水同结成为较坚硬的岩石。这种风化、搬运、沉积和硬结而形成的岩石称为沉积岩。沉积岩广泛分布于地表，覆盖面占陆地表面积的70%。

主要的沉积岩有砾岩、角砾岩、砂岩，泥岩、页岩、石灰岩、白云岩、泥灰岩等。

沉积岩的工程地质特征与矿物成分胶结成岩作用以及层理和层面构造有关。尤为突出的是层理和层面构造影响较大。使岩石普遍发育有原生结构面，由于沉积物来源和沉积环境不同，岩性软弱相间，使沉积岩在垂直方向上和水平方向上，不但物质成分发生变化，而且具有明显的各向异性特征。

沉积岩分为碎屑岩、黏土岩、化学岩及生物化学岩四种类型。

碎屑岩是指由砾岩、砂岩等组成的岩类。其性质除了组成岩石的矿物影响外，最主要取决于胶结物质和胶结形式。硅质胶结的岩石，强度高，抗水性强，抗风化能力高。而钙质、石膏质和泥质胶结的岩石则相反，在水的作用下可被溶解或软化，致使岩石性质更坏。岩石为基底胶结，性质坚硬，抗水性较强，透水性弱，而接触胶结的岩石则相反。在碎屑岩中，一般粉砂质岩石比沙砾质岩石性质差，特别是钙质，泥质或石膏质结构的粉砂质岩石更为突出。如在我国南方各省出露的红色岩层，即属粉砂质岩类，岩石强度低，易风化，如夹有黏土岩层时，常被泥化形成泥化夹层，导致岩体稳定性降低。

黏土岩主要由黏土矿物组成，包括页岩和泥岩等，常与碎屑岩或石灰岩互层产出，有时成连续的厚层状。黏土岩性质软弱，强度低，易产生压缩变形，抗风化能力较低。尤其是含有高岭石，蒙脱石等矿物的黏土岩，遇水后具有膨胀、崩解等特性。所以，在水利水电工程中，不适宜作为大型建筑物的地基。作为边坡岩体，也易于发生滑动破坏。这类岩石的优点是隔水性好，在岩溶地区修建水工建筑物时，可考虑利用它作为隔水岩层（不透水层）。

在化学岩及生物化学岩中，最常见的是由碳酸盐组成的岩石，以石灰岩和白云岩分布最为广泛。多数岩石结构致密，性质坚硬，强度较高。但主要特征是具有可溶性，在水流的作用下形成溶融裂隙、溶洞、地下暗河等岩溶现象。因此，在这类岩石地区筑坝，岩溶渗漏及塌陷是主要的工程地质问题。

（三）变质岩

当地壳运动或岩浆运动等造成物理化学环境发生改变时，原已存在的岩浆岩，沉积岩和变质岩受到高温、高压和其他化学因素作用，岩石的成分、结构和构造发生一系列变化，这样生成的新岩石称为变质岩。

主要的变质岩有片麻岩、片岩，板岩、千枚岩、石英岩，大理岩等。变质岩的工程地质性质与变质作用及原岩的性质有关。大多数变质岩经过重结晶作用，有颗粒联结紧密，强度高，孔隙小，抗水性强，透水性弱的特点。例如，页岩经变质形成板岩，强度相应增大。多数变质岩片理、片麻理发育，沿片理方向强度低，垂直方向强度高，呈各向异性特征；且由于某些矿物成分（如黑云母、绿泥石、斜长石等）影响，使变质岩稳定性差，容易风化。由碳酸盐岩变质形成的大理岩，易溶于水，产生岩溶现象。变质岩一般年代较老，经受地质构造变动较多，因而破坏了岩石完整性、均一性。

变质岩可分为接触变质岩、动力变质岩和区域变质岩。

接触变质岩是岩浆侵入上部岩层时高温导致周围岩石产生的。与原岩比较，接触变质岩的矿物成分、结构和构造发生改变，使岩石强度比原岩高。但因侵入体的挤压，接触带附近容易发生断裂破坏，使岩石透水性增强，抗风化能力降低。所以对接触变质岩应着重研究其接触带的构造破坏问题。

动力变质岩是由构造变动形成的岩石，包括碎裂岩、压碎岩、糜棱岩、断层泥等。动力变质岩的性质取决于破碎物质成分，颗粒大小和压密胶结程度。若胶结不良，裂隙发育的岩石透水性强，强度也低，在岩体中形成构造结构面或者软弱夹层。

区域变质岩是大规模区域性地壳变动促使岩石变质产生的。区域变质岩分布范围广，厚度大，变质程度均一。

片麻岩随着黑云母含量增多和片麻理明显发育，其强度和抗风化能力显著降低。片岩包括很多类型，其中石英片岩性质较好，强度较大，抗风化能力强。而云母片岩、绿泥石片岩等，片状矿物较多，岩性较软弱，片理特别发育，力学强度低。尤其沿片理方向易产生滑动，一般不利于坝基和边坡岩体稳定。

板岩和千枚岩是浅变质的岩石，岩质软弱性脆，易于裂开成薄板状。在水浸的条件下，板岩和千枚岩中的绢云母和绿泥石等矿物，很容易重新分解为黏土矿物，且易发生泥化现象。

石英岩性质均一，致密坚硬，强度极高，抗水性能好，且不易风化，但性脆，受地质构造变动破坏后，裂隙断层发育，有时还夹有软弱泥化板岩，使岩石性质变坏。例如，江西上犹江坝址，石英岩和石英砂岩中夹有泥化板岩，抗滑稳定性差。筑坝时，采取处理措施，才保证了大坝的安全。

大理岩强度高，但具有微弱可溶性，岩溶发育程度、规模大小以及对建筑物的影响等特点，是主要工程地质问题。

二、地质构造和地质现象

（一）层面和节理

沉积岩在形成过程中，由于沉积环境的改变，引起沉积物质的成分、颗粒大小、形状或颜色沿垂直方向发生变化而显示出成层现象。连续不断地沉积形成的单元岩层称为层。相邻两个层之间的界面称作层面。层面在地壳运动中能够发生倾斜、褶皱甚至翻转等变化。层面与水平面相交线的方向称为走向，其交线称为走向线。垂直于走向线，沿层面最大倾斜线的水平方向称为倾向。岩层面与水平面所夹的锐角称为倾角。

通常用走向，倾向和倾角来测定岩层的空间位置，称为岩层的产状要素。

节理一般又称为裂隙，普遍存在于岩体和岩层中，以构造应力作用形成的构造节理为多见。构造节理具有明显的方向和规律性。节理面也具有倾向，倾角。

层面和节理面是受力的薄弱面，在工程设计中，要充分地考虑这一因素。

（二）风化

长期暴露于地表的岩石在日晒、风吹、雨淋、生物等作用下，岩石结构逐渐崩解、破碎、疏松，甚至矿物成分发生变化，这种现象称为风化。岩石风化分为物理风化、化学风化和生物风化三种类型。岩石的抗风化能力因其矿物的成分及结构而有差异。岩石风化后，结构和构造被破坏，物理力学指标降低，孔隙率增大。严重风化的岩层不能满足工程建设的要求，需要挖除。

（三）岩溶

在可溶性岩石地区，地下水和地表水对可溶岩进行化学溶蚀，机械溶蚀、迁移、堆积作用，形成各种独特形态的地质现象，称为岩溶，岩溶现象可发生于地表或地下。常见的岩溶形态有石林、溶洞，落水洞等。岩溶地貌又称为"喀斯特"地貌。岩溶现象对水利水电工程的危害是非常严重的，它可能导致库区渗漏，降低岩体强度和稳定性。因此，在岩溶地区修建水电站时，要选择合适的坝址。特别是对岩溶造成的库区渗漏，在建造以前要有充分的了解，并采取相应的预防措施。例如，湖北天楼地枕水电站的原设计为拱坝方案，在建造过程中因库区溶洞渗漏而被迫将坝址上移，改变为底栏栅引水方案。

（四）地震

地震又称地动、地振动，是地壳构造运动引起地壳瞬时震动的一种地质现象。当地壳内部某处的地应力逐渐累积超过岩层的强度时，累积能量急剧释放，引起岩层破裂和断层错动和周围物质发生震动。强烈地震能够对地面建筑物造成巨大破坏。

地应力释放点称为震源，震源到地表的垂直距离称为震源深度，震源垂直向上在地面的投影位置称为震中。建筑物在地面上到震中的距离称为震中距，震中距越大，建筑物受到的影响越小。

一次地震中释放出来的能量大小称为震级，地震释放的能量越大，震级越高。地球表面的建筑物受到地震的影响程度除了与震级大小有关外，还与震中距、震源深度有关。震中距越小，地表建筑物受地震的影响越大；震源深度越浅，地表建筑物受地震的影响越大。地震烈度是地震时地面及建筑物受到影响和破坏的程度，与震级、震中距、震源深度、地震波通过的介质条件等多种因素有关。一次地震只有一个震级，而震中周围的地震烈度随着震中距加大形成不同的地震烈度区。一个地区今后一定时期内；在一般场地条件下可能普遍遭遇到的最大地震烈度称为地震基本烈度。某一地区的基本烈度由国家地震局根据实地调查、历史记录，仪器记录并结合地质构造情况综合分析研究确定。在工程设计时，针对建筑物的重要性予以调整后所采用的抗震设计的地震烈度称为设计烈度。一般建筑物往往以基本烈度作为设计烈度，非常重要的永久性建筑物可根据需要，将设计烈度提高1～2度，临时建筑物和次要建筑物则可适当降低1～2度。

发生地震时，震动以波动的形式从震源处向各个方向传播。传到建筑物处的地面波分为水平波和垂直波。受地震波的影响，建筑物承受到地面传递的地震加速度。

（五）断层

断层是地壳在构造应力作用下，岩层发生位移形成的地质构造。断层在地壳中广泛分布，形态各异，大小不一。小断层在岩石标本上就可以看到，大断层可延伸数百公里。岩层发生位移的错动面称为断层面，断层面与地面的交线称为断层线，较大的断层错动常形成一个带，包括断层破碎带与影响带。破碎带是指断层错动而破裂和搓碎的岩石碎块、碎屑部分；影响带是指受断层影响、节理发育或岩层产生牵引弯曲部分。

断层按其形态分为正断层、逆断层和平移断层。断层面两侧相对位移的岩块称为岩盘。正断层的基本特征是上盘相对下移，下盘相对上移。逆断层则向反方向相对移动。平移断层的两岩盘相对水平移动。

断层破坏了岩体的完整性，降低了岩石的强度，增加了岩体的透水性。断层使坝基容易沿断裂结构面产生滑动。选择坝址的隧洞洞线时，原则上要避开大断层破碎带。对较小的断层，要探明走向和层面，采取适当的工程措施加以处理。

（六）地下水

地下水是埋藏在地表以下的各种状态的水，是地球上水体的重要组成部分。地下水以多种形式存在于地下，是河川径流的重要补给源之一。地下水与地表水相互转换，相互补充。

按地下水的埋藏条件，地下水分为包气带水，潜水和承压水。包气带水是土壤中的局部隔水层阻托滞留聚集而成，是具有自由水面的重力水。潜水是饱和土壤的最上层具有表面的含水层中的水，潜水的水面形成地下水位面。在重力作用下，潜水在土壤中由高处向低处流动，称为渗流。流动的潜水面具有倾斜的坡度，称为渗流水力坡降。承压水是充满于上下两个稳定隔水层之间的含水层中的重力水。承压水没有自由水面，类似于有压管道的水流。

按含水层空隙性质，地下水可分为孔隙水、裂隙水和岩溶水。

水利水电工程修成蓄水后，改变了地表水的分布，促使地下水径流条件发生变化，会抬高库区周边相当范围内的地下水位，使附近的地区浸没，农田盐渍化或沼泽化。

在地下水丰富的地区，对地下洞室施工或基坑的开挖和排水工作有较大影响。

第四节 我国的水利水电建设发展

中华人民共和国成立后，在水利水电建设方面取得的主要成绩有以下几个。

一、整治大江大河，提高防洪能力

在大江大河中，长江是我国第一黄金水道。新中国成立以来，整治加固荆江大堤等中下游江堤 3750 千米，修建荆江分洪区等分洪、蓄洪工程，下荆江段河道裁弯工程，在长江上中游的支流上修建了安康、黄龙滩、丹江口、王甫洲、东风、乌江渡、龚嘴、铜街子、五强溪、凤滩、东江、江垭、安康、古洞口、隔河岩，高坝洲、水布坪、二滩等大中型工程，干流上有葛洲坝、三峡工程。已经建成的三峡工程，在治理长江方面起到不可替代的作用。

黄河是中国的母亲河。但黄河水患更甚于长江。自公元前 602 年至 1938 年，黄河下游决口年份有 543 年，并多次改道。新中国成立以来，整治堤防 2127 千米，修建东平湖分洪工程和北金堤分（滞）洪工程，在干流上修建了龙羊峡、李家峡、刘家峡、青铜峡、盐锅峡、八盘峡、万家寨、天桥、三门峡、陆浑、伊河，故县（洛河）、小浪底等工程。

淮河流域修建了淮北大堤，三河闸、二河闸等排洪工程和佛子岭、梅山，响洪甸、磨子潭等 5700 多座大、中、小型水库，其干流标准提高到 40 ～ 50 年一遇。

（二）修建了一大批大中型水电工程

中华人民共和国成立以来，水电建设迅猛发展，工程规模不断扩大。在代表性的水利水电工程中，20 世纪 50 年代有浙江新安江水电站、湖南资水柘溪水电站、甘肃黄河盐锅峡水电站、广东新丰江水电站、安徽梅山水电站等；20 世纪 60 年代有甘肃黄河刘家峡水电站、湖北汉江丹江口水电站、河南黄河三门峡水电站等；20 世纪 70 年代有湖北长江葛洲坝水电站、贵州乌江乌江渡水电站、四川大渡河龚嘴水电站、湖南凤滩水电站、甘肃白龙江碧口水电站等；20 世纪 80 年代有青海黄河龙羊峡水电站、河北滦河潘家口工程、吉林松花江白山水电站等；20 世纪 90 年代有湖南沅水五强溪水电站、广西红水河岩滩水电站、湖北清江隔河岩水电站、青海黄河李家峡水电站、福建闽江水口水电站、云南澜沧江漫湾水电站、贵州乌江东风水电站、四川雅砻江二滩水电站、广西和贵州南盘江天生桥一级水电站等；21 世纪有三峡水电站、小浪底水电站、大朝山水电站、棉花滩水电站、龙滩水电站，水布垭水电站等。

（三）设计施工水平不断提高

半个世纪以来，我国的坝工技术得到了高度发展。已建成的大坝坝型有实体重力坝、宽缝重力坝、空腹重力坝、重力拱坝、拱坝、连拱坝、平板坝、大头坝、土石坝等多种坝型。建成了大量 100 ～ 150 米高度的混凝土坝和土石坝，进行了 200 ～ 300 米量级的高坝的研究、设计和建设工作。

计算机的引入，使坝工建设更加科学、更加精确、更加安全。CAD 技术大大降低了设计人员的劳动强度，提高了设计水平，缩短了设计周期。计算技术从线性问题向非线性问题发展，弹塑性理论使结构分析更符合实际，大坝计算机仿真模拟、可靠度设计理论，拱坝体形优化设计理论、智能化程序等，使大坝设计更安全、更经济、更快捷。

在泄水消能方面，我国首创了重力坝宽尾墩消能工，并进一步将其发展到与挑流、底流、戽流相结合，改善消能效果，增加单宽流量。拱坝采用多层布置、分散落点，分区消能，有效解决了狭窄河谷内大泄量消能防冲问题。此外，窄缝消能工、阶梯式溢流面消能工、异型挑坎、洞内孔板消能工等不同形式的消能工应用于不同的工程，以适应不同的地质、地形条件和枢纽布置。

施工方面，碾压混凝土坝、面板堆石坝、大型地下厂房的开挖和衬护、预裂爆破、定向爆破、喷锚支护，过水土石围堰，高压劈裂灌浆地基处理、高边坡处理、隧洞一次成形技术等新坝型，新技术，新工艺标志着我国坝工建设的发展成就。特别是葛洲坝大江截流，截流流量 4400 立方米 / 秒，历时 36 小时 23 分钟，是我国水电建设的一大壮举。二滩水电站双曲拱坝年浇筑混凝土 152 万立方米，月浇筑 16.3 万立方米，达到了狭窄河谷薄拱坝混凝土浇筑的世界先进水平。大型施工机械和施工机械化缩短了水利水电工程施工周期。

我国水利建设从重点开发开始走向系统地综合开发，例如，黄河梯级工程、三峡工程和长江干流梯级工程、南水北调工程等重大工程项目的计划和实施，使我国水利事业逐渐提高到一个新的水平。

第二章 施工导流

第一节 施工导流

施工导流是指在水利水电工程中为保证河床中水工建筑物干地施工而利用围堰围护基坑，并将天然河道河水导向预定的泄水道，向下游宣泄的工程措施。

一、全段围堰法导流

全段围堰法导流，就是在河床主体工程的上、下游各建一道断流围堰，使水流经河床以外的临时或永久泄水道下泄。在坡降很陡的山区河道上，若泄水建筑物出口处的水位低于基坑处河床高程时，也可不修建下游围堰。主体工程建成或接近建成时，再将临时泄水道封堵。这种导流方式又称为河床外导流或一次拦断法导流。

按照泄水建筑物的不同，全段围堰法一般又可划分为明渠导流、隧洞导流和涌管导流。

（一）明渠导流

明渠导流是在河岸或滩地上开挖渠道，在基坑上、下游修建围堰，使河水经渠道向下游宣泄。一般适用于河流流量较大、岸坡平缓或有宽阔滩地的平原河道。在规划时，应尽量利用有利条件以取得经济合理的效果。如利用当地老河道，或利用裁弯取直开挖明渠，或与永久建筑物相结合，埃及的阿斯旺坝就是利用了水电站的引水渠和尾水渠进行施工导流。目前导流流量最大的明渠为中国三峡工程导流明渠，其轴线长 3410.3m，断面为高低渠相结合的复式断面，最小底宽 350m，设计导流流量为 79000m³/s，通航流量为 20000 ~ 35000m³/s。

导流明渠的布置设计，一定要以保证水流顺畅、泄水安全、施工方便、缩短轴线及减少工程量为原则。明渠进、出口应与上下游水流平顺衔接，与河道主流的交角以 30。左右为宜；为保证水流畅通，明渠转弯半径应大于 5b（b 为渠底宽度）；明渠进出上下游围堰之间要有适当的距离，一般以 50 ~ 100m 为宜，以防明渠进出口水流冲刷围堰的迎水面。此外，为减少渠中水流向基坑内入渗，明渠水面到基坑水面之间的最短距离宜大于（2.5～3.0）H（H 为明渠水面与基坑水面的高差，以 m 计）。同时，为避免水流紊乱和影响交通运输，导流明渠一般单侧布置。

此外，对于要求施工期通航的水利工程，导流明渠还应考虑通航所需的宽度、深度和长度的要求。

（二）隧洞导流

隧洞导流是在河岸山体中开挖隧洞，在基坑的上下游修筑围堰，一次性拦断河床形成基坑，保护主体建筑物干地施工，天然河道水流全部或部分由导流隧洞下泄的导流方式。这种导流方法适用于河谷狭窄、两岸地形陡峻、山岩坚实的山区河流。

导流隧洞的布置，取决于地形、地质、枢纽布置以及水流条件等因素，具体要求与水工隧洞类似。但必须指出，为了提高隧洞单位面积的泄流能力、减小洞径，应注意改善隧洞的过流条件。隧洞进出口应与上下游水流平顺衔接，与河道主流的交角以 30°左右为宜；有条件时，隧洞最好布置成直线，若有弯道，其转弯半径以大于 5b（b 为洞宽）为宜；否则，因离心力作用会产生横波，或因流线折断而产生局部真空，影响隧洞泄流，严重时还会危及隧洞安全。隧洞进出口与上下游围堰之间要有适当距离，一般宜大于 50m，以防隧洞进出口水流冲刷围堰的迎水面。

隧洞断面形式可采用方圆形、圆形或马蹄形，以方圆形居多。一般导流临时隧洞，若地质条件良好，可不做专门衬砌。为降低糙率，应进行光面爆破，以提高泄量，降低隧洞造价。

（三）涵管导流

涵管一般为钢筋混凝土结构。河水通过埋设在坝下的涵管向下游宣泄。

涵管导流适用于导流流量较小的河流或只用来负担枯水期的导流。一般在修筑土坝、堆石坝等工程中采用。涵管通常布置在河岸滩地上，其位置常在枯水位以上，这样可在枯水期不修围堰或只修小围堰而先将涵管筑好，然后再修上、下游断流围堰，将河水经涵管下泄。

涵管外壁和坝身防渗体之间易发生接触渗流，通常叮在涵管外壁每隔一定距离设置截流环，以延长渗径，降低渗透坡降，减少渗流的破坏作用。此外，必须严格控制涵管外壁防渗体填料的压实质量。涵管管身的温度缝或沉陷缝中的止水也必须认真对待。

二、分段围堰法导流

分段围堰法导流，也称分期围堰导流，就是用围堰将水工建筑物分段分期围护起来进行施工的方法。分段就是将河床围成若干个干地施工基坑，分段进行施工。分期就是从时间上按导流过程划分施工阶段。段数分得越多，围堰工程量越大，施工也越复杂；同样，期数分得越多，工期有可能拖得越长。因此，在工程实践中，两段两期导流采用的最多。

三、导流方式的选择

（一）选择导流方式的一般原则

导流方式的选择，应当是工程施工组织总设计的一部分。导流方式选择是否得当，不仅对于导流费用有重大影响，而且对整个工程设计、施工总进度和总造价都有重大影响。导流方式的选择一般遵循以下原则：

（1）导流方式应保证整个枢纽施工进度最快、造价最低。（2）因地制宜，充分利用地形、地质、水文及水工布置特点选择合适的导流方式。（3）应使整个工程施工有足够的安全度和灵活性。（4）尽可能满足施工期国民经济各部门的综合利用要求，如通航、过鱼、供水等。（5）施工方便，干扰小，技术上安全可靠。

（二）影响导流方案选择的主要因素

水利水电枢纽工程施工，从开工到完工往往不是采用单一的导流方式，而是几种导流方式组合起来配合运用，以取得最佳的技术经济效果。这种不同导流时段、不同导流方式的组合，通常称为导流方案。选择导流方案时应考虑的主要因素有以下几种：

1. 水文条件

河流的水文特性，在很大程度上影响着导流方式的选择。每种导流方式均有适用的流量范围。除了流量大小外，流量过程线的特征、冰情与泥沙也影响着导流方式的选择。

2. 地形、地质条件

前面已叙述过每种导流方式适用于不同的地形地质条件，如宽阔的平原河道，宜用分期或导流明渠导流，河谷狭窄的山区河道，常用隧洞导流。当河床中有天然石岛或沙洲时，采用分段围堰法导流，更有利于导流围堰的布置，特别是纵向围堰的布置。在河床狭窄、岸坡陡峻、山岩坚实的地区，宜采用隧洞导流。至于平原河道、河流的两岸或一岸比较平坦，或有河湾、老河道可资利用，则宜采用明渠导流。

3. 枢纽类型及布置

水工建筑物的形式和布置与导流方案的选择相互影响，因此，在决定水工建筑物型式和布置时，应该同时考虑并初步拟定导流方案，应充分考虑施工导流的要求。

分期导流方式适用于混凝土坝枢纽；而土坝枢纽因不宜分段填筑，且一般不允许溢流，故多采用全段围堰法。高水头水利枢纽的后期导流常需多种导流方式的组合，导流程序也较复杂。例如，狭窄处高水头混凝土坝前期导流可用隧洞，但后期导流则常利用布置在坝体不同高程的泄水孔过流；高水头上石坝的前后期导流，一般采用布置在两岸不同高程上的多层隧洞；如果枢纽中有永久泄水建筑物，如泄水闸、溢洪坝段、隧洞、涵管、底孔、引水渠等，应尽量加以利用。

4. 河流综合利用要求

施工期间，为了满足通航、筏运、供水、灌溉、生态保护或水电站运行等的要求，导流问题的解决更加复杂。在通航河道上，大都采用分段围堰法导流，要求河流在束窄以后，河宽仍能便于船只的通行，水深要与船只吃水深度相适应，束窄断面的最大流速一般不应超过 2.0m³/s，特殊情况需与当地航运部门协商研究确定。

分期导流和明渠导流易满足通航、过木、过鱼、供水等要求。而某些峡谷地区的工程，为了满足过水要求，用明渠导流代替隧洞导流，这样又遇到了高边坡开挖和导流程序复杂化的问题，这就往往需要多方面比较各种导流方案的优缺点再选择。在施工中、后期，水库拦洪蓄水时要注意满足下游供水、灌溉用水和水电站运行的要求。而某些工程为了满足过鱼需要，还需建造专门的鱼道、鱼类增殖站或设置集鱼装置等。

5.施工进度、施工方法及施工场地布置

水利水电工程的施工进度与导流方案密切相关。通常是根据导流方案安排控制性进度计划。在水利水电枢纽施工导流过程中，对施工进度起控制作用的关键性时段主要有导流建筑物的完工工期、截断河床水流的时间、坝体拦洪的期限、封堵临时泄水建筑物的时间以及水库蓄水发电的时间等，各项工程的施工方法和施工进度之间影响到各时段中导流任务的合理性和可能性。例如，在混凝土坝枢纽中，采用分段围堰法施工时若导流底孔没有建成，就不能截断河床水流和全面修建第二期围堰；若坝体没有达到一定高程和没有完成基础及坝身纵缝的接缝灌浆，就不能封堵底孔，水库也不能蓄水。因此，施工方法、施工进度与导流方案是密切相关的。

此外，导流方案的选择与施工场地的布置也相互影响。例如，在混凝土坝施工中，当混凝土生产系统布置在一岸时，宜采用全段围堰法导流。若采用分段围堰法导流，则应以混凝土生产系统所在的一岸作为第一期工程，因为这样两岸施工交通运输问题比较容易解决。

导流方案的选择受多种因素的影响一个合理的导流方案，必须在周密研究各种影响因素的基础上，拟定几个可能的方案，并进行技术经济比较，从中选择技术经济指标优越的方案。

四、施工导流及保证措施

根据奔牛水利枢纽工程建筑物总体布置情况，船闸、节制闸、立交地涵和孟九桥等合并实施后，新孟河河口段（铁路桥以南）断航、断流，奔牛水利枢纽工程仅需设置京杭运河导流 / 导航河道。

（一）导流方式及布置

立交地涵位于京杭运河位置，开挖基坑较深，必须填筑围堰断流作业。由于地涵工程量大且集中，为保质按期完成施工任务，采取"一次断流、明渠导流"方式进行导流施工，即全施工期由 1#、2# 围堰挡水、导流河导流。根据枢纽截流围堰布置情况，为满足京杭运河导流河导航的要求，该导流导航河道布置于现状京杭运河南侧，河道的中心线采用 3 段弧线与 2 段直线的连接方式，可以最大限度地缩短导流导航河道的长度。按照《内河通航标准》对Ⅲ级航道标准的规定，京杭运河导流导航河道弯曲半径为 480m，两个反弯段间的直线段长度分别为 207m 和 260m。立交地涵施工期，为维持区域居民的交通，拟利用一期建成的孟九桥，临时修建引道，供区域居民交通和施工对外交通道路。施工场地内部交通，机械从京杭运河东侧围堰通行，施工人员可于西侧围堰进出施工场地。为保证安全，在围堰两侧布置防护栏杆。

奔牛水利枢纽施工期在新孟河河口设置围堰，截断了新孟河的水流，为保证新孟河水质不受影响，需利用十里横河从德胜河调水入新孟河，用于改善新孟河水质。根据奔牛水利枢纽施工计划，新孟河截流时间约9个月，平均每月更换新孟河水体1次，每次换水约200万m3。现状十里横河与新孟河交汇处设有1座闸站，其中泵站设计流量4m3/s、节制闸闸室净宽8m，距离十里横河西侧河口约3.5Km处设有1座净宽8m的节制闸，计划于东侧节制闸附近架设临时活水机组，按照10天完成1次换水要求，临时活水机组设计流量不得小于3.5m3/s。

考虑临时机组架设方便，计划采用600QZ-100/55kw潜水泵4台，单机流量为0.9m3/s，4台×0.9=3.6 m3/s，可满足要求。

（二）导流／航河道断面设计

根据京杭运河导航标准，导流导航河道设计底高程为-0.7m、底宽45m，在高程5.10m处设置宽度为2.5m的平台，平台以下河道边坡为1∶2.5，平台以上河道边坡为1∶2，按照京杭运河通航水位情况，河道边坡在高程2.0m～6.50m范围内采用土工布进行临时防。

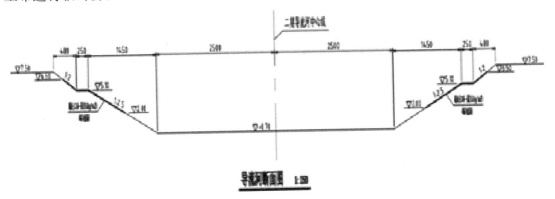

导流断面图

（三）导流河工期安排

1. 导流河开挖，采用挖掘机装自卸车干法施工。

计划开挖时间：2018.5.1～2018.7.5

计划填筑时间：2019.11.1～2019.12.20

2. 新孟河活水时间：2018.10.1～2019.6.30，计划时间9个月。

（四）导流河施工

测量、放样：首先根据导流河平面布置图进行测量放样，沿坡脚线、开挖线、河堤填筑边线定立标桩，作为导流河开挖或堤防填筑的基准。

清基：采用160推土机进行清基，将填筑边线以内的表层杂草及腐殖土清理干净，进行集中堆放，用1m3挖掘机装30T自卸汽车运至指定的弃土场集中堆放，以备以后导流河土方回填用。

土方开挖：首先进行导流河中间土体开挖和两侧渠堤填筑，进出口各预留约10m的自然土体挡水。由于导流河最大开挖深度为8.5m，开挖立面采用1m³挖掘机分三层开挖到设计深度。

开挖在整个工作面同时进行，布置22台挖掘机及相应的自卸车。采用1m³挖掘机开挖和160推土机推土相结合。挖掘机先开挖导流河右边21.8m范围土方，甩土至左侧渠堤处，由推土机直接进行左测渠堤土方填筑。然后挖掘机再进行导流河中间及左边坡71.8m范围土方开挖，向左边甩土，由推土机配合推至左侧堆土场进行堆放或直接装车弃至弃土区。临时堆土场配160推土机进行场地平整。导流河边坡由机械初步整平，再由人工精确修整边坡，以达到设计标准，施工中避免出现超挖现象。

导流河中间土体开挖完成经验收合格后，先采用埋管法向导流河内注水，水位与运河水位持平后，再进行进出口预留土体开挖。预留段土体开挖水上部分的土方直接采用挖掘机开挖装自卸汽车运到积土区，水下部分直接采用长臂挖掘机进行开挖，装自卸汽车运到积土区。导流河口驳岸采用破碎锤拆除，挖掘机装自卸汽车运到弃土区。对于进出口部分水下方，拟采用小型抓斗式挖泥船进行水下土方开挖，100吨驳船（带自卸抓斗）运输，从导流河内临时停靠点上岸运到弃土区，保证导流河的过水断面符合设计标准。

护坡、固脚：随着导流河土方开挖的进行，安排施工人员紧跟着进行土工布上、下封口及连接处凹槽土方开挖，然后铺设土工布，土工布在凹槽处向下弯折，凹槽内土固定。土工布接缝处采用尼龙线缝合，土工布铺设时保持其自然状态，不宜张拉得过紧，袋装碎石采用人工进行码放，码放时要轻轻放下，不能砸土工布，人工在土工布上作业时，铺设跑道板作为行走道路，不能直接在土工布上行走，防止土工布破裂，影响其防冲刷效果。碎石包码叠注意自下而上，一层一层错缝、砌平、砌紧，以防止松动，影响其防冲刷效果。

土方平衡：导流河开挖土方510385m³，堆放在业主指定的临时弃土场，堆土场配备推土机进行平整。

（五）导流河回填

导流河回填时间安排：

导流河回填计划安排在地涵主体工程施工完毕、上下游围堰拆除以后，选择非汛期水位较低时进行。具体时间安排在2019.11.1～2019.12.20。

回填施工顺序：先填筑导流河上下游进出口处，待进出口封闭后，用潜水泵排干渠水，再进行导流河渠身段回填。

进出口回填：采用"进占法"，将河道两侧的河堤用160推土机向导流河内推土填筑，龙口位置选定在渠道左侧，选择低潮位时填筑，以减少填筑难度。

渠道回填：渠道内渠水排干以后，中间渠道拆除渠堤和回填渠道同时进行，用160推土机直接向渠道内推土填筑，用160推土机分层平整、碾压。渠堤拆除土方用完后，自导流河开挖时的临时堆土场用1m³挖掘机挖装30T自卸汽车运土回填。

（六）施工导流保证措施

1. 质量保证措施

（1）土方开挖前，应会同监理按施工图纸所示的开挖尺寸进行开挖剖面测量放样成果的检查。（2）开挖过程中，严格按审批的施工组织设计和规范执行，严格控制各部位其成型质量标准的高程和平面尺寸，定期测量校正开挖平面的尺寸和标高，以及按施工图纸的要求检查开挖边坡的坡度和平整度，并将测量资料提交给监理。（3）土方开挖时，实际施工的边坡坡度适当留有修坡余量，再用人工修整，直至满足施工图纸要求的坡度和平整度。（4）为防止修整后的开挖边坡遭受雨水冲刷，边坡的护面在修整后应立即按施工图纸要求完成。

2. 施工边坡稳定保证措施

（1）在开挖过程中，加强变形观测，发现变形异常时如可能出现裂缝和滑动迹象，应立即暂停施工和采取减载、打桩等应急措施，并报告监理，必要时应按监理指示设置观测点，及时观测边坡变化情况，并作好记录。（2）备足防滑坡应急处理材料和机械设备。（3）加强施工排水。（4）控制边荷载、机械振动影响。

3. 进度保证措施

（1）按照施工计划及时调配施工机械，加强设备维修，保证设备的完好率。（2）加强施工道路的维修和保证道路的标准及质量，提高机械工作效率，晴好天气做到日夜连续施工，雨天做好工作面的排水工作和覆盖保护工作，保证雨后尽早恢复施工。（3）抓好土方工作面的排水，这是控制进度、质量的关键点，早挖、快挖、深挖排水沟，24小时不间断排水。（4）加强运管单位和地方关系的协调与处理，做到文明施工，以保证连续施工。

4. 安全保证措施

本工程施工安全重点：抓好陆上车辆交通安全、基坑作业安全、基坑稳定安全、施工油料防火安全、防洪安全等。

（1）开挖时严格按照施工作业规程、施工方案进行，做到分层分块作业，留足基坑边坡，防止塌方埋机。开挖运输机械不得在开挖坑口长时间停留，做好开挖临时边坡的安全观察。（2）加强陆上交通安全管制，设立规范明显的安全警示标志，加强机械作业人员的安全教育，遵章守纪，不开疲劳车，不开病车。（3）加强基坑变形观测，制定安全应急预案；做足排泥场围堰标准，加强值班管理，合理控制泥水高度。（4）基坑口设立明显的安全警示标志及安全护栏，基坑口严禁停放机械及堆土或施工材料。（5）施工用的油料，做好防火及消防安全工作，专人、专地保管。

第二节　施工截流

一、截流方法

当泄水建筑物完成时，抓住有利时机，迅速实现围堰合龙，迫使水流经泄水建筑物下泄，称为截流。

截流工程是指在泄水建筑物接近完工时，即以进占方式自两岸或一岸建筑戗堤（作为围堰的一部分）形成龙口，并将龙口防护起来，待其他泄水建筑物完工以后，在有利时机，全力以赴以最短时间将龙口堵住，截断河流。接着在围堰迎水面投抛防渗材料闭气，水全部经泄水道下泄。在闭气同时，为使围堰能挡住当时可能出现的洪水，必须立即加高培厚围堰，使之迅速达到相应设计水位的高程以上。

截流工程是整个水利枢纽施工的关键，它的成败直接影响工程进度。如果失败了，就可能使进度推迟一年。截流工程的难易程度取决于河道流量、泄水条件；龙口的落差、流速、地形地质条件；材料供应情况及施工方法、施工设备等因素。因此事先必须经过充分的分析研究，采取适当措施，才能保证在截流施工中争取主动，顺利完成截流任务。

河道截流工程在我国已有千年以上的历史。在黄河防汛、海塘工程和灌溉工程上积累了丰富的经验，如利用捆厢埽、柴石枕、柴土枕、杩杈、排桩填埽截流，不仅施工方便速度快，而且就地取材，因地制宜，经济适用。新中国成立后，我国水利建设发展很快，江淮平原和黄河流域的不少截流堵口、导流堰工程多是采用这些传统方法完成的。此外，还广泛采用了高度机械化投块料截流的方法。

选择截流方式应充分分析水力学参数、施工条件和难度、抛投物数量和性质，并进行技术经济比较。截流方法包括以下几种。

1.单戗立堵截流

简单易行，辅助设备少，较经济，于截流落差不超过 3.5m，但龙口水流能量相对较大，流速较高，需制备较多的重大抛投物料。

2.双戗和多戗立堵截流

可分担总落差，改善截流难度，截流落差大于 3.5m。

3.建造浮桥或栈桥平堵截流

水力学条件相对较好，但造价高，技术复杂，一般不常选用。

4.定向爆破截流、建闸截流等

只有在条件特殊、充分论证后方宜选用。

二、投抛块料截流

投抛块料截流是目前国内外最常用的截流方法，适用于各种情况，特别适用于大流量、大落差的河道上的截流。该方法是在龙口投抛石块或人工块体（混凝土方块、混凝土四面体、铅丝笼、柳石枕、串石等）堵截水流，迫使河水经导流建筑物下泄。采用投抛块料截流，按不同的投抛合龙方法，截流可分为立堵、平堵、混合堵三种方法。

（一）立堵法

首先在河床的一侧或两侧向河床中填筑截流戗堤，逐步缩窄河床，即进占；当河床束窄到一定的过水断面时即行停止，这个断面称为龙口，对河床及龙口戗堤端部进行防冲加固（护底及裹头）；其次掌握时机封堵龙口，使戗堤合龙；最后为了解决戗

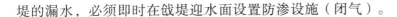

堤的漏水，必须即时在戗堤迎水面设置防渗设施（闭气）。

（二）平堵法

平堵法截流是沿整个龙口宽度全线抛投，抛投料堆筑体全面上升，直至露出水面。为此，合龙前必须在龙口架设浮桥。由于它是沿龙口全宽均匀平层抛投，所以其单宽流量较小，出现的流速也较小，需要的单个抛投材料重量也较轻，抛投强度较大，施工速度较快，但有碍通航。

（三）混合堵

混合堵是指立堵结合平堵的方法。在截流设计时，可根据具体情况采用立堵与平堵相结合的截流方法，如先用立堵法进占，然后在龙口小范围内用平堵法截流；或先用船抛土石材料平堵法进占，然后再用立堵法截流。用得比较多的是首先从龙口两端下料保护戗堤头部，同时进行护底工程并抬高龙口底槛高程到一定高度，最后用立堵截断河流。平堵可以采用船抛，然后用汽车立堵截流。

三、爆破截流

（一）定向爆破截流

如果坝址处于峡谷地区，而且岩石坚硬，交通不便，岸坡陡峻，缺乏运输设备时，可利用定向爆破截流。我国某个水电站的截流就利用左岸陡峻岸坡设计设置了三个药包，一次定向爆破成功，堆筑方量 $6800m^3$，堆积高度为平均 $10m$，封堵了预留的 $20m$ 宽龙口，有效抛掷率为 68%。

（二）预制混凝土爆破体截流

为了在合龙关键时刻瞬间抛入龙口大量材料封闭龙口，除了用定向爆破岩石外，还可在河床上预先浇筑巨大的混凝土块体，合龙时将其支撑体用爆破法炸断，使块体落入水中，将龙口封闭。

采用爆破截流，虽然可以利用瞬时的巨大抛投强度截断水流，但因瞬间抛投强度很大，材料入水时会产生很大的挤压波，巨大的波浪可能使已修好的戗堤遭到破坏，并会造成下游河道瞬间断流。此外，定向爆破岩石时，还需校核个别飞石距离，空气冲击波和地震的安全影响距离。

四、下闸截流

人工泄水道的截流，通常在泄水道中预先修建闸墩，最后采用下闸截流。在天然河道中，有条件时也可设截流闸，最后采用下闸截流，三门峡鬼门河泄流道就曾采用这种方式，下闸时最大落差达 $7.08m$，历时 30 余小时；神门岛泄水道也曾考虑采用下闸截流，但闸墩在汛期被冲倒，后来改为管柱拦石栅截流。

除以上方法外，还有一些特殊的截流合龙方法，如木笼、钢板桩、草土、水力冲填法截流等。

综上所述，截流方式虽多，但通常多采用立堵、平堵或混合堵截流方式。截流设计中，应充分考虑影响截流方式选择的条件，拟定几种可行的截流方式，通过对水文气象条件、地形地质条件、综合利用条件、设备供应条件、经济指标等进行全面分析，经技术比较选定最优方案。

五、截流时间和设计流量的确定

（一）截流时间的选择

截流时间应根据枢纽工程施工控制性进度计划或总进度计划决定，至于时段选择，一般应考虑以下原则，经过全面分析比较而定。

（1）尽可能在较小流量时截流，但必须全面考虑河道水文特性和截流应完成的各项控制工程量，合理使用枯水期。（2）对于具有通航、灌溉、供水、过木等特殊要求的河道，应全面兼顾这些要求，尽量使截流对河道综合利用的影响最小。（3）有冰冻的河流，一般不在流冰期截流，避免截流和闭气工作复杂化，如有特殊情况必须在流冰期截流时应有充分论证，并有周密的安全措施。

（二）截流设计流量的确定

一般设计流量按频率法确定，根据已选定的截流时段，采用该时段内一定频率的流量作为设计流量。当水文资料系列较长，河道水文特性稳定时，可应用这种方法。至于预报法，因当前的可靠预报期较短，一般不能在初步设计中应用，但在截流前夕有可能根据预报流量适当修改设计。在大型工程截流设计中，通常多以选取一个流量为主，再考虑较大、较小流量出现的可能性，用几个流量进行截流计算和模型试验研究。对于有深槽和浅滩的河道，如分流建筑物布置在浅滩上，对截流的不利条件，要特别进行研究。

六、截流戗堤轴线和龙口位置的选择方法

（一）戗堤轴线位置选择

通常截流戗堤是土石横向围堰的一部分，应结合围堰结构和围堰布置统一考虑。单戗截流的戗堤可布置在上游围堰或下游围堰中非防渗体的位置。如果戗堤靠近防渗体，在二者之间应留足闭气料或过渡带的厚度，同时应防止合龙时的流失料进入防渗体部位，避免在防渗体底部形成集中漏水通道。为了在合龙后能迅速闭气并进行基坑抽水，一般情况下将单戗堤布置在上游围堰内。

当采用双戗多戗截流时，戗堤间距满足一定要求，才能发挥每条戗堤分担落差的作用。如果围堰底宽不太大，上、下游围堰间距也不太大时，可将两条戗堤分别布置在上、下游围堰内，大多数双戗截流工程都是这样做的。如果围堰底宽很大，上、下游间距也很大，可考虑将双戗布置在一个围堰内。当采用多戗时，一个围堰内通常也需布置两条戗堤，此时，两戗堤之间均应有适当间距。

在采用土石围堰的一般情况下，均将截岔堤布置在围堰范围内。但是也有岔堤不与围堰相结合的，岔堤轴线位置选择应与龙口位置相一致。如果围堰所在处的地质、地形条件不利于布置岔堤和龙口，而岔堤工程量又很小，则可能将截流岔堤布置在围堰以外。龚嘴工程的截流岔堤就布置在上、下游围堰之间，而不与围堰相结合。由于这种岔堤多数均需拆除，因此，采用这种布置时应有专门论证。选择平堵截流岔堤轴线的位置时，应考虑便于抛石桥的架设。

（二）龙口位置选择

选择龙口位置时，应着重考虑地质、地形条件及水力条件。从地质条件来看，龙口应尽量选在河床抗冲刷能力强的地方，如岩基裸露或覆盖层较薄处，这样可避免合龙过程中的过大冲刷，防止岔堤突然塌方失事。从地形条件来看，龙口河底不宜有顺流流向陡坡和深坑。如果龙口能选在底部基岩面粗糙、参差不齐的地方，则有利于抛投料的稳定。另外，龙口周围应有比较宽阔的场地，离料场和特殊截流材料堆场的距离近，便于布置交通道路和组织高强度施工，这一点也是十分重要的。从水力条件来看，对于有通航要求的河流，预留龙口一般均布置在深槽主航道处，有利于合龙前的通航，至于对龙口的上、下源水流条件的要求，以往的工程设计中有两种不同的见解：一种认为龙口应布置在浅滩，并尽量造成水流进出龙口的折冲和碰撞，以增大附加壅水作用；另一种认为进出龙口的水流应平直顺畅，因此可将龙口设在深槽中。实际上，这两种布置各有利弊，前者进口处的强烈侧向水流对岔堤端部抛投料的稳定不利，由龙口下泄的折冲水流易对下游河床和河岸造成冲刷。后者的主要问题是合龙段岔堤高度大，进占速度慢，而且深槽中水流集中，不易创造较好的分流条件。

（三）龙口宽度

一方面，龙口宽度主要根据水力计算而定，对于通航河流，决定龙口宽度时应着重考虑通航要求，对于无通航要求的河流，主要考虑岔堤预进占所使用的材料及合龙工程量的大小。形成预留龙口前，通常使用一般石渣进占，根据其抗冲流速可计算出相应的龙口宽度。另一方面，合龙是高强度施工，一般合龙时间不宜过长，工程量不宜过大。当此要求与预进占材料允许的束窄度有矛盾时，也可考虑提前使用部分大石块，或者尽量提前分流。

（四）龙口护底

对于非岩基河床，当覆盖层较深，抗冲能力小，截流过程中为防止覆盖层被冲刷，一般在整个龙口部位或困难区段进行平抛护底，防止截流料物流失量过大。对于岩基河床，有时为了减轻截流难度，增大河床粗糙率，也抛投一些料物护底并形成拦石坎。计算最大块体时应按护底条件选择稳定系数。

以葛洲坝工程为例，预先对龙口进行护底，保护河床覆盖层免受冲刷，减少合龙工程量。护底的作用还可增大粗糙率，改善抛投的稳定条件，减少龙口水深。根据水工模型试验，经护底后，25t混凝土四面体有97%稳定在岔堤轴线上游，如不护底，混凝土四面体则仅有62%稳定。此外，通过护底还可以增加岔堤端部下游坡脚的稳定，以防止塌坡等事故的发生。对护底的结构形式，曾比较了块石护底、块石与混凝土块组合护底及混凝土块拦石坎护底三个方案。块石护底主要用粒径 0.4 ~ 1.0m 的块石，模型试验表明，此方案护底下面的覆盖层有掏刷，护底结构本身也不稳定；块石与混凝土块组合护底是由 0.4 ~ 0.7m 的块石和 15t 混凝土四面体组成，这种组合结构是稳定的，但水下抛投工程量大；混凝土块拦石坎护底是在龙口困难区段一定范围内预抛大型块体形成潜坝，从而起到拦阻截流抛投料物流失的作用。混凝土块拦石坎护底，工程量较小而效果显著，影响航运较少，且施工简单，经比较选用钢架石笼与混凝土预制块石的拦石坎护底。在龙口 120m 困难段范围内，以 17t 混凝土五面体在龙口上侧形成拦石坎，然后用石笼抛投下游侧形成压脚坎，用以保护拦石坎。龙口护底长度视截流方式而定，对平堵截流，一般经验认为紊流段均需防护，护底长度可取相应于最大流速时最大水深的 3 倍。

对于立堵截流护底长度主要视水跃特性而定。根据苏联经验，在水深 20m 以内戗堤线以下护底长度一般可取最大水深的 3 ~ 4 倍，轴线以上可取 2 倍，即总护底长度可取最大水深的 5 ~ 6 倍。葛洲坝工程上、下游护底长度各为 25m，相当于 2.5 倍的最大水深，即总长度相当于 5 倍的最大水深。

龙口护底是一种保护覆盖层免受冲刷，降低截流难度，提高抛投料稳定性及防止戗堤头部坍塌的行之有效的措施。

第三节 施工降、排水

本工程施工降排水工程包括：堰体内明水抽排、降低地下水、基坑表面积水（围堰渗水、降雨、地表渗水及其他途径来水）抽排，基坑周围汇水排除四个方面。

排水系统布置考虑有两种不同情况：一种是在基坑开挖过程中的排水系统布置；另一种是基坑开挖成型后建筑物施工过程中排水系统布置。基坑开挖土方施工时，排水系统布置采用深龙沟排水，排水沟底低于开挖面 1m。建筑物施工时的基坑经常性排水，主要采用明沟截排的降排方式，正常抽排保证地下水位低于基坑底面 0.5m 以下。

排水主沟网及集水井布置充分利用基坑开挖地形，合理布设，尽量以主沟线路短，避免或减少基坑开挖、运输道路等干扰为原则。

一、堰体内明水抽排

内外河围堰内积水采用泥浆泵抽排，排水时控制水面下降速度（一般不大于 50cm/d），以免引起基坑四周和围堰土体坍塌。同时派专人对围堰进行 24 小时值班，发现问题及时采取相应措施，以保证施工围堰的安全。

施工初期船闸节制闸围堰施打的围堰间距约 540m，河口水面宽 60m，水深约 3.5m，初步测算水量为 113400m³。立交地涵施打的围堰约 600m，河面水面宽 90m，水深约 4.2m 初步测算水量为 226800m³，以此进行水泵设备投入计算。

22kW 泥浆泵有效出水流量平均每小时流量 150m³，工作效率为 75%。按每天 20

小时工作强度计算。$150×75\%×20=2250m^3$。

船闸节制闸水深 3.5m，考虑 7 天排完，则需水泵数量为：$113400/7/2250=7.2$ 台，取整为 8 台。

立交地涵水深 4.2m，考虑 9 天排完，则需水泵数量为：$226800/9/2250=11.2$ 台，取整为 12 台。

二、基坑明排水

立交地涵汇水面积大约为 $236.2×284.5=67199m^2$，常州地区最大日降雨量 247mm（查询历史最大降雨量），则日最大汇水量为 $67199×0.247=16598m^3$，24 小时内排除积水的排涝强度（m^3/h）$=16598/24=691m^3/h$，所需 22kW 泥浆泵数量为：$1.1×691÷150=5.06$ 台，取整为 6 台，考虑到基坑较大，在基坑四周布置 8 台 22kW 泥浆泵可满足排除明排水最大日降水量。

船闸节制闸汇水面积大约为 $543×101.1=54897m^2$，常州地区最大日降雨量 247mm（查询历史最大降雨量），则日最大汇水量为 $54897×0.247=13560m^3$，24 小时内排除积水的排涝强度（m^3/h）$=13560/24=565m^3/h$，所需 22kW 泥浆泵数量为：$1.1×565÷150=4.14$ 台，考虑到基坑较场，在基坑四周布置 8 台 22kW 泥浆泵可满足排除明排水最大日降水量。

为了防止基坑周边的雨水进入基坑，对基坑边坡产生冲刷破坏，增加雨天排水强度，在基坑四周坡肩外侧 1m 处挖设截水沟，截留的积水通过自排的方式排入内外河河道内。坡脚位置挖设排水龙沟，沟宽 80cm、深 50cm，在基坑四周设排水机塘。上下游引河中间位置设排水主垄沟，连接布置于围堰内侧的集水塘，基坑中的积水通过水泵抽排到排水主垄沟，分别汇集围堰边的集水塘，集中抽排到围堰外，施工中采取高水高排低水低排的原则，分别布泵抽排基坑积水。如下图 2-2 所示。

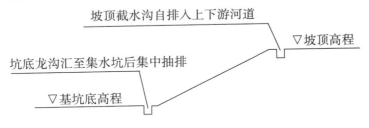

图 2-2　基坑明沟排水示意图

闸涵底板桩围封范围内设置小型排水沟及抽水机塘，抽排底板浇筑前的冲洗水及施工过程的雨水。抽排的水直接送至主垄沟内。

三、基坑降水

本工程船闸、节制闸、立交地涵部位基坑开挖深度均大于 6.0m，属深基坑开挖。基坑边坡由 A、A②2、②3、③1、③2、③3、④2、⑤2 层组成，其中 AA 层土质不均，工程地质条件较差，对基坑边坡的稳定不利；②2、③3 层砂壤土，中等渗透性，可能因渗透变形而影响基坑稳定；②3、④2层为软土，对边坡的稳定更为不利；⑤2层土，可塑状态，极微透水，工程地质条件较好，有利于边坡稳定。

由于场地地下水位较高，地下水位动态受季节性变化及河流影响明显，基坑开挖将揭示地下水，施工时应采取必要的降排水措施，地下水应降至基坑底面以下0.5m。开挖深度范围内分布有②2、③3层砂壤土，中等渗透性，其余土层为黏性土，微透水性，根据工程经验，一般可采用井点结合明沟降排水方式。⑦3′层砂壤土中等透水，为场地的承压含水层，由于其埋藏较深，对工程影响不大。

场地地下水类型主要为松散岩类孔隙水。场地分布的AA层填土由于受大自然及人为影响，土体内存在裂隙、孔隙，②3层、③1层黏性土上部土体内存在孔隙，具有一定透含水性，②2层、③3层、④3层砂壤土为含水层局部与河水相通，所以AA、②2.②3层、③1层、③2层、③3层、④2层、④3层、④4层共同组成场地孔隙性潜水含水层。其下的⑤2层、⑤3层黏性土，微弱透水，为相对不透水层，为潜水含水层的隔水底板。⑦3′层砂壤土，中等弱透水，为场地的承压含水层，⑦2层、⑦3层、⑧1层粉质黏土分别为其隔水顶、底板，由于其埋藏较深且局部分布，对工程影响不大。

下面以立交地涵为例，进行管井降水计算，船闸节制闸类似。

（一）降水管井设计

1. 管井深度设计

场地地下水类型主要为松散岩类孔隙水。地质资料显示A、A②2、②3层、③1层、③2层、③3层、④2层、④3层、④4层共同组成场地孔隙性潜水含水层。其下的⑤2层、⑤3层黏性土，微弱透水，为相对不透水层，为潜水含水层的隔水底板。⑦3′层砂壤土，中等~弱透水，为场地的承压含水层，⑦2层、⑦3层、⑧1层粉质黏土分别为其隔水顶、底板，由于其埋藏较深且仅局部分布，对工程影响不大。

九层共同构成场地潜水含水层，⑤2层、⑤3层黏性土阻断了以下各层与上层的水力联系。降水井有效深度考虑到⑤2层、⑤3层土相对不透水土层顶▽-15.22m，井内外跌水高度按3m考虑，水泵及井底安全深度按2m考虑，井底高程为▽-20.22m，取▽-20.0m，井顶高程高出京杭运河河底1m，为▽0.3m，取▽1.0m。

2. 管井平面布置设计

因本工程地处京杭运河内，土壤存在夹层现象，水平渗透与垂直渗透相差较多，依据多个类似工程施工降水的经验，降水管井间的间距在15~20m之间，管井深入不透水层的长度为6m。本次降水管井的间距选择为15m。

具体布置详见图2-3、图2-4管井布置图；

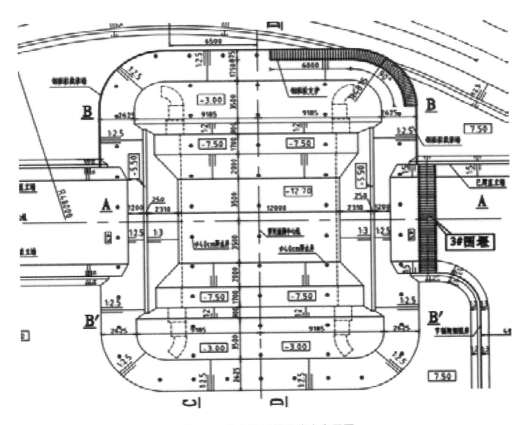

图 2-3　立交地涵管井降水布置图

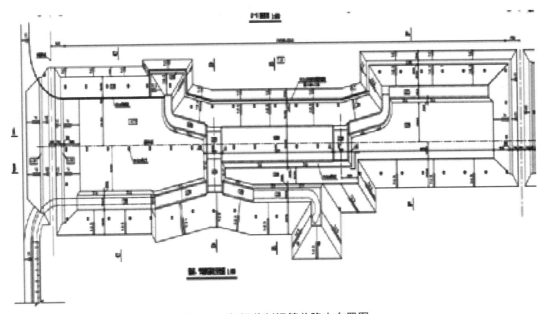

图 2-4　船闸节制闸管井降水布置图

3.观测井设置

在闸站基坑内设置4根观测井,观测井底深入承压透水层(⑦3层),监测地下水位是否满足规范规定的干施工要求。

(二)降水管井施工及运行

深井施工采用2台回旋钻机钻孔,孔径为60cm,计划30天完成。钻机架利用水平仪抄平,以保证成孔的垂直度,并指定技术人员跟机测定泥浆的比重、粘度、含砂率和胶体率,及时调整。既要防止塌孔,又要防止因泥浆比重大、粘度大而造成钻孔周边土体孔隙堵塞,影响降水效果。泥浆比重控制在1.05以内。

成孔后及时清孔。清孔后及时安放井管,井周边采用扶正木,以控制井周边滤水层的厚度和井管的垂直度。选用标准透水井管(混凝土管或钢管),外裹一层80目尼龙滤网和一层绿纱。经现场取水样试验,控制含泥量在万分之五以内。

滤层采用级配较好的瓜子片和中粗砂级配沿井管周边均匀填筑上升,井顶1m深范围内用黏土回填封闭。滤层完成后的试抽将控制降水速率,因为抽水过程也是周边滤料密实的过程。如抽水过猛,周边土体可能渗进滤料层,甚至堵塞井管。试抽时采用小型井泵,分节进行,使井底水位均匀缓慢地降低。

试抽使周边滤料密实后,进行洗井,采用橡皮活塞反复抽拔进行,拔通渗水通道。深井抽水进行时,安排专人24小时值班监视,及时处理异常情况。为掌握实际降水情况,必须加强对观测井中水位的观测,对承压水水位进行连续观察、记录、整理,并及时调整泵的高度,把地下水降至施工设计要求。

管井降水的增强措施:由于本项目地处长江之边,土质中可能存在薄不透水层,引起土壤的水平渗透系数远大于水平渗透系数,采用重力管井的降水效果不如预期,地下水位不能降至基面以下50cm,如地下水位观测井测得的水位不能满足要求,则在管井顶部增加抽真空设备,使其成为真空管井,增强其降水能力,使其地下水位降至满足施工要求。

降水管井运行安排专人管理,24小时巡查,发现故障及时排除,观测井水位每班测量不少于1次,做好管井运行记录,以及观测井内的地下水位记录,现场配备发电机组,停电时立即启动发电机,优先用降水。以保证基坑安全。

(三)降水井的封堵

在水下工程施工完成通过验收后,放水前对降水管井间隔抽停,分批实施封堵。降水井顶部5m以下,用黏土回填,上部5m井内壁刷洗干净后用砼封堵。

护坦内的管井封堵,抽水泵管改为钢管,将水泵下降至井底,继续抽水,透水层内采用小石子回填,不透水层内用黏土回填,上部5m底板面以下50cm范围内采用混凝土回填,待回填混凝土达到一定强度后封堵抽水钢管,采用比护坦高1等级的混凝土浇筑井口的剩余50cm范围。

(四)轻型井点降水

根据现场实际情况,对于明排水不能满足要求的部位,如局部的翼墙、护坡等实施轻型井点降水。

四、基坑周围汇水排除

为减小基坑汇水面积，结合基坑内降排水及混凝土等工程施工，沿站身、闸室基坑上口，距离基坑开挖线上口外侧1.0m布置一条挡水土堰及排水明沟，明沟深60cm，宽50cm，与沿纵向轴线平行布置的路面排水沟连通。排水明沟过道路处埋入ϕ50涵管。建筑物施工时部分基坑经常性排水可通过基坑上口的排水沟排入河中。

五、降排水连续供电保证措施

第一，降排水供电，均采用独立的供电线路，以防止其他机械设备故障造成停电。

第二，降排水内部系统实行分组连接，防止因某一点故障造成大面积停电。

第三，船闸节制闸、立交地涵各配备1台200KVA柴油发电机组，已备国电停电时作为应急电源供电。

六、施工降排水质量保证措施

为了保证施工降排水质量满足施工要求，由于基坑运行时间长，降排水对周围建筑影响，加上被揭穿的软弱土层暴露在外，如遇不良气候条件极易发生塌方事故，因此对基坑的安全监测工作非常重要，必须做到以下几点：

（一）监控的主要内容

①基坑开挖的标高及基底土质的情况；②基坑边坡的渗水、滑坡及坡顶土体位移、裂缝等。③对基坑外邻近建筑物、地面设施等沉降观测。

（二）监测频率

初定正常观测频率：基坑开挖期间为5天/次，建筑物底板施工期间，为2天/次，底板施工结束后为10天/次。若有异常情况需加密观测频率。

（三）监控预防措施

①加强监测，施工期间专人定期定时观测地下水位、渗流、边坡位移与沉降情况，及时整理观测资料，分析基坑运行情况并及时通报有关部门，加强暴雨期间的值班工作，并做好基坑安全的经常性检查，发现异常情况及时上报和处理。②编制基坑防滑坡、防管涌、防冲刷维护措施及安全控制的应急预案，加强维护和保养，在基坑的周围严禁堆放物资及基坑土方，施工车辆严禁靠近基坑，在基坑周围设立禁行标志。③跟踪观测基坑边坡渗水情况，若发现边坡局部渗水较多，可采取局部设截水盲沟排水的措施。④若发生滑坡现象，则立即采取打入小木桩支护方案，或用钢板桩支护。⑤若发现坡顶土体有位移和裂缝现象，则立即采取打地锚拉钢丝或打钢板桩支护方案。⑥根据邻近建筑物的变形观测情况，调整大口井降水深度，并采取回灌措施，以保证邻近建筑物墙体不裂缝。⑦组织防滑坡抢险物资，为了预防突发事件的发生，尽可能将损

失降低到最低限度，要预备部分抢险物资，其中包括 6 米长直径为 20 ~ 30cm 的圆木桩 300 米，铁丝 200 公斤、砂石滤袋 400 袋，以及其他运输车辆和有关设备。

第四节 导流验收

根据《水利水电建设工程验收规程》，枢纽工程在导（截）流前，应由项目法人提出验收申请，竣工验收主持单位或其委托单位主持并对其进行阶段验收。

阶段验收委员会由验收主持单位、质量和安全监督机构、工程项目所在地水利（务）机构、运行管理单位的代表，以及有关专家组成，可邀请地方人民政府及有关部门参加。

大型工程在阶段验收前，验收主持单位根据工程建设需要，成立专家组，先进行技术预验收。如工程实施分期导（截）流时，可分期进行导（截）流验收。

一、验收条件

（1）导流工程已基本完成，具备过流条件，投入使用（包括采取措施后）后不影响其他未完工程继续施工。（2）满足截流要求的水下隐蔽工程已完成。（3）截流设计已获批准，截流方案已编制完成，并做好各项准备工作。（4）工程度汛方案已经有管辖权的防汛指挥部门批准，相关措施已落实。（5）截流后壅高水位以下的移民搬迁安置和库底清理已完成。（6）有航运功能的河道，碍航问题已得到解决。

二、验收内容

（1）检查已完成的水下工程、隐蔽工程、导（截）流工程是否满足导（截）流要求。（2）检查建设征地、移民搬迁安置和库底清理完成情况。（3）审查导（截）流方案，检查导（截）流措施和准备工作落实情况。（4）检查为解决碍航等问题而采取的工程措施落实情况。（5）鉴定与截流有关已完工程施工质量。（6）对验收中发现的问题提出处理意见。（7）讨论并通过阶段验收鉴定书。

三、验收程序

（1）现场检查工程建设情况及查阅有关资料。（2）召开大会：宣布验收委员会组成人员名单；检查已完工程的形象面貌和工程质量；检查在建工程的建设情况；检查后续工程的计划安排和主要技术措施落实情况，以及是否具备施工条件；检查拟投入使用工程是否具备运行条件；检查历次验收遗留问题的处理情况；检查已完工程施工质量；对验收中发现的问题提出处理意见；讨论并通过阶段验收鉴定书；验收委员会委员和被验收单位代表在验收鉴定书上签字。

四、验收鉴定书

导（截）流验收的成果文件是主体工程投入使用验收鉴定书，它是主体工程投入使用运行的依据，也是施工单位向项目法人交接、项目法人向运行管理单位移交的依据。

自验收鉴定书通过之日起 30 个工作日内，由验收主持单位发送各参验单位。

第五节　围堰拆除

围堰是临时建筑物，导流任务完成后，应按设计要求拆除，以免影响永久建筑物的施工及运转。如在采用分段围堰法导流时，第一期横向围堰的拆除如果不合要求，势必会增加上、下游水位差，从而增加截流工作的难度，增大截流料物的质量及数量。这类教训在国内外有不少，如苏联的伏尔谢水电站截流时，上、下游水位差是 188m，其中由于引渠和围堰没有拆除干净造成的水位差就有 173m。又如下游围堰拆除不干净，会抬高尾水位，影响水轮机的利用水头，如浙江省富春江水电站曾受此影响，降低了水轮机出力，造成不应有的损失。

土石围堰相对来说断面较大，拆除工作一般是在运行期限的最后一个汛期过后，随上游水位的下降，逐层拆除围堰的背水坡和水上部分。

钢板桩格型围堰的拆除，首先要用抓斗或吸石器将填料清除，然后用拔桩机起拔钢板桩。混凝土围堰的拆除，一般只能用爆破法炸除，但应注意，必须使主体建筑物或其他设施不受爆破危害。

一、控制爆破

控制爆破是为达到一定预期目的的爆破。如定向爆破、预裂爆破、光面爆破、岩塞爆破、微差控制爆破、拆除爆破、静态爆破、燃烧剂爆破等。

（一）定向爆破

定向爆破是一种加强抛掷爆破技术，它利用炸药爆炸能量的作用，在一定的条件下，可将一定数量的土岩经爆破破碎后按预定的方向抛掷到预定地点，形成具有一定质量和形状的建筑物或开挖成一定断面的渠道。

在水利水电工程建设中，可以用定向爆破技术修筑土石坝、围堰、截流戗堤以及开挖渠道、溢洪道等。在一定条件下，采用定向爆破方法修建上述建筑物，较用常规方法可缩短施工工期、节约劳力和资金。

定向爆破主要是使抛掷爆破最小抵抗线方向符合预定的抛掷方向，并且在最小抵抗线方向事先造成定向坑，利用空穴聚能效应集中抛掷，这是保证定向爆破的主要手段。造成定向坑的方法，在大多数情况下，都是利用辅助药包，让它在主药包起爆前先爆，形成一个起走向坑作用的爆破漏斗。如果地形有天然的凹面可以利用，也可不用辅助药包。

（二）预列爆破

进行石方开挖时，在主爆区爆破之前沿设计轮廓线先爆出一条具有一定宽度的贯穿裂缝，以缓冲、反射开挖爆破的振动波，控制其对保留岩体的破坏影响，使之获得较平整的开挖轮廓，此种爆破技术为预裂爆破。

在水利水电工程施工中，预裂爆破不仅在垂直、倾斜开挖壁面上得到广泛应用；在规则的曲面、扭曲面以及水平建基面等也采用预裂爆破。

1.预裂爆破要求

（1）预裂缝要贯通且在地表有一定开裂宽度。对于中等坚硬岩石，缝宽不宜小于1.0cm；坚硬岩石缝宽应达到0.5cm左右；但在松软岩石上缝宽达到1.0cm以上时，减振作用并未显著提高，应多做些现场试验，以利于总结经验。（2）预裂面开挖后的不平整度不宜大于15cm。预裂面不平整度通常是指预裂孔所形成之预裂面的凹凸程度，它是衡量钻孔和爆破参数合理性的重要指标，可依此验证调整设计数据。（3）预裂面上的炮孔痕迹保留率应不低于80%，且炮孔附近岩石不出现严重的爆破裂隙。

2.预裂爆破主要技术措施

（1）炮孔直径一般为50～200mm，对深孔宜采取较大的孔径。（2）炮孔间距宜为孔径的8～12倍，坚硬岩石取小值。（3）不耦合系数建议取2～4，坚硬岩石取小值。（4）线装药密度一般取250～400g/m。（5）药包结构形式，目前较多的是将药卷分散绑扎在传爆线上。分散药卷的相邻间距不宜大于50cm，且不大于药卷的殉爆距离。考虑到孔底的夹制作用较大，底部药包应加强，约为线装药密度的2～5倍。（6）装药时距孔口1m左右的深度内不要装药，可用粗砂填塞，不必捣实。填塞段过短，容易形成漏斗，过长则不能出现裂缝。

（三）光面爆破

光面爆破也是控制开挖轮廓的爆破方法之一。它与预裂爆破的不同之处在于光面爆孔的爆破是在开挖主爆孔的药包爆破之后进行。它可以使爆裂面光滑平顺，超欠挖均很少，能近似形成设计轮廓要求的爆破。光面爆破一般多用于地下工程的开挖，露天开挖工程中用得比较少，只是在一些有特殊要求或者条件有利的地方使用。光面爆破的要领是孔径小、孔距密、装药少、同时爆。

（四）岩塞爆破

岩塞爆破是一种水下控制爆破。当在已成水库或天然湖泊内取水发电、灌溉、供水或泄洪时，为修建隧洞的取水工程，避免在深水中建造围堰，采用岩塞爆破是一种经济而有效的方法。它的施工特点是先从引水隧洞出口开挖，直到掌子面到达库底或湖底邻近，然后预留一定厚度的岩塞，待隧洞和进口控制闸门井全部建完后，一次将岩塞炸除，使隧洞和水库连通。

岩塞的布置应根据隧洞的使用要求、地形、地质因素来确定。岩塞宜选择在覆盖层薄、岩石坚硬完整，且层面与进口中线交角大的部位，特别应避开节理、裂隙、构造发育的部位。岩塞的开口尺寸应满足进水流量的要求。岩塞厚度应为开口直径的

1～1.5倍。太厚难于一次爆通，太薄则不安全。

水下岩塞爆破装药量计算，应考虑岩塞上静水压力的阻抗，用药量应比常规抛掷爆破药量增大20%～30%。为了控制进口形状，岩塞周边采用预裂爆破以减震防裂。

（五）微差控制爆破

微差控制爆破是一种应用特制的毫秒延期雷管，以毫秒级时差顺序起爆各个（组）药包的爆破技术。其原理是把普通齐发爆破的总炸药能最分割为多数较小的能量，采取合理的装药结构，用最佳的微差间隔时间和起爆顺序，为每个药包创造多面临空条件，将齐发药包产生的地震波变成一长串小幅值的地震波，同时各药包产生的地震波相互干涉，从而降低地震效应，把爆破震动控制在给定水平之下。爆破布孔和起爆顺序有成排顺序式、排内间隔式（又称V形式）、对角式、波浪式和径向式等，或由它组合变换成的其他形式，其中以对角式效果最好，成排顺序式最差。采用对角式时，应使实际孔距与抵抗线比大于2.5以上，对软石可为6～8；相同段爆破孔数根据现场情况和一次起爆的允许炸药量来确定装药结构，一般采用空气间隔装药或孔底留空气柱的方式，所留空气间隔的长度通常为药柱长度的20%～35%左右。间隔装药可用导爆索或电雷管齐发或孔内微差引爆，后者能更有效降震，爆破采用毫秒延迟雷管。最佳微差间隔时间一般取（3～6）版，刚性大的岩石取下限。

一般相邻两炮孔爆破时间间隔宜控制在20～30ms，不宜过大或过小；爆破网络宜采取可靠的导爆索与继爆管相结合的爆破网络，每孔至少一根导爆索，以确保安全起爆；非电爆管网络要设复线，孔内线脚要设有保护措施，避免装填时把线脚拉断；导爆索网络联结要注意搭接长度、拐弯角度、接头方向，并捆扎牢固，不得松动。

微差控制爆破能有效地控制爆破冲击波、震动、噪音和飞石；操作简单、安全、迅速；可近火爆破而不造成伤害；破碎程度好，可提高爆破效率和技术经济效益。但该网络设计较为复杂；需特殊的毫秒延期雷管及导爆材料。微差控制爆破适用于开挖岩石地基、挖掘沟渠、拆除建筑物和基础，以及用于工程量与爆破面积较大，对截面形状、规格、减震、飞石、边坡后面有严格要求的控制爆破工程。

二、施工围堰填筑拆除及保证措施

本工程共设置4道施工围堰，船闸节制闸施工期间在新孟河上布置2道施工围堰，立交地涵施工期间在京杭运河上也布置两道围堰，其中地涵西侧围堰受工程场地限制采用对拉钢板桩结构，其余三道围堰采用土围堰结构。具体平面位置见图2-5。

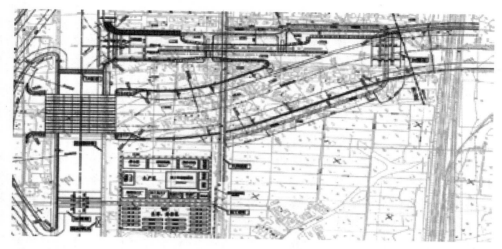

（一）钢板桩围堰施工

1.围堰设计

京杭运河围堰为立交地涵施工期截流围堰，围堰等级为4级，设计防洪水位为6.06m，正常挡水水位为3.54m。地涵西侧围堰受工程场地限制采用对拉钢板桩结构，钢板桩选用型号为FSP—Ⅲ的U形钢板桩，两道钢板桩间距为12m，钢板桩顶高程为6.20m，桩长16m；钢板桩间钢拉杆选用D2型，直径为Φ60mm、间距1.5m，材质为Q345的钢材，钢拉杆预先张拉力为60kN。上部采用填筑土结构，设计边坡为1：2。为兼顾施工人员进出施工现场，施工围堰顶高程为7.50m，设计顶宽为5m，上设防护栏杆。

具体断面图见图2-6。

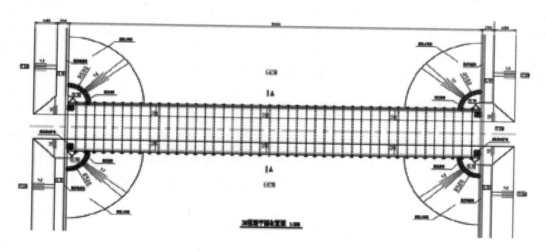

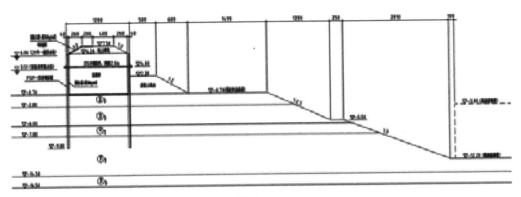

图 2-6 钢板桩围堰断面图

2.工期安排

2018 年 7 月 6 日～2018 年 8 月 5 日。

3.围堰填筑

围堰填筑前先根据水下抛填、出水后压实以及土方运输损耗粗略估算出拟填筑围堰的方量，划定围堰填筑土源地。

围堰填筑施工程序为坝址拆除清理杂物、河底淤泥清除→钢板桩施打→围堰土方填筑施工→土方压实→背水坡修整。

（1）杂物、淤泥清理

围堰填筑前用水下挖掘机清理杂物，清理围堰施工范围内的杂质，以保证围堰填筑效果。

（2）钢板桩施打

用于本工程围堰的钢板桩全部从厂家购买全新的 FSP—Ⅲ 的 U 型钢板桩。

①钢板桩的整理，钢板桩运到工地后，先进行检查、分类、编号及登记。

②钢板桩围堰位置的砌石护岸及杂物必拆除干净，以防止影响钢板桩施打。

③由于围堰所用的钢板桩数量较多，应采用同种类型。施打前要求对有明显弯曲破损、锁口不合、锁口有焊瘤等缺陷情况应及时整修。所有钢板桩必须对其锁口进行检查。组桩及单桩的锁口内，涂以黄油混合物油膏（重量配合比为：黄油，沥青，干锯末，干黏土 =2：2：2：1），以减少插打时的摩阻力，并加强防渗性能。④在钢板桩正式施工前，按设计要求进行现场施工试运行，再根据试运行情况调整和确定钢板桩的打入速度等技术参数。⑤为保证沉桩轴线位置的正确和桩的竖直，控制桩的打入精度，防止板桩的屈曲变形和提高桩的贯入能力，设置有一定刚度的、坚固的导向架。导向架由导梁和围檩桩等组成，围檩桩的间距一般为 2.5～3.5m，双面围檩之间的间距不宜过大，一般略比板桩墙厚度大 8～15mm。⑥用汽车将钢板桩运到位后，采用水上定位桩船配卡特 470 型挖掘机带液压高频拔桩锤（带液压钳）斜插到钢板桩顶口，整体起吊钢板桩。第一根钢板桩沿导向梁下插，是整个围堰钢板桩的基准，

要反复挂线检查，使其方向垂直位置准确。满足要求后开启振动锤一边振动，一边插打下沉。施打完成后测量检测平面位置和垂直度，满足要求后利用锁口导向和定位导向依次施打其余钢板桩。整个钢板桩围堰施打过程中，开始时可插一根打一根，即将每一片钢板桩打到设计位置。⑦在插打过程中随时测量监控每块桩的斜度不超过2%。⑧先施工内侧一排钢板桩，全完成后，再施工外侧钢板桩，两道钢板桩完成后，采用水上挖掘船用黏土填筑两道钢板桩内，填筑时应保证钢板桩稳定，当钢板桩围堰内外压力基本平衡时，安装围堰和两道钢板桩间的拉锚结构，拉锚结构采用拉杆连接，钢板桩间钢拉杆选用D2型，直径为Φ60mm、间距1.5m，材质为Q345的钢材，钢拉杆预先张拉力为60kN。⑨围堰填筑完成后，在围堰与京杭运河接头位置采用袋装土锥坡及高压旋喷桩防渗，袋装土锥坡采用水上挖机配合堆叠，高压旋喷施工见基础处理章节。

（3）钢板桩围堰土方填筑施工

①围堰土方填筑时间安排

根据钢板桩围堰施工工艺和现场施工条件，为方便钢板桩施工机械的行走，围堰内土方填筑与钢板桩施工保持同步，钢板桩施工一定长度后，即同步施工土方填筑。

②围堰填筑土方平衡

考虑到水下抛填和出水后压实以及土方运输损耗，单座钢板桩围堰填筑需土方7000m³。根据现场土质情况，围堰填筑土方全部采用立交地涵引河开挖的层土。该围堰拆除时其水上方用于翼墙后填筑，水下方通过长臂挖掘机开挖，自卸车外运送到发包人指定的弃土区内。

③基底清理和河床清淤

采用水上挖机配自卸车，将围堰范围内的杂物、淤泥全部清除干净。

④钢板桩围堰土方填筑

围堰内土方施工采用水中倒土填筑。土方采用自卸车运土，推土机推土筑堰，水下采用抛填，从围堰一端向另一端进行填筑，填土出水后，用推土机和蛙式打夯机结合分层平整压实。围堰水上填土，采用分层铺土、分层压实的方案，层厚25cm。

（4）围堰防护

①围堰加固

围堰先期施工根据设计要求填筑到设计高程，为了防止坝体沉降和风浪爬高影响，针对不利因素对坝体进行加高加固，具体措施如下：

a. 坝顶及迎水面加固

计划在原坝顶高程的基础上用袋装砂叠码加高60cm，上下游围堰的迎水侧坡面在水下1.0米以上采用不透水土工布覆盖，土工布下脚在水位线上下50cm范围内，平列排放袋装砂压实，防水布上口压到坝顶上的顺向开挖的小沟槽内，反卷后用袋装砂压实。

b. 背水侧加固

先做足背水坡后戗台；在背坡面上河段深水区范围内施打不短于9米的原木桩防护，原木桩间隔1米，共一排，约50根木桩，木桩上口用细钢筋连接，必要时视坝体稳定情况投入一定量的钢板桩支护。

在积水抽排期间，随着堰内水面下降，逐步开挖岸边土方在背水坡上加绑戗台。

②加强监测

对围堰的安全监测非常重要。拟在上下游设自制水尺四根，并顺围堰方向做好纵向位移观测点，在围堰运行过程中，安排专人值班，做好围堰上下游水位观测和纵向位移观测并记录，每天定时四次。加强暴雨和大风期间的值班工作，并做好围堰的经常性检查，发现问题及时上报。

③加强维护和保养

定期检查和维护施工围堰，发现透水、松动等及时堵漏、填平、压实；同时备足防汛物资和机械，以确保施工期围堰安全；制定抢险应急预案，备足防汛、抢险应急机械、材料、器具，发生超标准洪水时，根据水位情况对施工围堰进行加宽、加固和加高。

④施工期间维护

施工期在上下游各布置两人专门执勤护坝，密切关注坝体的运行情况，同时备足维护用材，防汛袋 2000 只、土工布 2000 ㎡、15m 米长杂木桩 200 根。

⑤围堰施工期间安全维护

加强维护和保养，定期检查和维护施工围堰，发现透水、松动等及时堵漏、填平、压实；同时备足抢险应急机械、材料、器具。制定抢险应急预案，围堰安全全天候值班。

4.围堰拆除

水下工程完工验收后，根据总体进度计划安排，拆除内外河侧施工围堰。围堰拆除包括围堰钢板桩拆除及围堰水上方、水下方的拆除、围堰顶临时道路的拆除。

施工围堰拆除前，先对闸塘注水，水位平衡后才能拆除。

（1）临时道路拆除

先采用镐头机和挖掘机拆除砼临时道路，拆除的废渣用自卸车运到发包人指定弃土区堆放。

（2）土方拆除

该围堰土方拆除时其水上方采用挖掘机开挖，自卸车运到弃土区，水下方通过 PC200 长臂挖掘机开挖，自卸车外运送到发包人指定的弃土区内。

（3）钢板桩拆除

拔除钢板桩需要克服的阻力有：土壤摩阻力、锁口摩阻力之间的摩阻力，要点如下：

①拔桩顺序：可根据沉桩时的情况确定拔桩起点，必要时也可用跳拔的方法。拔桩的顺序与打桩时相反，从围堰的北端向南端拆除，边拆边退。②拔桩方法采用振动锤拔桩，利用振动锤产生的强迫振动，扰动土质，破坏钢板桩周围土的黏聚力以克服拔桩阻力，依靠附加起吊力的作用将其拔除。拔钢板桩的设备采用震动打拔桩机，用机上夹具夹紧板桩，并震动使之松动，再配合卷扬机串以滑车组协助外拉。③起重机应随振动锤的启动而逐渐加荷，起吊力一般略小于减振器弹簧的压缩极限。④对较难拔除的板桩可先用振动锤将桩振下 100～300mm，然后振拔。

（4）围堰拆除安全控制

①围堰在水下工程验收后进行拆除，拆除前将堰内外水位保持一致，在平水状态下开挖围堰土方，防止水位不一致对已建工程造成一定的水流冲击。②拆除时挖掘机开挖程序为：前方挖土，后方装车，退着开挖。

5.围堰施工质量保证措施

施工围堰的安全运行是保证整个主体工程顺利实施的先决条件，也关系到工程的成败，因此我们将其看作永久性建筑物标准来施工，对此拟采取以下措施保证施工围堰质量。

（1）钢板桩施工、围堰填筑必须按照作业规程进行，专人值班指挥。确保围堰下不形成包心淤泥。项目部成立以项目经理为首的施工管理机构，明确质量责任人，做到事事有人抓。（2）施工前对机械手和工人进行技术交底，控制各个施工环节，让每一个人都知道自己怎么做，如何做。并实行质量管理责任制，达不到质量要求必须进行返工，同时制定相应的奖惩措施。（3）围堰填筑位置的杂物必须清除干净，以防止围堰在此处渗水。（4）围堰填筑用土严禁夹带淤泥、杂草、石渣、砼块等杂物。（5）围堰填筑高于水面0.5m后，用推土机逐层压实，每层厚度控制在25cm，直至设计标高。（6）基坑抽水过程中围堰填筑完成后在抽排水期间，严格控制降水速率，加强围堰变形观测，防止抽水过快造成坝体滑坡，并及时做好坝体加固工作。（7）备足防汛、抢险应急机械、材料、器具。制定抢险应急预案，围堰安全全天候值班。

6.钢板桩施工质量控制措施

（1）使用钢板桩时，要有钢板桩机械性能和化学成分的出厂证明文件，并详细丈量尺寸，检验是否符合要求。（2）承包人应与施工人员签订责任证书，一经发现有违反施工工艺要求的作业，应严格处理，乃至罚款。（3）施工过程中的各项记录要有专人负责，要做到施工记录与实际情况保持一致。

（二）土围堰施工

1.围堰设计

新孟河围堰位于京沪铁路南侧约120m处，围堰等级为5级，设计防洪水位为5.85m，正常挡水水位为3.54m。围堰结构采用填筑土围堰，为兼顾施工场地内外交通，施工围堰顶高程为7.50m，设计顶宽为8m，上设防护栏杆；在高程4.0m以下围堰为水中倒土形成，设计边坡为1：4；在高程4.0m以上为水上填筑围堰，设计边坡为1：2，在高程4.0m处均设置宽度为3m的青坎平台；围堰土方填筑控制压实度不小于0.91；围堰顶部迎水侧均设置50cm×50cm袋的装土子堰，迎水面均铺设500g/m^{2}的防渗土工膜。

具体的围堰平面位置及设计断面图如下页图所示：

2.围堰稳定计算

2#、3#、4# 施工围堰设计堰顶高程7.5m，底高程 -0.7m，▽7.5～▽4.0内外边坡1：4.▽4.0m设3m宽平台，▽4.0m～▽-0.7m内外边坡1：4，设计围堰挡水水位3.54m。

按边坡稳定无渗流、顶宽 8m 宽、60t 荷载、围堰填筑土层为黏性土，用上海同济启明星边坡稳定计算软件总应力模式计算得出边坡安全稳定系数为 3.57 >（1.1-1.5），满足边坡稳定要求。

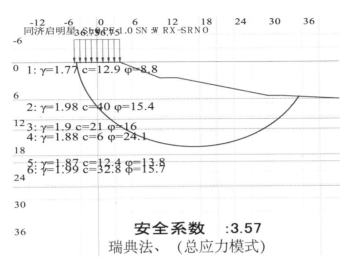

安全系数　:3.57
瑞典法、（总应力模式）

3. 工期安排

3#、4# 围堰：2018 年 10 月 1 日 ~ 2018 年 10 月 15 日

2# 围堰：2018 年 7 月 6 日 ~ 2018 年 8 月 5 日

4. 围堰填筑

（1）围堰填筑

①围堰填筑前先提前清理水下杂物，围堰与原护坡接触部位清理干净，确保接触良好，避免形成渗漏通道。②围堰黏土施工：采用进占法施工，围堰填筑均从一侧向另一侧方向进占，填土高于水位 0.5m 后，用推土机分层平整压实。围堰水上填土优先选用防渗较好的土，采用分层铺土、分层压实的方案，层厚 30cm，推土机平整压实，并做足边坡。施工围堰填筑需配备主要施工机械：6 台挖掘机，2 台套推土机、12 辆自卸车。③土源选择，采用就近引河开挖土方（见图 2-7）。

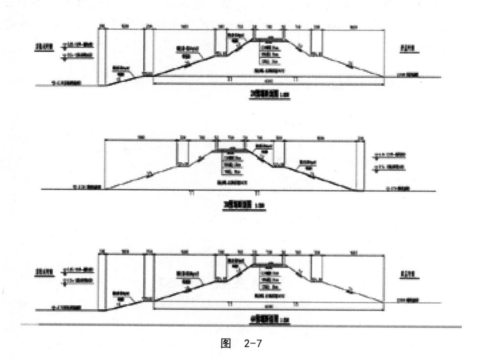

图 2-7

（2）围堰防护

①围堰加固

围堰先期施工根据设计要求填筑到设计高程，为了防止坝体沉降和风浪爬高影响，针对不利因素对坝体进行加高加固，具体措施如下：

坝顶及迎水面加固：围堰的迎水侧在 ∇ 4.0m 以下 $500g/m^2$ 防渗土工布及碎石包防护，具体做法同导流河。

背水侧加固：做足背水坡后戗台。

在积水抽排期间，随着堰内水面下降，逐步开挖岸边土方在背水坡上加绑戗台。

②加强监测

对围堰的安全监测非常重要。拟在上下游设自制水尺四根，并顺围堰方向做好纵向位移观测点，在围堰运行过程中，安排专人值班，做好围堰上下游水位观测和纵向位移观测并记录，每天定时四次。加强暴雨和大风期间的值班工作，并做好围堰的经常性检查，发现问题及时上报。

③加强维护和保养

定期检查和维护施工围堰，发现透水、松动等及时堵漏、填平、压实；同时备足防汛物资和机械，以确保施工期围堰安全；制定抢险应急预案，备足防汛、抢险应急机械、材料、器具，发生超标准洪水时，根据水位情况对施工围堰进行加宽、加固和加高。

④施工期间维护

施工期间在上下游各布置 2 人专门执勤护坝，密切关注坝体的运行情况，同时备

足维护用材，防汛袋2000只、土工布2000㎡、4m长杂木桩1000根。

5.围堰拆除

水下工程完工验收后，根据总体进度计划安排，拆除上下游施工围堰。围堰拆除包括上下游围堰水上方及水下方的拆除。

3#、4#围堰拆除：2019年5月21日～2019年6月30日；2#围堰拆除时间为2019年10月1日～2019年10月31日。

（1）围堰水上方的拆除

水下工程完工验收后，根据总体工期安排，拆除上下游施工围堰。围堰水上方土方拆除采用挖掘机装自卸车方式进行，开挖土方结合墙后回填。

（2）围堰水下方的拆除

围堰水下方拆除先尽可能用长臂挖掘机取土，密封车送到弃土区内，剩余围堰长臂挖机无法开挖的采用抓斗式挖泥船开挖，100吨泥驳船运到场内临时码头，由码头吊上自卸汽车，运送到弃土区内，围堰拆除后按设计河道断面恢复原状。

（3）围堰拆除安全控制

①围堰在水下工程验收后进行拆除，拆除前将堰内外水位保持一致，在平水状态下开挖围堰土方，防止水位不一致开挖时对已建工程造成一定的水流冲击。②拆除时挖掘机开挖程序为：前方挖土，后方装车，退着开挖。

6.围堰施工保证措施

施工围堰的安全运行是保证整个主体工程顺利实施的先决条件，也关系到工程的成败，因此我们将其看作永久性建筑物标准来施工，对此拟采取以下措施保证施工围堰质量。

（1）围堰施工必须按照作业规程进行，有专人值班指挥。项目部成立以项目经理为首的施工管理机构，明确质量责任人，做到事事有人抓。（2）施工前对机械手和工人进行技术交底，控制各个施工环节，让每一个人都知道自己怎么做，如何做。并实行质量管理责任制，达不到质量要求必须进行返工，同时制定相应的奖惩措施。（3）加强监测，施工期间对围堰的安全监测非常重要。施工围堰成型后，在围堰的迎水坡自制水尺，观测施工期外河水位变化情况，并顺围堰方向做好纵向位移观测点，在围堰运行过程中，安排专人值班。

第三章 爆破工程施工技术

第一节 工程爆破基本理论

一、爆破的基本理论

（一）爆炸与爆破

1. 基本定义

炸药爆炸属于化学反应，它是指炸药在一定起爆能力（撞击、点火、高温等）的作用下，在瞬间发生化学分解，产生高温、高压气体，对相邻的介质产生极大的冲击压力，并以波的形式向四周传播。若在空气中传播，称为空气冲击波；若在岩土中传播，则称为地震波。

爆破是一种有目的的爆炸。它主要是利用炸药爆炸瞬间释放出的能量，使介质压缩、松动、破碎或抛掷等，以达到开挖或拆毁的目的。冲击波通过介质产生应力波，如果介质为岩土，当产生的压应力大于岩土的抗压极限强度时，岩土被粉碎或压缩，当产生的拉应力大于岩土的抗拉极限强度时，岩土产生裂缝，爆炸气体的气刃效应则产生扩缝作用。

2. 炸药爆炸的基本条件

炸药爆炸必须满足三个基本条件，即变化过程释放大量的热能、反应过程的高速度能生成大量气体产物。这是构成炸药爆炸的必要条件，缺一不可，亦称为炸药爆炸的三要素。

（1）变化过程释放大量的热能

爆炸变化过程释放出大量的热能是产生炸药爆炸的首要条件。热量是炸药做功的能源，同时，如果没有足够的热量放出，化学变化本身不能供给继续变化所需的能量，化学变化就不可能自行传播，爆炸也就不能产生。例如硝酸铵的分解反应，在常温下的分解是吸热反应，不能发生爆炸；但加热到200℃左右时，分解为放热反应，如果放出的热量不能及时散发，温度就会不断上升，促使反应速度不断加快和释放出更多

的热量，最终就会引起硝酸铵的燃烧和爆炸。

（2）变化过程必须是高速的

爆炸反应过程与通常化学反应过程的一个突出区别就是它的高速度只有高速度的化学反应，才能在极短的时间内，形成大量的高温高压气体，且高温高压气体迅速向四周膨胀做功，产生爆炸现象。

（3）变化过程生成大量气体产物

爆炸产生的气体，在爆炸瞬间处于强烈的压缩状态，因而形成很高的势能该势能在气体膨胀过程中对周围介质做功，迅速转变为机械能，使得周围介质（如岩石）破碎并运动。如果反应产物不是气体而是液体或固体，即使是放热反应，也不会形成爆炸现象。

3.炸药化学变化的基本形式

在外界能量的作用下，炸药化学变化可能以不同速度进行传播，同时在其变化性质上也有很大的区别。按照其传播性质和速度的不同，可将炸药化学变化的基本形式分为四种，即热分解、燃烧、爆炸和爆轰。

（1）热分解

炸药和其他物质一样，在常温下也会进行分解作用，但它是一种缓慢的化学变化，不会形成爆炸。其特点是化学变化的反应速度与环境温度有关：当温度升高时，分解速度加快，温度继续升高到某一定值（爆发点）时，热分解就能转化为爆炸中心。

（2）燃烧

燃烧是伴随有发光、发热的一种剧烈氧化反应。与其他可燃物一样，炸药在一定条件下也会燃烧，不同的是炸药的燃烧不需要外界提供氧，炸药可以在无氧环境中正常燃烧，它与缓慢分解不同，炸药的燃烧过程只是在炸药局部区域内进行并在炸药内传播。在一定条件下，绝大多数炸药能够稳定地燃烧而不爆炸。若燃烧速度保持定值，不发生波动，称为稳定燃烧，否则称为不稳定燃烧。不稳定燃烧可导致燃烧的熄灭、振荡或转变为爆炸。

（3）爆炸

与燃烧相比较，爆炸在传播形态上和燃烧有着本质区别。燃烧是通过热传导来传递能量和激起化学反应，受环境条件影响较大。爆炸则是借助于压缩冲击波的作用来传递能量和激起化学反应，受环境影响较小。一般来说，爆炸过程很不稳定，不是过渡到更大爆速的爆轰，就是衰减到很小爆速的爆燃直至熄灭。爆炸是炸药化学反应过程中的一种过渡形式。

（4）爆轰

炸药以最大稳定的爆速进行传播的过程叫作爆轰。它是炸药所特有的化学变化形式，与外界的压力、温度等条件无关。爆轰是炸药爆炸的最高形式，在给定的条件下，爆轰速度为常数。在爆轰条件下，炸药具有最大的破坏作用。

爆炸与爆轰并无本质的区别，只是传播速度不同而已。爆轰的传播速度是恒定的，爆炸的传播速度是可变的。

炸药化学变化的四种基本形式在性质上虽有不同之处，但它们之间却有着密切的联系，在一定条件下可以互相转化。

炸药的热分解在一定条件下可以转变为燃烧，而炸药的燃烧随温度和压力的增加又可能转变为爆炸，直至过渡到稳定的爆轰。这种转变所需的外界条件是至关重要的，因此分析了解炸药化学变化的不同形式，是针对各种不同的实际情况，有目的的控制外界条件，充分利用炸药能量，使其发挥最大作用。

（二）炸药的起爆与感度

1.炸药的起爆与起爆能

炸药是一种相对稳定的平衡系统，要使其发生爆炸变化必须要由外界施加一定的能量。通常将外界施加给炸药某一局部而引起炸药爆炸的能量称为起爆能，而引起炸药发生爆炸的过程称为起爆。

引起炸药爆炸的原因可以归纳为两个方面——内因与外因。从内因看，是由于炸药分子结构的不同所引起的，也就是说，炸药本身的化学性质和物理性质决定着该炸药对外界作用的选择能力。吸收外界作用能量比较强、分子结构比较脆弱的炸药就容易起爆，否则起爆就比较困难。例如，碘化氮只要用羽毛轻轻触及就可以引起爆炸，而硝酸铵要用几十克甚至数百克梯恩梯才能引爆。

所谓外因是指起爆能。由于外部作用的形式不同，其起爆能通常有以下三种形式：

（1）热能

利用加热的形式使炸药形成爆炸。能够引起炸药爆炸的加热温度，称为起爆温度。热能是最基本的一种起爆能，在以往的爆破作业中，利用导火索引爆火雷管，就是热能引爆的一个例子。

（2）机械能

通过机械作用使炸药爆炸，其机械作用的方式一般有撞击、摩擦、针刺、枪击等。机械作用引起爆炸的实质是在瞬间将机械能转化为热能，从而使局部炸药达到起爆温度而爆炸。

在工程爆破中，很少利用机械能进行起爆，但是在炸药生产、储存、运输和使用过程中，应该注意防止因机械能引起意外的爆炸事故。

（3）爆炸能

这是工程爆破中最广泛应用的一种起爆能。顾名思义，它是利用某些炸药的爆炸能来起爆另外一些炸药。例如：在爆破作业中，利用雷管爆炸、导爆索爆炸和中继起爆药包爆炸来起爆炸药包等。

2.炸药的感度

炸药在外界能量作用下，发生爆炸反应的难易程度称为炸药感度。炸药感度与所需的起爆能成反比，即炸药爆炸所需的起爆能越小，该炸药的感度越大，按照外部作用形式，炸药的感度有热感度、机械感度和爆轰感度之分。

（1）炸药的热感度

炸药在热能的作用下发生爆炸的难易程度称为热感度，通常以爆发点和火焰感度等表示。

①炸药的爆发点

炸药的爆发点是指使炸药在一定的受热条件下，经过一定的延滞期（5 min），发生爆炸时加热介质的最低温度。这一温度并不是炸药爆炸时炸药本身的温度，也不是炸药开始分解时本身的温度，而是指炸药分解自行加速开始时的环境温度。爆发点越高，则表示炸药的热感度越低。通常采用爆发点测定器来测定炸药的爆发点。

②炸药的火焰感度

炸药在明火（火焰、火星）作用下，发生爆炸变化的能力称为炸药的火焰感度。实践表明，在非密闭状态下，黑火药与猛炸药用火焰点燃时通常只能发生不同程度的燃烧变化，而起爆药却往往表现为爆炸。根据火焰感度的不同，使人们据此选择使用不同炸药，以满足不同的需要。

（2）炸药的机械感度

炸药的机械感度是指炸药在撞击、摩擦等机械作用下发生爆炸的难易程度，包括撞击感度和摩擦感度。它通常用爆炸概率法来测定。

①炸药的撞击感度

炸药的撞击感度是指炸药在机械撞击作用下发生爆炸的难易程度，它是炸药最重要的感度指标之一。测定撞击感度最常用的仪器是立式落锤仪。

②炸药的摩擦感度

炸药的摩擦感度是指在机械摩擦作用下炸药发生爆炸的难易程度。测定炸药摩擦感度常用的仪器是摆式摩擦仪。

（3）炸药的爆轰感度

炸药的爆轰感度是用来表示一种炸药在其他炸药的爆炸作用下发生爆炸的难易程度。它一般用极限起爆药量表示。所谓极限起爆药量，指引起炸药完全爆炸的最小起爆药量。

毋庸置疑，炸药的感度是一个很重要的问题，在炸药的生产、运输、储存和使用过程中要给予足够的重视。对于敏感度高的炸药，要有针对性地采取预防措施；而对于敏感度低的炸药，特别是起爆感度低的炸药，在工程爆破使用中要注意选用合适的起爆药包。

（三）炸药的氧平衡

从元素组成来说，炸药通常是由碳（C）、氢（H）、氧（O）、氮（N）四种元素组成的。其中碳、氢是可燃元素，氧是助燃元素，炸药是一种载氧体。炸药的爆炸过程实质上是可燃元素与助燃元素发生极其迅速和猛烈的氧化还原反应的过程。反应结果是氧和碳化结合生成二氧化碳（CO_2）或一氧化碳（CO），氢和氧化合生成水（H_2O），这两种反应都放出了大量的热。每种炸药里都含有一定数量的碳、氢原子，也含有一定数量的氧原子，发生反应时就会出现碳、氢、氧的数量不完全匹配的情况。氧平衡就是衡量炸药中所含的氧与可燃元素完全氧化所需的氧两者是否平衡。所谓完全氧化，即碳原子完全氧化生成二氧化碳，氢原子完全氧化生成水。根据所含氧的多少，可以将炸药的氧平衡分为下列三种不同的情况：

1. 零氧平衡

指炸药中所含的氧刚好将可燃元素完全氧化。

2. 正氧平衡

指炸药中所含的氧将可燃元素完全氧化后还有剩余。

3. 负氧平衡

指炸药中所含的氧不足以将可燃元素完全氧化。

实践表明，只有当炸药中的碳和氢都被氧化成 CO_2 和 H_2O 时，其放出的热量才最大。零氧平衡一般接近于这种情况。负氧平衡的炸药，爆炸产物中就会有 CO、H_2，甚至会出现固体碳；而正氧平衡炸药的爆炸产物，则会出现 NO、NO_2 等气体。后两种情况都不利于发挥炸药的最大威力，同时会生成有毒气体。如果把它们用于地下工程爆破作业，特别是含有矿尘和瓦斯爆炸危险的矿井，就更应引起注意。因为 CO、NO、N_xO_y 不仅都是有毒气体，而且能对瓦斯爆炸反应起催化作用，因此这样的炸药就不能应用于地下矿井的爆破作业。

炸药的氧平衡不仅具有理论意义，而且是设计混合炸药配方、确定炸药使用范围和条件的重要依据。

（四）炸药的爆炸性能

有关炸药爆炸性能方面的内容是很多的，这里只讨论与工程爆破关系密切的一些性能，如炸药的爆速、做功能力、猛度、殉爆距离以及与其有关的沟槽效应、聚能效应等。

1. 爆速

爆轰波在炸药药柱中的传播速度称为爆轰速度，简称为爆速，通常以 m/s 或 km/s 表示。

炸药的爆速与炸药爆炸的化学反应速度是本质不同的两个概念。爆速是爆轰波阵面一层一层地沿炸药柱传播的速度，而爆炸化学反应速度是指单位时间内反应完了的物质的质量，其度量单位是 g/s。

2. 猛度

炸药的猛度是指爆炸瞬间爆轰波和爆炸气体产物直接对与之接触的固体介质局部产生破碎的能力。猛度的大小主要取决于爆速，爆速越高，猛度越大，岩石被粉碎得越厉害。炸药猛度的实测方法一般采用铅柱压缩法。

3. 殉爆距离

一个药包（卷）爆炸后，引起与它不相接触的邻近药包（卷）爆炸的现象，称为殉爆。殉爆在一定程度上反映了炸药对冲击波的敏感度。通常将先爆炸的药包称为主发药包，被引爆的后一个药包称为被发药包。前者引爆后者的最大距离叫作殉爆距离，它表示一种炸药的殉爆能力。在工程爆破中，殉爆距离对于检验炸药质量和合理布置孔网参数等都具有指导意义。在炸药厂和危险品库房的设计中，它又是确定安全距离的重要依据。

4. 沟槽效应

沟槽效应，也称管道效应、间隙效应，即当药卷与炮孔壁间存有月牙形间隙时，炸药药柱所出现的自抑制——能量逐渐衰减直至拒爆的现象。实践表明，在小直径炮孔爆破作业中尤其是地下爆破中，这种效应普遍存在，是影响爆破质量的重要因素之一。

研究结果表明，采用下列技术措施可以减小或消除沟槽效应，改善爆破效果：

①采用耦合散装炸药消除径向间隙，可以从根本上克服沟槽效应。②沿药卷全长布设导爆索，可以有效地起爆炮眼内的细长排列的所有药卷。③每装数个药包后，装一个能填实炮孔的大直径药包，以阻止空气冲击波或等离子体的超前传播。④给药卷套上由硬纸板或其他材料做成的隔环，将间隙隔断，以阻止间隙内空气冲击波的传播或削弱其强度。⑤采用化学技术，选用不同的药卷包装涂覆物，如柏油沥青、石蜡、蜂蜡等，可以削弱或消除沟槽效应。⑥采用散装技术，使炸药全部充填炮孔不留间隙，或采用临界值小的炸药。

5. 聚能效应

炸药爆炸后其爆轰产物运动方向具有与药包外表面垂直或大致垂直这一基本规律，利用这一规律将药包制成特殊形状（如半球面空穴状、锥形空穴状等），炸药爆炸后，爆轰产物向空穴的轴线方向上汇集，并产生增强破坏作用的效应称为聚能效应。能产生聚能效应的装药称为聚能装药。

二、岩土爆破作用机理

（一）炸药在岩石中的爆炸作用范围

装药中心距固体介质自由表面的最短距离称为最小抵抗线，通常用 W 来表示。对一定量的装药来说，若其 W 超过某一临界值 W_c，即 $W > W_c$，则当装药爆炸后，在自由表面上不会看到爆破的迹象，也就是说，装药的破坏作用仅限于固体介质内部，未能到达自由面，此种情况可视为装药在无限介质中爆炸。

假设岩石为均匀介质，当爆破在无限均匀的理想介质中进行时，冲击波以药包中心为球心，呈同心球向四周传播。由于各项同性介质的阻尼作用，随着距球心距离的增大，冲击压力波逐渐衰退，直至全部消逝。若用一平面沿爆心剖切，可将爆破作用的影响范围划分为如图 3-1 所示的 3 个作用圈。

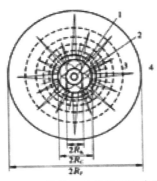

图 3-1　炸药爆炸作用圈示意图

R_K——空腔半径；R_C——压碎区半径；R_P——裂隙区半径；1——扩大空腔（压缩区）；2——压碎区；3——裂隙区；4——震动区

1.压碎圈（粉碎圈）

爆炸冲击波产生的压应力大于岩土的压限时，紧邻药包的介质若为塑性体（土体），将受到压缩，形成一空腔；若为脆性体（岩体），将遭遇粉碎，形成粉碎圈，相应半径为压缩半径或粉碎半径在压碎区内，岩石被强烈粉碎并产生较大的塑性变形。

2.破坏圈（裂隙圈）

当冲击波通过压碎区后，继续向外层岩石中传播。由于冲击波逐渐衰减，该圈爆炸冲击波产生的压应力小于岩土的压限，但爆炸冲击波产生的环向拉应力和在波阵面上产生的切向拉应力大于岩土的拉限时，将分别引起径向裂缝和弧状裂缝，紧随其后的爆炸气体产生扩缝作用，岩土被破坏。裂隙圈半径为治，破坏圈包括抛掷圈和松动圈。

3.震动圈

震动圈内的岩石介质没有任何破坏，只发生震动，其强度随距爆炸中心的距离增大而逐渐减弱，以致完全消失。

以上各圈只是为说明爆破作用而划分的，并无明显界限，其作用半径的大小与炸药特性、炸药用量、药包结构、爆炸方式以及介质特性等密切相关。

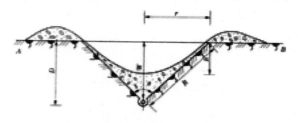

图 3-2　爆破漏斗图

如果 $W < W_c$，此种情况视为装药在半无限介质中爆炸。装药爆炸后，除在装药下方固体介质内形成压碎区、破坏区和震动区外（假定介质自由表面在装药上方且为水平的），装药上方一部分岩石将被破碎，脱离原介质，在地表面形成一个倒立圆锥形的爆破坑形如漏斗，这个坑称为爆破漏斗，如图 3-2 所示。

（1）爆破漏斗的几何参数

①自由面

被爆破的岩面与空气的接触面称为自由面，又称临空面。如图 3-2 中的 AB 面。

②最小抵抗线

药包中心到自由面的最短距离，即表示爆破时岩石阻力的最小方向因此，最小抵抗线是爆破作用和岩石移动的主导方向。

③爆破漏斗半径 r

爆破漏斗的底圆半径。

④爆破漏斗作用半径 R

药包中心到爆破漏斗底圆任一点的距离，简称破裂半径。

⑤爆破漏斗深度 D

自爆破漏斗尖顶至自由面的最短距离。

⑥爆破漏斗的可见深度 h

如自爆破漏斗中岩堆表面最低洼点到自由面的最短距离。

⑦爆破漏斗张开角 θ

爆破漏斗顶角。

在爆破工程中，还有一个经常使用的参数，称为爆破作用指数 (n)。它是爆破漏斗半径 r 和最小抵抗线 W 的比值，即：

$$n = r/W$$

（2）爆破漏斗的基本形式

根据爆破作用指数 n 值的不同，爆破漏斗有以下四种不同基本形式：

①当 $n = r/W = 1.0$ 时

称为标准抛掷爆破漏斗。

②当 $n = r/W > 1.0$ 时

称为加强抛掷爆破漏斗。

③当 $0.75 < n < 1.0$ 时

称为减弱抛掷爆破漏斗（又称加强松动爆破漏斗）。

④当 $n = r/W,, 0.75$ 时

称为松动爆破漏斗。

第二节 爆破器材与起爆方法

一、爆破器材

我们通常所讲的爆破器材是指民用爆破器材——用于非军事目的的各种炸药及其制品和火工品的总称，包括炸药、雷管、导爆索、导爆管和辅助器材（如起爆器、导通器等）

（一）工业炸药

在一定条件下，能够发生快速化学反应，释放出能量，生成大量气体产物，显示爆炸效应的化合物或混合物称为炸药。它不仅用于军事目的，而且广泛应用于国民经济的各个部门，通常将前者称为军用炸药，后者称为工业炸药，也称为民用炸药。它是由氧化剂、可燃剂和其他添加剂等组分按照氧平衡的原理配制，并均匀混合制成的爆炸物。

1.工业炸药的分类

炸药分类的方法很多，没有一个完全统一的标准，一般按照炸药的组成、用途等分类。

（1）按炸药的组成分类

①单质炸药

单质炸药指化学成分为单一化合物的炸药，如 TNT、黑索金、泰安、雷汞、硝化甘油等。单质炸药常用作雷管的加强药、导爆索和导爆管药芯以及混合炸药的组成等。

②混合炸药

由两种或两种以上独立的化学成分组成的爆炸性混合物。通常由硝酸铵作为主要成分与可燃物混合而成。混合炸药是目前水利水电工程开挖爆破中应用最广、品种最多的一类炸药。

（2）按炸药的用途分类

①起爆药

主要用于制造雷管和导爆索，用以起爆其他工业炸药。起爆药的特点极其敏感，受外界较小能量作用即发生爆炸。常用的起爆药有叠氮化铅、雷汞、二硝基重氮酚等。

②猛炸药

具有较大的稳定性，其机械感度较低，需要足够的能量才能将其引爆。工程爆破中多用雷管、导爆索等起爆器材并将其引爆。常用的猛炸药有混合型工业炸药、TNT、黑索金、奥克托金等。

③发射药

又称为火药，发射药的特点是对火焰极其敏感，常用的发射药有黑火药等。

④烟火剂

基本上也是由氧化剂与可燃剂组成的混合物，其主要变化过程是燃烧。一般用来装填照明弹、信号弹、燃烧弹等。

2. 常用工业炸药

常用工业炸药有铵油炸药、乳化炸药、水胶炸药、膨化硝铵炸药和其他工业炸药等。

（1）铵油炸药

铵油炸药是由硝酸铵和轻柴油等组成的混合炸药。它分为粉状铵油炸药、多孔粒状铵油炸药和改性铵油炸药等。粉状铵油炸药是由硝酸铵、柴油、木粉按照炸药爆炸零氧平衡原则配制。多孔粒状铵油炸药中，多孔粒状硝铵和轻柴油的配比为 94.5%：5.5%。改性铵油炸药与铵油炸药配方基本相同，主要区别在于组分中的硝酸铵、燃料油和木粉进行了改性，使炸药的爆炸性能和储存性能明显提高。铵油炸药的主要特点如下：①成分简单，原料来源充足，成本低，制造使用安全。②感度低，起爆较困难。③铵油炸药吸潮及固结的趋势较为强烈。

（2）乳化炸药

乳化炸药指采用乳化技术制备的油包水乳胶型抗水工业炸药。乳化炸药的主要特点：①密度可调范围较宽（$0.8 \sim 1.45 \ \text{g/cm}^3$），可根据工程实际需要制成不同密度的品种。②爆速和猛度较高，爆速可达 $4000 \sim 5200 \ \text{m/s}$，猛度可达 $17 \sim 20 \ \text{mm}$。③抗水性能强。④起爆感度高，乳化炸药通常可用 8 号雷管起爆。

（3）水胶炸药

水胶炸药是一种凝胶状含水炸药。它的优点是：爆破反应较安全；能量释放系数高，威力大；抗水性好；爆炸后有毒气体生成量少；储存稳定性好；规格品种多。缺点是：不耐压、不耐冻；易受外界条件影响而失水解体，影响炸药性能；原材料成本较高，炸药价格较贵。

（4）膨化硝铵炸药

膨化硝铵炸药是指用膨化硝酸铵作为炸药氧化剂的一系列粉状硝铵炸药。它的关键技术是硝酸铵的膨化、敏化改性。它有岩石膨化硝酸铵炸药、露天膨化硝酸铵炸药、煤矿膨化硝酸铵炸药、抗水膨化硝酸铵炸药等。

（5）其他工业炸药

单质炸药：梯恩梯、黑索金、泰安、奥克托金。

低爆速炸药：爆速在 1500 ~ 2000 m/s，用于爆炸加工等。

（二）起爆器材

工程爆破所使用的炸药均是由起爆器材引爆的，合理选择起爆器材，才能获得满意的爆破效果。随着科学技术的不断进步，从劳动保护、安全等要求考虑，我国已经淘汰导火索和火雷管，这里只介绍水利水电工程中常用的起爆器材。

1.工业雷管

工业雷管按其每发装药量多少分为 10 个等级，号数越大，其雷管内装药越多，雷管的起爆能力就越强。工程爆破中常采用 8 号雷管，其装药量为 0.8 g。

工程爆破中常用的工业雷管有电雷管、导爆管雷管等。电雷管又有普通电雷管、磁电雷管、数码电雷管。在普通电雷管中又有瞬发电雷管、秒与半秒延期电雷管、毫秒延期电雷管等。品种数码电子雷管和磁电雷管是新近发展起来的新品种，代表着工业雷管的发展方向。

（1）电雷管

电雷管是指利用电能发火引爆的一种工业雷管。电雷管按通电后起爆时间不同，以及是否允许用于有瓦斯或煤尘爆炸危险的作业面分为好多种类，电雷管结构主要由管壳、电点火系统、加强帽、起爆药和猛炸药五部分组成延期电雷管还有延期体原件。电雷管结构简图如图 3-3 所示。

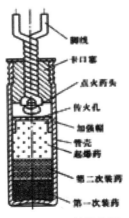

（a）瞬发电雷管结构图

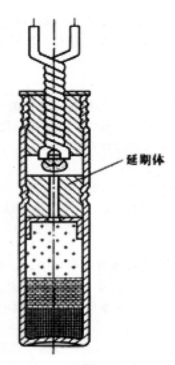

延期体

（b）延期电雷管结构图

图 3-3 电雷管结构示意图

（2）导爆管雷管

导爆管雷管是指利用塑料导爆管传递的冲击波能直接起爆的雷管——由导爆管和雷管组装而成。导爆管雷管具有抗静电、抗雷电、抗射频、抗水、抗杂散电流的能力，使用安全可靠，简单易行，在水利水电工程中广泛应用。一般按延期时间分为毫秒延期导爆管、1/4秒延期导爆管、半秒延期导爆管、秒延期导爆管等，工程中应用最广的是毫秒延期导爆管。

（3）数码电子雷管

数码电子雷管是指在原有雷管装药的基础上，采用具有电子延时功能的专用集成电路芯片实现延时的电子雷管。利用电子延期精准可靠、可校准的特点，使雷管延期精度和可靠性极大提高，数码电子雷管的延期误差可控制到 ±1 ms，且延期时间可在爆破现场由爆破技术人员对爆破系统实施编程设定和检测。

2.导爆索

导爆索又称传爆线，是指用单质炸药黑索金或泰安炸药作为药芯，用棉麻、纤维及防潮材料包缠成索装的起爆及传爆材料，工业导爆索外观颜色一般为红色。经雷管引爆后，导爆索可直接引爆炸药、塑料导爆管及其他导爆索，也可作为单独的爆破能源。水利水电工程中的预裂及光面爆破均采用导爆索来传爆炸药。

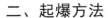

二、起爆方法

在工程爆破施工中，引爆药包中的工业炸药有两种方法：一种是通过雷管的爆炸起爆工业炸药，一种是用导爆索爆炸产生的能量去引爆工业炸药，而导爆索本身需要先用雷管将其引爆。

按雷管的点燃方法不同，起爆方法包括火雷管起爆法、电雷管起爆法、导爆管雷管起爆法。

火雷管起爆法由导火索传递火焰点燃火雷管，是工程爆破中最早使用的起爆方法。火雷管起爆法由于需要在工作面点火，安全性差，一次起爆能力小，不能精确控制起爆时间，因此我国已决定停止生产民用导火索及火雷管。

导爆管雷管起爆法是利用导爆管传递爆轰波点燃雷管，也称导爆管起爆法；电雷管起爆法采用电引火装置点燃雷管，所以也称电力起爆法；与雷管起爆法相对应，导爆索起爆炸药称为导爆索起爆法；与电力起爆法相对应，爆管起爆法和导爆索起爆法又统称为非电起爆法。

根据起爆方法的不同，起爆网路分为电力起爆网路、导爆管起爆网路、导爆索起爆网路三种，后两种又称为非电起爆网路。工程实践中，有时根据施工条件和要求采用由上述不同起爆网路组成的混合起爆网路。

（一）电力起爆法与电爆网路

电力起爆法（俗称电起爆法）是利用电能引爆电雷管进而直接起爆工业炸药的起爆方法。构成电起爆法的器材有电雷管、导线、起爆电源和测量仪表。

1.电雷管的主要参数

（1）电雷管电阻

电雷管电阻是指桥丝电阻和导线电阻之和。电雷管在使用前，应测定每发电雷管的电阻值。同一电爆网路中应使用同厂、同批、同型号的电雷管，电雷管的电阻值差不多大于说明书的规定。

电雷管电阻值测量和电爆网路导通，只能使用专用爆破电桥或导通器，电阻测量仪的测量电流不得大于 30 mA。

（2）安全电流

安全电流是指给单发电雷管通以恒定直流电，通电时间 5 min，受试电雷管均不会起爆的电流值当直流电值超过安全电流时，雷管就可能会爆炸，所以安全电流也称最高安全电流。

（3）最小发火电流

试验中按通电时间为 30 ms 时发火概率为 99.99% 的电流值作为最小发火电流，也称为最低准爆电流，它反映了电雷管在引爆时的敏感度指标。国产电雷管的最小发火电流不大于 0.45 A。

2.电力起爆网路

电爆网路设计时，要根据需要起爆的电雷管数目和爆破作用类型，选择正确的电爆网路形式，确定所需起爆电源的电压或功率，使得流经每个电雷管的电流值不得小于爆破安全规程规定的准爆电流值。在工程实践中规定，电爆网路中通过每发电雷管的电流值，对于一般爆破，直流电不小于 2 A，交流电不小于 2.5 A；对洞室爆破，直流电不小于 2.5 A，交流电不小于 4 A。

电爆网路包括串联、并联和混合联三种基本形式。一般来讲，串联网路用于电雷管数目少的小规模爆破；并联网路仅用于某些特殊情况；混合联网路使用于雷管数目很大的爆破。

（1）串联电爆网路

串联电爆网路与串联电路一样，它是将所有要起爆的电雷管脚线依次连接。串联网路的总电阻等于所有电雷管电阻值之和加上母线和连接线的电阻，即：

$$R = R_1 + R_2 + nr$$

式中：

R——总电阻，Ω。

R_1、R_2——母线和连接线电阻值，Ω。

n——电雷管个数。

r——单个电雷管的电阻值，Ω。

利用欧姆定律，确定所需最小起爆电压：

$$U = i_{准}R$$

式中：

U——最小起爆电压，V。

$i_{准}$——准爆电流，A。

串联电爆网路操作简便，用仪表检查也很方便，很容易检测网路故障，整个网路所需总电流小，在小规模爆破中被广泛应用。但在串联网路中，一旦其中任何一个雷管发生故障，则整个网路拒爆；受电源电压的限制，一次起爆的雷管数量不多。

（2）并联电爆网路

并联电爆网路连接简单，不易造成混乱。并联电爆网路的最大优点是网路中每根雷管都能获得较大的电流，起爆可靠性较高。但并联起爆网路所需的电流强度较大，雷管数量多时，往往超过电源的容许能量。此外，并联网路用仪表检查漏接比较困难。

（3）混合联电爆网路

混合联电爆网路有串并联和并串联两种基本形式。串并联就是将若干电雷管先串联成组，再将各串联组并联的网路；并串联是将若干电雷管并联成组，然后串联的网路。混合联网路常常在规模较大的爆破中使用。

（二）导爆索起爆法

导爆索起爆法是利用导爆索爆炸产生的能量引爆炸药的起爆方法。用导爆索组成的起爆网路可以起爆群药包，但导爆索本身需要雷管先将其引爆。

1.导爆索的连接方法

导爆索起爆网路的形式比较简单，无须计算，只要合理安排起爆顺序即可。导爆索传递爆轰波的能力具有方向性，因此在连接网路时必须使每一支线的接头迎着主线的传播方向，支线与主线传播方向的夹角应小于90°。支线与主干线的连接一般采用搭接法。搭接时，两根导爆索的长度不得小于15 cm，中间不得夹有异物和炸药卷，绑扎应牢固；导爆索本身的接长，可采用扭结或顺手结；为使支线导爆索可同时接受两个方向传来的爆轰波，支线与主线间采用三角形接法。

2.导爆索起爆网路

导爆索起爆网路由主干线、支线和继爆管（或导爆管雷管）等组成。常用的导爆索起爆网路可分为齐发起爆网路和微差起爆网路。

（1）齐发起爆网路

齐发起爆网路是指采用一条主干线同时起爆的网路。一般在规模较小、不存在爆破振动要求及一些地质结构不适用微差爆破的情况下，选择齐发起爆网路。

（2）微差起爆网路

微差起爆网路包括"继爆管——导爆索微差起爆网路"和"导爆管雷管——导爆索微差起爆网路"就是将继爆管或导爆管雷管直接接在预定时间间隔实行顺序起爆的各个炮孔或各组炮孔之间的支线上，形成微差起爆网路。

导爆索起爆网路的优点是安全性好，传播可靠，操作简单，使用方便，可以实现成组深孔或药室同时起爆，并能实现总延时时间不长的微差爆破。其主要缺点是成本高，起爆网路不能用仪表检查，在露天爆破时噪声大。导爆索起爆网路适用于深孔、洞室、预裂和光面爆破中。

（3）导爆索的起爆

导爆索本身的起爆需要先用雷管将其起爆，为了可靠起爆，一般采用两个雷管。雷管与导爆索连接时，应将两个雷管顺着导爆索并排放置，且雷管的聚能穴端必须朝向导爆索的传播方向，然后用电工胶布将它们牢固地捆绑在一起，以确保雷管与导爆索之间紧密接触。

（三）导爆管雷管起爆法

导爆管雷管起爆法是利用导爆管传递冲击波点燃雷管，进而直接或通过导爆索起爆工业炸药的方法。

1.导爆管雷管起爆法的特点

导爆管起爆法可以在有电干扰的环境下进行操作，联网时不会因通信电网、高压电网、静电等杂散电流的干扰引起早爆、误爆事故，安全性较高；一般情况下导爆管起爆网路起爆的药包数量不受限制。网路也不必要进行复杂的计算；导爆管起爆方法灵活、形式多样，可以实现多段延时起爆。导爆管网路连接操作简单，检查方便；导爆管传播过程中声音小，没有破坏作用。而导爆管网路的缺点是没有检查网路是否通顺，而导爆管本身的缺陷、操作中的失误和对其轻微的损伤都有可能引起网路的拒爆。因而在工程爆破中采用导爆管起爆网路，除必须采用合格的导爆管、连接件、雷管等组件外，还应注重网路的布置，提高网路的可靠性，重视网路的操作和检查，在有瓦斯或矿尘爆炸危险的场所不能使用导爆管起爆。

2. 导爆管起爆法的连接方式

导爆管起爆法的连接方式有图示法、簇联法和并串联连接法等。

（1）图示法

用图示法表示导爆管起爆网路的图例如图 3-4 所示。

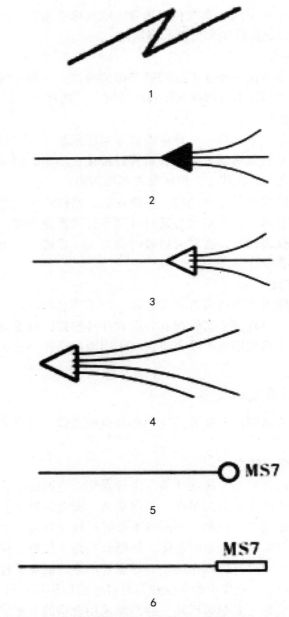

1—击发起爆点；2—传播元件；3—分流式连接元件；4—反射式连接元件；5—装入炮孔内的导爆管及段别；
6—导爆管传播雷管及段别

图 3-4　导爆管起爆法图示法图例

（2）簇联法

簇联法是将炮孔内引出的导爆管分成若干束，每束导爆管捆联在一个（或多个）导爆管传播雷管上，再将导爆管传播雷管集束捆联到上一级传播雷管上，直至用一发或一组起爆雷管击发即可将整个网路起爆（见图3-5），这种网路简单、方便，多用于炮孔比较密集和采用孔内延时组成的网路连接中，隧洞爆破中多采用此种连接方法。

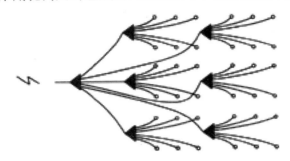

图3-5　导爆管簇联起爆网路（传播元件）示意图

（3）并串联连接法

并串联连接法是从击发点出来的爆轰波通过导爆管、传播元件或分流式连接元件逐级传递下去并引爆装在药包中的导爆管雷管，使网路中的药包起爆的方法（见图3-6）。

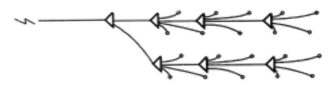

图3-6　导爆管并串联起爆网路示意图

3.导爆管起爆网路的基本形式

以分段方法来区分导爆管起爆网路，可分为孔内延时起爆网路与接力起爆网路两类。

（1）孔内延时起爆网路

所谓孔内延时起爆网路，是指网络中各个炮孔内的起爆雷管采用不同段别的延时雷管，依序起爆的微差起爆网路。该网路中，炮孔间的微差爆破作用由孔内延期起爆雷管的段别所决定，而在网路中炮孔外的传播元件仅起传播作用，不起延时作用。

（2）接力起爆网路

接力起爆网路包括孔外延时、孔内孔外同时延时两种网路。

与孔内延时起爆网路相反，接力式起爆网路中所有的传播元件均采用毫秒延期雷管进行微差延时，炮孔内采用相同段别或不同段别的延期雷管以及导爆索作为起爆元件。该网路中的传播元件不只是单一的传播作用，更重要的是进行微差延时积累，达到微差起爆目的。在工程爆破施工实践中，要根据实际情况进行爆破网路设计。

第三节 爆破基本方法

工程爆破的基本方法有露天台阶爆破、洞室爆破和药壶爆破等。露天台阶爆破又分为深孔台阶爆破和浅孔台阶爆破，也是工程实践中最常用的爆破方法。实际施工中采取哪种爆破方法取决于工程规模、地形地质条件、开挖强度和施工条件等。

一、露天深孔台阶爆破

露天台阶爆破是在地面上以台阶形式推进的爆破方法。台阶爆破按照孔深、孔径的不同，分为深孔台阶爆破和浅孔台阶爆破，通常将炮孔直径大于 50 mm、孔深大于 5 m 的台阶爆破统称为深孔台阶爆破。露天深孔爆破的钻孔形式一般分为垂直钻孔和倾斜钻孔两种。露天深孔台阶爆破广泛应用于矿山、铁路、公路和水利水电等工程。

（一）台阶要素

深孔爆破台阶要素如图 3-7 所示。

图 3-7 中，H 为台阶高度，m；W 为最小抵抗线；W_1 为前排钻孔的地盘抵抗线，m；L 为钻孔深度，m、l_1 为装药长度，m，l_2 为堵塞长度，m；h 为超钻孔深，m；α 为台阶坡面角（°）；a 为孔距，m；b 为排距，m；B 为在台阶面上从钻孔中心至坡顶线的安全距离，m。为了达到良好的爆破效果，必须正确确定上述各项台阶要素。

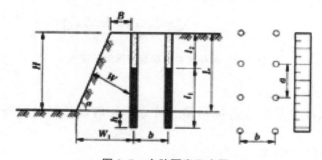

图 3-7 台阶要素示意图

（二）布孔形式

布孔形式有单排布孔和多排布孔。多排布孔又分为方形、矩形及三角形（梅花形）布孔三种。方形布孔具有相等的孔间距和抵抗线（排距），矩形布孔的抵抗线比孔间距小，即排距小于孔间距，梅花形布孔可取抵抗线和孔间距相等，也可以取抵抗线小于孔间距，后者更为常用。

（三）露天深孔台阶爆破参数

露天深孔台阶爆破参数包括：孔径、孔深、超钻孔深、底盘抵抗线、孔距、排距、堵塞长度和单位炸药耗量、每孔装药量等。

1. 孔径

孔径主要取决于钻机类型、台阶高度及岩石性质，一般用 D 表示。国内常用的深孔直径有 76～80 mm、100 mm、150 mm、170 mm、200 mm、250 mm、310 mm 等几种。

2. 孔深 L 与超深 h

孔深是由台阶高度和超深确定的。水利水电工程中，一般部位的爆破开挖台阶高度 H 为 8～15 m。

垂直孔孔深

$$L = H + h$$

超钻孔深

$$h = (0.15 \sim 0.35)W_1$$

或

$$h = (8 \sim 12)D$$

3. 孔距和排距

孔距 a 是指同一排钻孔相邻两孔中心线的距离。一般按下式计算：

$$a = mW_1$$

式中字母意义同前。

排距 b 是指多排孔爆破时，相邻两排钻孔间的距离。它与孔网布置和起爆顺序等因素有关。多排孔爆破时，孔距和排距是一个相关的参数，在给定孔径条件下，每个孔都有一个合理的负担面积（S），即：

$$S = ab$$

4. 堵塞长度

合理的堵塞长度和堵塞质量，对改善爆破效果和提高炸药的利用率具有重要作用，堵塞长度一般按以下公式计算：

$$l_2 = (0.7 \sim 1.0)W_1$$

或

$$l_2 = (20 \sim 30)D$$

5. 单位炸药消耗量 q

影响单位炸药耗量的因素主要有岩石的可爆性、炸药特性、自由面条件、起爆方法和块度要求等。因此，选取合理的单位炸药耗量往往需要通过多次试验或长期生产实践来验证。

6. 每孔装药量 Q

单排孔或多排孔爆破的第一排孔的每孔装药量按下式计算：

$$Q = qaW_1H$$

式中：

q——单位炸药耗量，kg/m³；

a——孔距，m；

H——台阶高度，m；

W_1——单排抵抗线，m。

多排孔爆破时，从第二排起，以后各排的每孔装药量按下式计算：

$$Q = kqabH$$

式中：

k——考虑受前面排孔的岩石阻力作用的增加系数，$k = 1.1 \sim 1.2$；

b——排距，m；

其余符号意义同前。

二、露天浅孔台阶爆破

浅孔爆破是指孔深不超过 5 m、孔径在 50 mm 以下的爆破。浅孔爆破设备简单，方便灵活，工艺简单。浅孔爆破在露天小台阶采矿、沟槽基础开挖、二次破碎、边坡危石处理、石材开采、井巷掘进等工程中广泛应用。

露天浅孔台阶爆破与露天深孔台阶爆破，两者基本原理是相同的，工作面都是以台阶的形式向前推进，不同点是孔径、孔深、爆破规模等比较小。

（一）炮孔布置

浅孔爆破一般采用垂直孔，炮孔布置方式和爆破设计与深孔台阶爆破类似，只不过相应的孔网参数较小。

（二）浅孔台阶爆破参数

爆破参数应根据施工现场的具体条件和类似工程的成功经验选取，并通过实践检验修正，以取得最佳参数值。

1.炮孔直径 d

由于采用浅孔凿岩设备，孔径多为 36 ～ 42 mm，药卷直径一般为 33-35 mm。

2.炮孔深度 L 和超深 h

$$L = H + h$$

式中：

L——孔深度，m；

H——台阶高度，m；

h——超钻孔深，m。

浅孔台阶爆破的台阶高度 H 一般不超过 5 m，超深入一般取台阶高度的 10% ～ 15%，即：

$$h = (0.10 \sim 0.15)H$$

3.炮孔间距 a

一般

$$a = (1.0 \sim 2.0)W_2$$

或

$$a = (0.5 \sim 1.0)L$$

4.单位炸药耗量 q

与深孔台阶爆破相比，浅孔爆破的单位炸药耗量值应稍大些，一般取 $q=0.5\sim1.2\text{kg/m}^3$。

三、洞室爆破

洞室爆破是将大量炸药装入洞室或导洞（巷道）中，按设计完成开挖或抛掷要求的爆破技术。根据地形条件，一般洞室爆破的药室常用平洞或竖井相连，装药后须按要求将平洞或竖井堵塞，以确保爆破施工质量和效果。

（一）洞室爆破的类型

洞室爆破按爆破作用特征分为标准抛掷爆破、加强抛掷爆破、减弱抛掷爆破（又称加强松动爆破）和松动爆破；按爆破药室结构形状（装药形式）可分为集中药包洞室爆破、条形药包洞室爆破、分集药包洞室爆破和混合药包洞室爆破。

（二）导洞与药室布置

导洞可以是平洞或竖井。当开挖工程量相近时，平洞比竖井投资少、施工方便，具体应根据地形条件选择。平洞截面一般取 1.2 m×1.8 m，竖井取 1.5 m×1.5 m，以满足最小工作面需要。对于集中药包，为了减少开挖量，连接药室的导洞宜布置成 T 形或倒 T 形。对条形布药，可利用与自由面平行的平洞作为药室。集中装药的药室以接近立方体为好。

（三）爆破参数的选择

1.最小抵抗线 W

确定最小抵抗线是洞室爆破设计的核心。最小抵抗线的方向和大小，对洞室爆破的爆破效果、爆破安全和爆破成本等影响显著。确定最小抵抗线应首先针对爆破区周围环境特点，在确保周围建筑物安全的前提下，根据爆破块度要求和挖运设备能力综合考虑一般在 10 ~ 25 m 范围内选取。水利水电工程洞室爆破最小抵抗线一般以 20 m 左右为宜，最小抵抗线 W 与药包埋设深度 H 的比值一般应控制在 W/H=0.6 ~ 0.8。

2.爆破作用指数 n

前面讲过，爆破作用指数是爆破漏斗半径 r 和最小抵抗线 W 的比值，即 $n=r/W$。它是洞室爆破的重要参数之一，应根据工程目的、爆破要求及地形条件等因素合理选取。

（1）标准抛掷爆破时，$n=1.0$；

（2）加强抛掷爆破时，$n > 1.0$；

（3）减弱抛掷爆破（加强松动爆破）时，$0.75 < n < 1.0$；

（4）松动爆破时，$n=0.75$。

3. 标准抛掷爆破单位用药量系数

标准抛掷爆破单位用药量系数 k 可根据工程类比法和爆破漏斗试验获得。

4. 装药量计算

对于水利水电工程，洞室爆破可按下述公式计算装药量：

集中药包

$$Q = kW^3 \left(0.4 + 0.6n^3\right)e$$

条形药包

$$Q = qL$$

式中：

Q——装药量，kg；

k——标准抛掷爆破单位用药量系数，kg/m^3；

W——药包最小抵抗线，m；

n——爆破作用指数；

e——炸药品种换算系数，对于 2 号岩石炸药 $e=1.0$，铵油炸药 $e=1.05\sim1.15$；

q——条形药包每米装药量，kg；

L——条形药包长度，m。

（四）洞室爆破施工

装药前，应对洞室内的松石进行处理，并做好排水和防潮工作。

装药时，先在药室四周装填选用的炸药，再放置猛度较高、性能稳定的炸药，最后于中部放置起爆体。起爆药量通常为总装药量的 1% ～ 2%。

堵塞时先用木板或其他材料封闭药室，再用黏土填塞 3 ～ 5 m，最后用石渣料堵塞。总的堵塞长度不能小于最小抵抗线长度的 1.2 ～ 1.5 倍。对 T 形导洞可适当缩小堵塞长度。

第四节 爆破施工

一、爆破钻孔机械

工程爆破常用的钻孔机械按用途可分为：露天钻孔机械、地下钻孔机械和水下钻孔机械，露天钻孔机械主要有凿岩机、牙轮钻机、潜孔钻机和液压凿岩钻机等；地下钻孔机械主要有凿岩机、潜孔钻机、牙轮钻机、隧道掘进钻车和采矿凿岩钻车等；水下钻孔机械主要有固定支架水上作业平台、漂浮式钻孔作业船与作业平台、支腿升降式水上钻孔作业平台等，凿岩机既是露天钻孔机械，又是地下钻孔机械。其中应用最为广泛的是气动式凿岩机。

气动式凿岩机的动作原理属于冲击回转式，动力为压缩空气。主要有手持式凿岩机、气腿式凿岩机、向上式凿岩机和轨道式凿岩机等。其中，手持式凿岩机、气腿式凿岩机、向上式凿岩机属于浅孔钻机，而导轨式凿岩机属于中深孔凿岩机。国产浅孔凿岩机主要有 YT-24、YT-27、YT-28 等型号。

深孔凿岩设备一般采用潜孔钻机、牙轮钻机和液压凿岩钻机等。

二、台阶爆破施工工艺

（一）施工准备

1. 覆盖层清除

清除一般按照"先剥离、后开采"的原则，根据施工区的特点，先组织机械进行表土清除、风化层剥离，为爆破施工创造条件。

2. 施工道路布置

施工道路主要服务于钻机就位和渣料运输修筑施工道路，尽量利用已有道路以减少公路修筑工程量，缩短上山道路施工工期。

3. 台阶布置

根据开采地形和台阶高度，结合已修筑施工道路，合理布置台阶，应在道路与设计台阶交叉处向两侧外拓，为钻机和出渣机械工作创造条件，向两侧外拓采用挖掘机械与爆破相结合的方法。

（二）钻孔

1. 钻机平台修建

台阶式爆破都应为钻机修筑钻孔平台。平台宽度应便于钻孔机械安全施工为宜。保证一次钻孔不少于两排孔。平台要平整，便于钻孔机移动和作业。施工时采用浅孔爆破、推土机整平的方法。

2. 钻孔方法

钻孔时，施工操作人员要掌握钻机的操作要领，熟悉和了解设备的性能、构造原理及使用注意事项，熟练操作技术，并掌握不同性质岩石的钻孔规律。钻孔的基本要领是：软岩忙打，硬岩块度；小风压顶着打，不见硬岩不加压；勤看勤听勤检查。

（1）开口

对于完整的岩面，应先吹净浮渣，给小风不加压，慢慢冲击岩面，打出孔窝后，旋转钻具下钻开孔。当钻头进孔后，逐渐加大分量至全风全压快速凿岩状态。若开口不当，会形成喇叭口，小碎石随时可能掉进孔内造成卡钻或堵孔。所以开口时应使钻头离地，给高风高压，吹净浮渣，按"小风压顶着打，不见硬岩不加压"的要领开口。

（2）钻进技巧

孔口开好后，进入正常钻进时，对于硬岩应选择高质量高硬度的钻头、送全风全压，但转速不易过快，防止损坏钻头；对于软岩，应送全风加半压慢打，排净钻孔岩粉，每钻进 1.0～1.5 m 时提钻吹孔一次。防止孔底积渣过多而卡钻；对于分化破碎岩层，应分量小压力轻，勤吹孔勤护孔，防止塌孔现象，每钻进 1.0m 左右，就用黄泥护孔一次。

（3）泥浆护孔方法

对于孔口岩石破碎不稳定段，应在钻孔过程中采用泥浆进行护壁，一是避免孔口形成喇叭口状影响钻屑冲出，二是防止在钻孔、装药过程中孔口破碎岩块掉入孔内造成堵孔。泥浆护壁的操作程序是：炮孔钻凿 2～3 m；在孔口堆放一定量的含水黏黄泥；用钻杆上下移动，尽量将岩粉吹出孔外，以保证钻孔深度，提高钻孔利用率。

3.炮孔验收与保护

炮孔验收主要内容包括：检查炮孔深度和孔网参数；复核前排各炮孔的抵抗线；查看孔中含水情况等。炮孔验收应对各项检查数据做好记录。

为防止堵孔，应该做到以下几方面：①每个炮孔钻完后立即将孔口用木塞或塑料塞堵好，防止雨水或其他杂物进入炮孔。②孔口岩石清理干净，防止掉落孔内。③一个爆区钻孔完成后尽快实施爆破。

在炮孔验收过程中发现堵孔、深度不够，应及时进行补钻。在补孔过程中，应注意周边炮孔的安全，保证所有炮孔在装药前全部符合设计要求。

（三）装药方法

装药主要有两种方式：即机械装药和人工装药。对于矿山等用药量很大的地方，一般采用机械装药。机械装药与人工装药相比，安全性好，效率高，也较为经济。

1.装药过程主注意事项

①结块的炸药必须敲碎后再装入孔内，防止堵塞炮孔，破碎药块只能用木头锤，不能用铁器；乳化炸药在装入炮孔前一定要整理顺直，不得有压扁等现象，防止堵塞炮孔。②根据装入炮孔内炸药量估计装药位置，发现装药位置偏差很大时，应立即停止装药，分析原因后再作处理。③装药速度不宜过快，特别是水孔装药速度一定要慢，要保证乳化炸药沉入孔底。④放置起爆药包时，雷管脚线要顺直，轻轻拉紧并贴在孔壁一侧，以避免脚线产生死弯而造成芯线折断、导爆管折断等，同时可减少炮棍捣坏脚线的机会。⑤采取有效措施，防止起爆线（或导爆管）掉进孔内。⑥装药超量时采取的处理方法。其一，装药为铵油炸药时往孔内倒入适量水溶解炸药，降低装药高度，保证填塞长度符合设计要求；其二，炸药为乳化炸药时采用炮棍等将炸药一节一节地提出孔外，满足炮孔填塞长度。处理过程中一定要注意雷管脚线（或导爆管）不得受到损伤。

2.装药过程中发生堵孔时应采取的措施

首先了解发生堵孔的原因，以便在装药操作过程中予以注意，并采取相应措施尽可能避免造成堵孔。发生堵孔原因包括：①在水孔中，由于炸药在水中下降速度慢，装药过快易造成堵孔。②炸药块度过大，在孔内卡住后难以下沉。③装药时将孔口浮石带入孔内或将孔内松动石块碰到孔中间，造成堵孔。④水孔内水面因装药而上升，将孔壁松动岩块冲到孔中间堵孔。⑤起爆药包卡在孔内某一位置，未装到接触炸药处，继续装药就会造成堵孔。

堵孔的处理方法：起爆药包未装入炮孔前，可采用木质炮棍捅透装药，疏通炮孔；如果起爆药包已装入炮孔，严禁用力直接捅压起爆药包，可请现场爆破技术人员根据现场情况提出处理意见。

（四）堵塞

堵塞材料一般采用钻屑、黏土、粗砂等，水平填塞时应用废纸将钻屑、黏土、粗砂等制成炮泥卷。

1. 堵塞方法

堵塞时，应将填塞材料慢慢放入孔内。孔内堵塞段有水时，采用粗砂或钻孔岩粉填塞，每填入 30 ~ 50 cm 后，用炮棍检查是否沉到位，并捣实。严防炮泥悬空、炮孔填塞不密实。水平孔、倾斜孔堵塞时，采用炮泥卷填塞，炮泥卷每放入一卷，用炮棍将炮泥卷捣烂压实。

2. 堵塞时注意事项

①堵塞材料中不得含有碎石块和易燃材料。②堵塞过程中要防止导线、导爆管被砸断、砸破。

（五）起爆网路的连接

爆破网路连接是一个关键工序，一般由爆破技术人员或有丰富经验的爆破员来操作，网路连接人员必须了解爆破工程的设计意图、具体起爆顺序，能够识别不同段别的起爆器材。

采用电爆网路时，因一次起爆孔数较多，必须合理分区连接，以减小整个爆破网路的电阻值，分区时要注意各个支路的电阻平衡，才能保证每个雷管获得相同的电流值，实践表明电爆网路连接质量关系到工程的成败，任何如接头不牢固、导线断面不够、导线质量低劣、连接电阻过大或接头触地漏电等，都会造成起爆时间延误或发生拒爆。在网路连接过程中，应利用爆破参数测定仪随时监测网路电阻值，网路连接完毕后，必须对网路所测电阻值与计算进行比较，如有较大误差，应查明原因，排除故障，重新连接。

采用非电爆破网路时，由于不能用仪器进行施工过程监测，要求网路连接人员精心操作，注意每排和每个炮孔的雷管段别，必要时划片有序连接，以免出错或漏连。在导爆管网路采用簇联时，必须两人配合，一定捆好绑紧，并将起爆雷管的聚能穴作适当处理，避免雷管飞片将导爆管切断，产生瞎炮。采用导爆索与导爆管联合起爆网路时，一定要用内装软土的编织袋将导爆管保护起来，避免导爆索爆炸时的冲击波对导爆管产生不利影响。

（六）起爆

起爆前，首先检查起爆器是否完好正常，及时更换起爆器电池，以保证提供足够电能，并能快速充到爆破需要的电压值；在连接主线接入起爆器前，必须对网路电阻进行检测；当警戒完成后，再次测定电阻值，确保安全后，才能将主线接入起爆器，等候起爆命令，起爆后应及时切断电源，将主线与起爆器分离。

（七）爆后检查

爆破后，爆破工程技术人员和爆破员先对爆破现场进行检查，只有在检查完毕确认安全后，才能发出解除警戒信号和允许其他施工人员进入爆破作业现场。

爆破后不能立即进入现场，应等待一定时间，确保所有起爆药包均已爆炸。以及爆堆基本稳定后再进入现场检查。一般岩土爆破后检查内容主要包括：①露天爆破爆堆是否稳定，有无危坡、危石。②有无危险边坡、不稳定爆堆、滚石和超范围塌陷。③有无拒爆药包。④最敏感、最重要的保护对象是否安全。⑤爆区附近有隧道、涵洞和地下采矿场时，应对这些部位进行安全和有害气体检测。

爆后检查如果发现或怀疑有拒爆药包，应向现场指挥汇报，由其组织有关人员做进一步检查；如发现存在瞎炮或其他不安全因素，应尽快采取措施进行处理；在上述情况下，不应发出解除警戒信号。

第五节 控制爆破技术

控制爆破技术实质上是在某一特殊条件下，实现某种控制目标的爆破。控制爆破种类繁多，实践性和针对性较强。本节主要介绍光面爆破与预裂爆破、水下岩塞爆破及拆除爆破等。

一、光面爆破和预裂爆破

（一）基本概念与适用条件

1.光面爆破

（1）定义

沿开挖边界布置密集炮孔，采用不耦合装药或装填低威力炸药，在主爆孔起爆后起爆，以形成平整轮廓面的爆破作业称为光面爆破。

（2）基本作业方法

光而爆破基本作业方法有以下两种：

①预留光爆层法

先将主体石方进行爆破开挖，预留设计的光爆层厚度，然后沿设计开挖边界钻密集孔进行光面爆破。光爆层厚度是指周边孔与主爆孔之间的距离。

②一次分段延期起爆法

光面爆破孔和主爆孔采用毫秒延期雷管同次分段起爆，光面爆破孔延迟主爆孔150 ~ 200 ms 起爆。

2.预裂爆破

（1）定义

沿开挖边界布置密集炮孔，采用不耦合装药或装填低威力炸药，在主爆孔爆破之前起爆，在爆破和保留区之间形成一条有一定宽度的贯穿裂缝，在这条裂缝的"屏蔽"

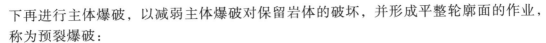

下再进行主体爆破，以减弱主体爆破对保留岩体的破坏，并形成平整轮廓面的作业，称为预裂爆破：

（2）基本作业方法

预裂爆破基本作业方法也有两种：

①预裂孔先行爆破法

在主体石方钻孔之前，先沿设计边坡钻密集孔进行预裂爆破，然后进行主体石方钻孔爆破

②一次分段延期起爆法

预裂孔和主爆孔采用毫秒延期雷管同次分段起爆，预裂爆破孔先于主爆孔100～150 ms起爆。

3. 光面爆破和预裂爆破异同点

光面爆破和预裂爆破的相同点包括：光面爆破和预裂爆破均是边坡控制爆破的方法，通过控制能量释放，有效控制破裂方向和破坏范围，使边坡达到稳定、平整的设计要求。

光面爆破和预裂爆破的不同点包括：

（1）炮孔起爆顺序不同

光面爆破是主爆孔先爆，光爆孔后爆；预裂爆破是预裂孔先爆，主爆孔后爆。

（2）自由面数目不同

光面爆破有两个自由面，预裂爆破只有一个自由面。

（3）单位炸药消耗量不同

光面爆破单位炸药消耗量小，预裂爆破由于夹制作用大，炸药消耗量较大。

4. 光面爆破和预裂爆破成缝机理

光面和预裂孔采用的是一种不耦合装药结构（药卷直径小于炮孔直径），由于药包和孔壁间环状空隙的存在，削减了作用在孔壁上的爆压峰值，且为孔与孔间彼此提供了聚能的空穴，冲击波能量主要在孔距较小的孔间传递。因为岩石的抗压强度远大于抗拉强度，所以削减后的爆压峰值不致使孔壁产生明显的压缩破坏，只有切向拉力能使炮孔四周产生径向裂纹加之孔与孔间彼此的聚能作用，使孔间连线产生应力集中，孔壁连线上的初始裂纹进一步发展，而滞后的高压气体，沿缝产生"气刃"劈裂作用，使周边孔间连线上的裂纹全部贯通成缝。

5. 光面爆破和预裂爆破的适用条件

（1）地质条件适应性

光面爆破和预裂爆破广泛地用在坚硬和完整的岩体中，效果明显。在不均质和构造发育岩体中，采用光面爆破效果虽然不明显，但是可减轻对保留岩体的破坏，减少超欠挖，有利于边坡稳定。

（2）爆破方法适应性

光面爆破和预裂爆破适应于孔深大于1.0 m的浅孔爆破、露天及地下深孔爆破、隧道（洞）周边控制爆破等。

（3）工程适应性

光面爆破和预裂爆破适应于铁路、公路、水利、矿山等石方边坡开挖工程。

（二）光面爆破设计与施工

1.光面爆破参数选择

光面爆破的主要参数有：炮孔直径 D、炮孔间距 a、台阶高度 H、炮孔超深 h、装药量 Q 及线装药密度 $q_{线}$、最小抵抗线（光爆层厚度）$W_{光}$、炮孔密集系数 m 等。

（1）炮孔直径 D

深孔爆破时，一般取。=80～100 mm；浅孔爆破时，取。=42～50 mm；隧洞爆破时，常用的孔径为。=35～45 mm，隧洞爆破的光爆孔与掘进作业的其他炮孔直径一致 a。

（2）炮孔间距 a

炮孔间距 a 可按下式计算：

$$a = mW_{光}$$

式中：

m——炮孔密集系数，一般 m=1.0~0.8。

（3）台阶高度 H

台阶高度 H 与主体石方爆破台阶相同，一般情况下，深孔取 H=15m，浅孔取 $H<5$m 为宜。

（4）炮孔超深 h

h=0.5~1.5m，孔深大和岩石坚硬完整者取大值，反之取小值。

（5）最小抵抗线 $W_{光}$

最小抵抗线 $W_{光}$ 可按下式计算：

或

$$W_{光} = KD$$

$$W_{光} = K_1 a$$

式中：

$W_{光}$——光面爆破最小抵抗线，m；

K——计算系数，一般取 K=10～25，软岩取大值，硬岩取小值；

K_1——计算系数，一般取 K=1.5～2.0，大孔径取小值，小孔径取大值；

D——炮孔直径，mm；

a——炮孔间距，m。

（6）不耦合系数 η

一般当 D=80~200mm 时，η=2~4；当 D=35~45mm 时，η=1.5~2.0。

（7）线装药密度 $q_{线}$

一般当露天光面爆破 D=50mm 时，$W=>1$m，$Q_{线}$=100~300g/m，完整坚硬的岩石取大值，反之取小值。全断面一次起爆时适当增加药量。也可查阅相关施工手册初选经验线装药密度。

（8）炮孔密集系数 m

a 与 W 的比值称为炮孔密集系数 m，它随岩石性质、地质构造和开挖条件的不同而变化，一般 $m=a/W=0.6\sim0.8$。

光面爆破设计说明书包括的内容有：标有起爆方式的炮孔布置图；光爆孔装药结构图；光爆参数一览表及其文字说明和计算；技术指标和质量要求等。

2.起爆网路

光面爆破宜与主体爆破一起分段延期起爆，也可预留光爆层在主体爆破后起爆。

3.光面爆破施工

第一，钻孔必须按"对位准、方向正、角度精"三要点进行，以保证钻孔精度。

第二，装药结构。常用的装药结构有三种：一是普通标准药卷（ϕ32 mm）间隔装药；二是小直径药卷（ϕ20～25 mm）连续装药；三是小直径药卷间隔装药。

4.光面爆破质量控制

第一，周边轮廓尺寸符合设计要求，岩石壁面平整。

第二，光爆后岩面上残留半孔率，坚硬岩石不小于80%，中等坚硬岩石不小于65%，软弱岩石不小于50%。

第三，光爆后，保留面上无粉碎和明显的新裂缝。

（三）预裂爆破设计与施工

1.一般规定

第一，预裂爆破炮孔应沿设计开挖边界布置，炮孔倾斜角度应与设计边坡坡度一致，炮孔孔底应处在同一高程上。

第二，炮孔直径可根据预裂爆破的台阶高度、地质条件和钻孔设备来确定。

第三，预裂爆破和主体爆破同次起爆时，预裂爆破的炮孔应在主体爆破前起爆，超前时间不宜小于 75 ms。

2.预裂爆破参数选择

预裂爆破参数主要有：炮孔直径 D、炮孔间距、线装药密度 $q_线$、不耦合系数等：

（1）炮孔直径 D

通常为 40～200 mm，浅孔爆破用小值，深孔爆破用大值。

（2）炮孔间距炮 a

孔间距与岩石特性、炸药性质、装药情况、缝壁平整度要求、孔径等有关，通常取，$a=(8\sim12)D$，小孔径取大值，大孔径取小值，岩石均匀完整取大值，反之取小值。

（3）线装药密度 $q_线$

预裂炮孔内采用线状间隔装药，单位长度的装药量称为线装药密度。根据不同岩性，一般通过经验公式或工程类比法确定。一般 $q_线=200\sim400$ g/m。

3.预裂爆破施工注意事项

①为克服岩石对孔底的夹制作用，孔底 1～2 m 范围装药应该加强，采用线装药密度的 2～5 倍。②钻孔质量是保证预裂面平整度的关键。钻孔轴线与设计开挖线的偏离值应控制在 15 cm 之内。③炮孔直径和孔深的关系。一般条件下，炮孔深度浅，

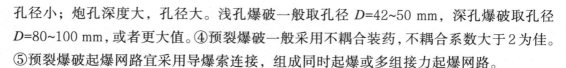

孔径小；炮孔深度大，孔径大。浅孔爆破一般取孔径 D=42~50 mm，深孔爆破取孔径 D=80~100 mm，或者更大值。④预裂爆破一般采用不耦合装药，不耦合系数大于2为佳。⑤预裂爆破起爆网路宜采用导爆索连接，组成同时起爆或多组接力起爆网路。

4.预裂爆破质量控制

预裂爆破的质量控制主要是预裂面的质量控制，通常按以下标准控制：

①预裂缝面的最小张开宽度应大于 0.5 ~ 1 cm，坚硬岩石取小值，软弱岩石取大值。②预裂面上残留半孔率，坚硬岩石不小于85%，中等坚硬岩石不小于70%，软弱岩石不小于50%。③钻孔偏斜度小于1°，预裂面的不平整度不大于15 cm。

二、水下岩塞爆破

岩塞爆破是一种水下控制爆破。一般从隧洞出口逆水流方向按常规方法开挖，待掌子面接近进水口位置时，预留一定厚度的岩石称为岩塞，待隧洞和进口控制闸门全部完建后，采用爆破将岩塞一次炸除，形成进水口，使隧洞和水库连通。

（一）岩塞布置及爆落石渣处理

1.岩塞布置

岩塞布置应根据隧洞的使用要求、地形、地质等因素来确定，宜选择在覆盖层薄、岩石坚硬完整且层面与进口中心交角大的部位，特别应避开节理、裂隙、构造发育的地段。岩塞的开口尺寸应满足进水流量的要求。岩塞厚度与隧洞直径的比值在 1 ~ 1.5 选取，太厚则难以一次爆通，太薄则不安全。

2.岩塞爆落石渣处理

岩塞爆落石渣常采用集渣和泄渣两种处理方法。前者为爆前在洞内正对岩塞的下方挖一容积相当的聚渣坑，让爆落的石渣大部分掉入坑内，且保证运行期坑内石渣不被带走。后者为爆破时闸门开启，借助高速水流将石渣冲出洞口。采用泄渣方式时，除要严格控制岩渣块度、对闸门埋件和门楣做必要的防护处理外，为避免石渣瞬间堵塞，正对岩塞处可设一流线型缓冲坑，其容积相当于爆落石渣总量的1/4 ~ 1/5。泄渣处理方式适用于灌溉、供水、防洪隧洞一类的取水口岩塞爆破。

（二）爆破方案选择

目前国内外采用的岩塞爆破方案主要有洞室爆破法与钻孔爆破法两种，无论哪种方式，必须保证过水及稳定，过水要求岩塞爆通，稳定保证岩塞完成设计的形状、周围岩体稳定。

（三）岩塞爆破设计

岩塞爆破设计的主要内容有：①爆破器材的品种、规格、数量及爆破方案；②钻孔爆破施工组织和施工程序。③排孔、洞室布置和装药结构。④周边孔网及其爆破参数。⑤起爆分段顺序时差、起爆网路计算。⑥爆破地震、水击波对附近建（构）筑物、设施、山坡稳定影响的计算，预防发生危害性的安全技术措施等。

岩塞爆破属于水下爆破，用药量计算应考虑静水压力的阻抗，比常规抛掷爆破药量增大 20% ~ 30%。

（四）岩塞爆破施工要点

①岩塞爆破施工中最大的问题是漏水和保证围岩稳定，灌浆及锚固是应采用的重要措施，也可采用引水的方法。②炸药及起爆器材应采用防水炸药或对其做必要的防水处理。③岩塞爆破的安全控制包括两部分：其一是施工期的安全，与一般地面爆破相同；其二为爆破有害效应控制，包括爆破振动效应、水中冲击波效应等控制。

三、拆除爆破

拆除爆破技术是指对废旧建（构）筑物进行拆除的控制爆破技术。拆除爆破是利用少量炸药把需要拆除的建（构）筑物按所要求的破碎度进行爆破，使其坍落解体或破碎，同时由于进行这种爆破作业的环境约束，要严格控制爆破可能产生的损害因素，如爆破振动、冲击波、飞石、粉尘、噪声等的影响，保护周围建（构）筑物和设备的安全。

拆除爆破应根据工程要求和爆破对象周围环境特点和要求，考虑建（构）筑物的结构特点，通过一定的技术措施，经过精心设计、施工采用有效的防护措施，严格控制爆破能量的释放过程和介质破碎过程，使爆破对象能按预定块度破碎并坍塌在规定的范围内，达到预期爆破效果，同时将爆破影响范围和危害控制在允许的限度以内。

与其他爆破相比，拆除爆破往往环境复杂，爆破对象和材质多种多样（主要是混凝土、钢筋混凝土、砖石砌体、三合土等），对爆破和起爆技术的准确性要求非常高。要求爆破过程实现定向、定距、定量及减震、减冲（击波）、减飞（石）、减声（音）等控制。在爆破参数选择、布孔、药量计算和炸药单耗确定等设计中，常依据等能、微分、失稳等原理，采取相应的技术措施，以达到拆除爆破控制的目的。

拆除爆破应用很广，但主要用于钢筋混凝土整体框架结构、烟囱、水塔等拆除。要使这类建筑物倾倒并摔碎，必须具备三个条件：一是形成塑性铰，要在钢筋混凝土结构的各刚性节点处布置炮孔并将其炸碎；二是要形成整体倾覆力矩；三是要使钢筋混凝土承重结构失稳，不仅要使建筑物倾倒，还要保证爆后露出的钢筋骨架在上部静压荷载的作用下超过其抗压极限强度或达到压杆失稳条件。

常用的爆破方案有原地坍塌、定向倒塌、折叠倒塌等。原地坍塌方案的实质是向内折叠坍塌方案的一种。定向倒塌方案是在建筑物底部炸开一定形状和大小的缺口，让整个建筑物绕定轴转动一定倾角后向预定方向倾倒，冲击地面而解体破坏。它是通过在承重结构的倾倒方向上布置不同破坏高度的炮孔，并用不同的起爆顺序（毫秒延期）来实现的。折叠倒塌方案适用于建筑物高度大而周围场地相对较小的情况，一般沿建筑物的高度分若干层或若干段炸开多个缺口，使建筑物自上而下顺序定向倒塌。

拆除爆破在水利水电工程施工中主要被用来拆除临时围堰、临时导墙、砂石料仓的隔墙、拌和楼的钢筋混凝土支承构架等。

第六节 爆破安全控制

爆破安全包括两方面的内容：一是爆破施工作业中的安全问题；二是爆破产生危害影响的防护和控制，主要包括对爆破振动、冲击波、飞石、粉尘、噪声等的影响防护和控制。

一、爆破作业安全防护措施

（一）严格执行《爆破安全规程》，加强安全教育

对于爆破器材运输、储存、保管与现场装药爆破施工的安全，应严格执行《爆破安全规程》规定。完善爆破作业的规章制度，对施工人员进行安全教育，是保证施工安全的重要环节。

（二）采用新技术、新工艺，提高施工技术水平

爆破作业应尽可能采用分段延期和毫秒微差爆破，减少一次起爆的药量，调整震动周期和减少震动；通过打防震孔、挖防震槽或进行预裂爆破，以保护有关建筑物、构筑物和重要设施；尽量避免采用裸露爆破，以节约炸药，减少飞石和空气冲击波压力；水下爆破可采用气幕防震，利用气泡压缩变形吸收能量，减轻水中冲击波对被保护目标的破坏；尽可能选择小的爆破作用指数和孔距小、孔深浅的爆破，减小抛掷距离和飞石；也可以采用调整布孔和起爆顺序的方法来改变最小抵抗线的方向，避免最小抵抗线正对居民区、重要建筑物、主要施工机械设备以及其他重要设施。

（三）加强防护措施，防止飞石破坏

对飞石的防护措施可根据被保护对象的特征和施工条件而异。在平地开挖宽度不大于 4 m 的沟槽，可采用拱式或壳式覆盖；挡板式覆盖的架设拆除费时费工，要求架设在高于爆破对象的天然或人工支承上，距爆破表面不小于 0.3 ~ 0.5 m；网式和链式覆盖多用于对房屋建筑的拆除爆破；浅孔爆破在孔口压土袋，大量爆破用填土覆盖被保护建筑物，对防止飞石破坏有明显效果。

二、爆破安全距离

爆破时，应划出警戒范围，立好标志，现场人员应到安全区域，并有专人警戒，以防爆破飞石、爆破地震、冲击波以及爆破毒气对人身造成伤害。

爆破地震、空气冲击波、爆破飞石、爆破毒气对人身安全距离分别计算如下。

（一）爆破地震安全距离

目前国内外爆破工程多以建筑物所在地表的最大质点振动速度作为判别爆破振动对建筑物的破坏标准。通常采用的经验公式为：

$$v = K \left(\frac{Q^{1/3}}{R} \right)^a$$

式中：

v ——爆破地震对建筑物（或构筑物）及地基产生的质点垂直振动速度，cm/s；

K ——与岩土性质、地形和爆破条件有关的系数，在土中爆破时 K=150-200，在岩石中爆破时 K=100 ~ 150；

Q ——同时起爆的总装药量，kg；

R ——药包中心到某一建筑物的距离，m；

a ——爆破地震随距离衰减系数，可按 1.5 ~ 2.0 考虑。

观测成果表明：当 $v = 10 \sim 12$ cm/s 时，一般砖木结构的建筑物便可能破坏。

（二）爆破空气冲击波安全距离

$$R_K = K_K \sqrt{Q}$$

式中：

R_K ——爆破冲击波的危害半径，m；

K_k —— 系数，对于人 $K_K = 5 \sim 10$，对建筑物要求安全无损时，裸露药包 $K_K = 50 \sim 150$，埋入药包 $K_K = 10 \sim 50$；

Q ——同时起爆的最大的一次总装药量，kg。

（三）个别飞石安全距离

$$R_f = 20n^2 W$$

式中：

R_f ——个别飞石的安全距离，m；

n ——最大药包的爆破作用指数；

W ——最小抵抗线，m。

实际采用的飞石安全距离不得小于下列数值：裸露药包 300 m；浅孔或深孔爆破 200 m；洞室爆破 400 m。

（四）爆破毒气的危害范围

在工程实践中，常采用下述经验公式来估算有毒气体扩散安全距离 R_g：

$$R_g = K_g \sqrt[3]{Q} (\text{m})$$

式中：

R_g ——系数，根据有关资料，K_k 的平均值为 160。

Q ——爆破总装药量，t

对于顺风向的安全距离应增大一倍。

三、有害气体扩散、粉尘及噪声的防控

第一，炸药爆炸生成的各种有害气体，如一氧化碳、二氧化碳、二氧化硫和硫化氢等，在空气中的含量超过一定数值就会危及人身安全，空气中爆破有害气体浓度随扩散距离增加而渐减，直到许可标准，这段扩散距离可作为有害气体扩散的控制安全距离，爆破有害气体的许可量视有害气体种类不同而各异，可参考有关安全规程确定。

第二，爆破粉尘主要来源于钻孔爆破、装运和已散落在爆区地面的粉尘研究表明，爆破粉尘生成量随岩土硬度增高而增加。爆破粉尘具有浓度高、扩散速度快、滞留时间长、颗粒小、质量轻、吸湿性好等特点。降低爆破粉尘一般采用以下措施：钻孔采用具有积尘设备钻机；爆破前采用水封进行填塞；爆前喷雾洒水等。

第三，爆破施工时产生的噪声主要是炸药在介质中爆炸所产生的能量向四周传播时形成的爆炸声，爆破噪声会危害人体健康。爆破噪声为间歇性脉冲噪声，在城镇爆破中每一个脉冲噪声应控制在 120 dB 以下。复杂环境条件下，噪声控制由安全评估来确定。爆破噪声控制需从声源、传播途径和接受者三个环节采取有效措施加以控制。

四、盲炮及其处理

通过引爆而未能爆炸的药包称为瞎炮或盲炮。盲炮不仅达不到预期的爆破效果，造成人力、物力、财力的浪费，而且会直接影响现场施工人员的人身安全，所以对瞎炮必须及时查明并加以处理。

造成瞎炮（盲炮）的原因主要是爆破材料的质量检查不严，起爆网路连接不良和网路电阻计算有误及堵塞炮泥操作时损坏起爆线路。例如雷管或炸药过期失效，非防水炸药受潮或浸水，引爆系统线路接触不良，起爆的电流电压不足等；另外，执行爆破作业的规章制度不严或操作不当也容易产生瞎炮。

爆破后，发现瞎炮（盲炮）应立即设置明显标志，并派专人监护，查明原因后进行处理。

（一）浅孔爆破的盲炮处理

①经检查确认起爆网路完好时，可重新起爆。②可打平行孔装药爆破，平行孔距盲炮不应小于 0.3 m；对于浅孔药壶法，平行孔距盲炮药壶边缘不应小于 0.5 m。为确定平行炮孔的方向，可从盲炮孔口掏出部分填塞物。③可用木、竹或其他不产生火花的材料制成工具，轻轻地将炮孔内填塞物掏出，用药包诱爆。④可在安全地点外用远距离操纵的风水喷管吹出盲炮填塞物及炸药，但应采取措施回收雷管。⑤处理非抗水硝铵炸药的盲炮，可将填塞物掏出，再向孔内注水，使其失效，但应回收雷管。⑥盲炮应在当班处理，当班不能处理或未处理完毕，应将盲炮情况（盲炮数目、炮孔方向、装药数量和起爆药包位置，处理方法和处理意见）在现场交接清楚，由下一班继续处理。

（二）深孔爆破的盲炮处理

①爆破网路未受破坏，且最小抵抗线无变化者，可重新联线起爆；最小抵抗线有变化者，应验算安全距离，并加大警戒范围后，再联线起爆。②可在距盲炮孔口不少

于 10 倍炮孔直径处另打平行孔装药起爆。爆破参数由爆破工程技术人员确定并经爆破领导人批准。③所用炸药为非抗水硝铵类炸药，且孔壁完好时，可取出部分填塞物向孔内灌水使之失效，然后作进一步处理。

（三）洞室爆破的盲炮处理

①如能找出起爆网路的电线、导爆索或导爆管，经检查正常仍能起爆者，应重新测量最小抵抗线，重划警戒范围，联线起爆。②可沿竖井或平洞清除填塞物并重新敷设网路联线起爆，或取出炸药和起爆体。

（四）水下炮孔爆破的盲炮处理

①因起爆网路绝缘不好或连接错误造成的盲炮，可重新联网起爆。②因填塞长度小于炸药的殉爆距离或全部用水填塞而造成的盲炮，可另装入起爆药包诱爆。③可在盲炮附近投入裸露药包诱爆。

第四章 地基处理工程施工技术

第一节 防渗墙工程施工

一、防渗墙施工技术措施

防渗墙是修建在挡水建筑物透水地层中的地下连续墙。用来控制渗流，减少渗透流量，保证建筑物和地基的渗流稳定，它是解决深厚覆盖层中渗流问题的有效措施。

防渗墙之所以得到如此广泛的应用和迅速的发展，其主要原因是由于它与其他同类工程措施，如打设板桩、灌浆等相比，具有结构可靠、防渗效果好，能适应各种不同的地层条件，同时，施工时几乎不受地下水位的影响，它的修建深度较大，而且可以在距已有建筑物十分邻近的地方施工，并具有施工速度快，工程造价不太高等优点。加拿大麦尼克三级工程中的防渗墙是目前世界上最深的混凝土防渗墙，最大墙深度达131m。此外，地下防渗墙还具有工程造价不太高等优点。

在水利水电建设中，防渗墙的应用有以下几个方面：①控制闸坝基础的渗流。②坝体防渗和加固处理。③控制围堰堰体和基础的渗流。④防止泄水建筑物下游基础的冲刷。⑤作为一般水工建筑物基础的承重结构等。

总之，它可用来解决防渗、防冲、加固、承重等多方面的工程问题。

地下连续墙的施工方法主要有两种：一是排桩成墙；二是开槽筑墙。目前国内外应用最多的是开槽筑墙。

开槽筑墙的施工工艺，是在地面上用一种特殊的挖槽设备，沿着铺设好的导墙工程，在泥浆护壁的情况下，开挖一条窄长的深槽，在槽中浇筑混凝土（有的在浇筑前放置钢筋笼、预制构件）或其他材料，筑成地下连续墙体。地下连续墙体按其材料可分为土质墙、混凝土墙、钢筋混凝土墙和组合墙。

槽型防渗墙的施工，是分段分期进行的。先建造单号槽段的墙壁，称为一期槽段；再建造双号槽段的墙壁，称为二期槽段。一期、二期槽段连接而成一道连续墙。

槽段的宽度，即防渗墙的有效厚度，视筑墙材料和造孔方法而定。钢板桩水泥砂浆和水泥黏土砂浆灌注的防渗墙厚度仅 10～20cm，泥浆槽的级配混合料填筑的防渗墙厚度达 300cm；而一般的混凝土及钢筋混凝土防渗墙厚度在 60 ～ 80cm。

在一般情况下，防渗墙的施工程序：①成槽前的准备工作。②用泥浆固壁进行成槽。③终槽验收和清槽换浆。④防渗墙浇筑前的准备工作。⑤防渗墙的浇筑。⑥成墙质量验收等。

二、防渗墙钻孔施工作业

防渗墙是土石坝基础防渗处理的一种最有效的设施。因其具有结构可靠，防渗效果好，能适应各种不同的地层条件，施工方便，工程造价低等优点，所以得到广泛应用。

混凝土防渗墙的施工程序一般可分为：造孔前的准备工作，泥浆固壁进行造孔，终孔验收与清孔换浆，浇筑混凝土，全墙质量验收等。

混凝土防渗墙在坝剖面中的典型位置如图 4-1 所示。混凝土防渗墙的基本形式是槽孔型，它是由一段段槽孔套连接而成的地下连续墙，先施工一期槽孔后再施工二期槽孔。

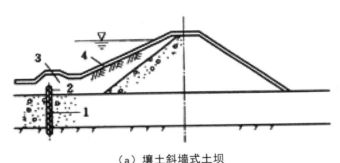

（a）壤土斜墙式土坝

（b）壤土心墙式土坝

图 4-1 防渗墙在坝中的典型位置图

1—坝基混凝土防渗墙；2—顶部人工立模浇筑的楔形体；3—塑性土料区；4—黏土心墙

（一）造孔前的准备工作

根据防渗墙的设计要求和槽孔长度的划分做好槽孔的测量定位工作，并在此基础上设置导向槽。

1.槽段的宽度及长度

槽段的宽度即防渗墙的有效厚度，视筑墙材料和造孔方法而定。一般钢板桩水泥砂浆和水泥黏土砂浆灌注的防渗墙，厚度为 10 ~ 20cm；混凝土及钢筋混凝土防渗墙，厚度在 40 ~ 80cm 左右。

槽段长度的划分，原则上为了减少槽段间的接头，尽可能采用比较长的槽段。但由于墙基地形地质条件的限制，以及施工能力、施工机具等因素的影响，槽孔又不能太长，所以槽孔长度必须满足下述条件：：

$$L_{,,} \frac{Q}{kBV}$$

式中：

L——槽段长度，m；

Q——混凝土生产能力，m^3/h；

B——防渗墙厚度，m；

V——槽段混凝土面的上升速度，一般要求小于2m/h；

k——墙厚扩大系数，可取 1.2 ~ 1.3。

一般槽段长度为 10 ~ 20m。

2.导墙施工

导墙是建造防渗墙不可缺少的构筑物，必须认真进行设计，最后通过质量验收合格后才能进行施工。

（1）导墙的作用

第一，导墙是控制防渗墙各项指标的基准。导墙和防渗墙的中心线必须一致，导墙宽度一般比防渗墙的宽度多 3 ~ 5cm，它表示挖槽位置，为挖槽起导向作用。导墙竖向面的垂直度是决定防渗墙垂直度的首要条件。导墙顶部应平整，以保证导向钢轨的架设和定位。

第二，导墙可防止槽壁顶部坍塌，保证地面土体稳定。在导墙之间每隔 1 ~ 3m 架设临时木支撑。

第三，导墙经常承受灌注混凝土的导管、钻机等静、动荷载，可以起到重物支承台的作用。

第四，维持稳定液面的作用。特别是地下水位很高的地段，为维持稳定液面，至少要高出地下水位1m，导墙顶部有时高出地面。

第五，导墙内的空间有时可作为稳定液的储藏槽。

（2）导墙的施工

钢筋混凝土导墙常用现场浇筑法。其施工顺序是：平整场地、测量位置、挖槽与处理弃土、绑扎钢筋、支模板、灌注混凝土、拆模板并设横撑、回填导墙外侧空隙并碾压密实。

导墙的施工接头位置应与防渗墙的施工接头位置错开。另外还可设置插铁以保持导墙的连续性。

导向槽沿防渗墙轴线设在槽孔上方，支撑上部孔壁；其净宽一般等于或略大于防渗墙的设计厚度，深度以 1.5 ~ 2.0m 为宜。导向槽可用木料、条石、灰拌土或混凝土做成。

为了维持槽孔的稳定，要求导向槽底部应高出地下水位0.5cm以上。为防止地表积水倒流和便于自流排浆，其顶部高程要高于两侧地面高程。

导向槽安设好后，在槽侧铺设钻机轨道，安装钻机，修筑运输道路，架设动力线路和照明线路及供水浆管路，做好排水排浆系统，并向槽内灌泥浆，保持液面在槽顶以下30~50cm，即可开始造孔。

（二）造孔

1.防渗墙施工机具

为适应各工程对防渗墙的不同要求，先后开始研制或引进各种施工机具，如抓斗挖槽机，多头钻式挖槽机，回转式正、反循环钻机，冲击式正、反循环钻机，双轮铣钻机以及射水法造墙机、锯槽成墙机等。

2.造孔方法

（1）钻劈法

用冲击式钻机开挖槽孔时，一般采用钻劈法；即"主孔钻进、副孔劈打"，先将一个槽段划分为主孔和副孔，利用钻击钻头自重冲击钻凿主孔，然后用同样的钻头劈打副孔两侧，用抽砂筒或接渣斗出渣。使用冲击钻劈打副孔产生的碎渣，有两种出渣方式：一是利用泵吸设备将泥浆连同碎渣一起吸出槽外，通过再生处理后，泥浆可以循环使用；二是用抽砂筒及接砂斗出渣，钻进与出渣间歇性作业。这种方法一般要求主孔先导8~12m，适用于砂卵石等地层。

（2）钻抓法

又称为"主孔钻进，副孔抓取"法。它是先用冲击钻或回转钻钻凿主孔，然后用抓斗抓挖副孔，副孔的宽度要求小于抓斗的有效作用宽度。这种方法可以充分发挥两种机具的优势，抓斗的效率高，而钻机可钻进不同深度地层。具体施工时，可以两钻一抓，以三钻两抓、四钻三抓形成不同长度的槽孔。钻抓法主要适合于粒径较小的松散软弱地层。

（3）分层钻进法

采用回转式钻机造孔。分层成槽时，槽孔两端应领先钻进，它是利用钻具的重量和钻头的回转切削作用，按一定程序分层下挖，用砂石泵经空心钻杆将土渣连同泥浆排出槽外，同时不断补充新鲜泥浆，维持泥浆液面的稳定。分层钻进法适用于均质颗粒的地层，使碎渣能从排渣管内顺利通过。

（4）铣削法

采用液压双轮铣槽机，先从槽段一端开始切削，然后逐层下挖成槽。目前液压双轮铣槽机是一种比较先进的防渗墙施工机械，它由两组相向旋转的铣切刀轮对地层进行切削，这样可抵消地层的反作用力，保持设备的稳定。切削下来的碎屑集中在中心，由离心泥浆泵通过管道排出到地面。

以上各种造孔挖槽方法，都是采用泥浆固壁，在泥浆液面下钻挖成槽的。在造孔过程中，要严格按操作规程施工，防止掉钻、卡钻、埋钻等事故发生；必须经常注意泥浆液面的稳定，发现严重漏浆，要及时补充泥浆，采取有效的止漏措施；要定时测定泥浆的性能指标，以免影响工作，甚至造成孔壁坍塌；要保持槽壁平直，保证孔位、孔斜、孔深、孔宽以及槽孔搭接厚度。嵌入基岩的深度要满足规定的要求，防止漏钻漏挖和欠钻欠挖。

3. 泥浆固壁

泥浆在造孔中主要起固壁作用，其具有较大的相对密度（一般为 1.1～1.2），以静压力作用于槽壁借以抵抗槽壁土压力及地下水压力。在成槽过程中，泥浆所起的作用，除固壁作用外，还有携砂作用、冷却钻头作用和润滑作用。成墙以后，渗入孔壁的泥浆和胶结在孔壁的泥皮，还有防渗作用。它直接影响墙底与基岩，墙间结合质量。一般槽内泥浆面应高出地下水位 0.6～2.0m。

由于泥浆具有较大的相对密度，对槽壁施加的静压力相当于一种液体支撑。当泥浆渗入槽壁，胶结成一层致密的泥皮，产生一种特殊的护壁作用，也有助于维持槽壁的稳定。欧洲一些国家的经验指出：槽内泥浆液面如果高于地下水位 0.6m，就能防止槽壁坍塌，而日本的有关著述则认为最好在 2m 以上。

由于泥浆的特殊性和重要性，对于泥浆的制浆土料、配比以及施工过程中的质量控制等方面，都提出了严格的规定。要求固壁泥浆相对密度小（新浆相对密度小于 1.05，槽内相对密度不大于 1.15，槽底相对密度不大于 1-20），黏度适当（25～30s），掺 CMC（羧甲基纤维素）可改善黏度，且稳定性好，失水量小，国外一般都要求用膨润土制浆。

我国早期也采用过膨润土制浆，通过工程实践后，制浆土料的范围不断扩大，为就地取材制浆提供了可靠的科学依据。

对于泥浆的技术指标，则必须根据地层的地质和水文地质条件、成槽方法和使用部位等因素综合选定。如在松散地层中，浆液漏失严重，应选用黏度较大、静切力较高的泥浆；土坝加固补强时，为了防止坝体在泥浆压力作用下，使原有裂缝扩展或产生新的裂缝，宜选用比重较小的泥浆；在成槽过程中，泥浆因受压失水量大，容易形成厚而不牢的固壁泥皮，所以应选用失水量较小的泥浆，黏土在碱性溶液中容易进行离子交换，为提高泥浆的稳定性，应选用泥浆的 pH 大于 7 为最好，但是 pH 也不宜过大，否则泥浆的胶凝化倾向增大，反而会降低泥浆的固壁性能。一般地，pH 以 7～9 为宜。

在施工过程中，必须加强泥浆生产过程中各个环节的管理和控制：一方面在施工现场要定时测定泥浆的相对密度、黏度和含砂量，在试验室内还要进行胶体率、失水量（泥皮厚）、静切力等项试验，以全面评价泥浆的质量和控制泥浆的技术指标；另一方面要防止一切违章操作，如严禁砂卵石和其他杂质与制浆土料相混合，不允许随便往槽段中倾注清水，未经试验的两种泥浆不允许混合使用。槽壁严重漏浆时，要抛投与制浆土料性质一样的泥球等。

为了保质保量供应泥浆，工地必须设置泥浆系统。泥浆系统中主要包括：土料仓库、供水管路、量水设备、泥浆搅拌机、储浆池、泥浆泵、废浆池、振动筛、旋流器、沉淀池、排渣槽等泥浆再生净化设施。

泥浆的再生净化和回收利用，不仅能够降低成本，而且可以改善环境，防止泥浆污染。

根据统计，如果泥浆不回收利用，则其费用约占防渗墙总造价的15%左右。而根据国外经验，在黏土、淤泥中成槽，泥浆可回收利用2~3次；在砂砾石中成槽，可回收利用6~8次。由此可见泥浆回收利用的经济价值。

回收利用泥浆，就必须对准备废弃的泥浆进行再生净化处理。泥浆的再生净化处理有物理处理和化学处理。

所谓物理再生净化处理，主要是将成槽过程中含有土渣的泥浆通过振动筛、旋流器和沉淀池，利用筛分作用、离心分离作用和重力沉淀作用，分别将粗细颗粒的土渣从泥浆中分离出去，以恢复泥浆的物理性能，如图2.9所示。

所谓化学再生净化处理，主要是对发生化学变化的泥浆进行再生净化处理。如浇筑混凝土时所置换出来的泥浆，由于混凝土中水泥乳状液所含大量钙离子，产生凝化，其结果是使泥浆形成泥皮的能力减弱，固壁性能降低，黏性增高，土渣分离困难。处理的办法：可掺加适量的分散剂，如碳酸钠、碳酸氢钠等，混合后再做物理再生净化处理，使泥浆恢复应有的性能。

（三）终孔工作

1.岩心鉴定

为了使防渗墙准确地达到设计深度，主孔钻进到预定部位前，应放下抽筒，抽取岩样进行鉴定，编号装袋。

2.终孔验收

终孔后按规范对孔深、槽宽、孔壁倾斜率、槽孔孔底淤积厚度与平整度进行检查验收。

3.清孔换浆

采用钻头扰动、砂石泵抽吸或其他方法清孔，抽吸出的泥浆经净化后，再回到槽孔，将孔内含有大量砂粒和岩屑的泥浆换成新鲜泥浆。将孔段已浇筑混凝土弧面上附着的黏稠泥浆、岩屑冲洗干净。

造孔完毕后的孔内泥浆，常含有过量的土石渣，影响混凝土与基岩的连接，因此，必须清孔换浆，以保证混凝土浇筑的质量。清孔换浆的要求为孔底淤积厚度≤10cm，泥浆比重≤1.3，黏度≤30s（指体积为500cm³的浆液从一标准漏斗中流出来的时间），含砂量<15%；且清孔换浆后4h内应开始浇筑混凝土。

三、混凝土浇筑

（一）泥浆下浇筑混凝土的主要特点

1.不允许泥浆和混凝土掺混成泥浆夹层。

2.确保混凝土与基础层以及一期、二期混凝土间的结合。

3.连续浇筑，一气呵成。

（二）泥浆下浇筑混凝土的方法

泥浆下浇筑混凝土常采用导管提升法，导管由若干根 ϕ20~25cm 的钢管用法兰盘连接而成，导管顶部为受料斗；每根钢管长 2m 左右；整个导管悬挂在导向槽上，并通过提升设备进行升降。由于防渗墙混凝土坍落度一般为 18 ~ 22cm，其扩散半径为 1.5 ~ 2.0m，导管间距小于 3 ~ 4m 为宜。

（三）浇筑前准备工作

泥浆下混凝土浇筑前准备工作的内容包括：制定浇筑方案，准备好导管及孔口用具并下设导管，检查混凝土搅拌与运输机械及提升导管机械的完好情况，检查运输道路情况，搭设孔口料台，准备好孔内混凝土顶面深度测量用具及混凝土顶面上升指示图，制定好孔内泥浆排放与回收方案等。

浇筑前，应仔细检查导管的形状、接头和焊缝的质量，过度变形和破损的导管不能使用，并按预定长度在地面进行分段组装和编号，然后安装布置到槽段中。

导管的开浇顺序应严格遵循先深后浅的原则；即从最深的导管开始，由深到浅一个个依次开浇，直到全槽混凝土面浇平以后，再全槽均衡上升。相邻混凝土面高差控制在 0.5m 范围以内。

孔口料台的结构应当既稳固又简单，能够方便均匀分料给每一根导管，并应在清孔验收合格后 2h 内搭设完毕；一般使用钢管装配式孔口料台。孔内混凝土顶面常用钢丝芯测绳或细钢丝绳起吊测锤测量，测锤绳索上的刻度标记应标记准确并应经常校核。

（四）泥浆下混凝土的浇筑

每个导管开浇时，将导管下至距槽底 10 ~ 25cm，管内放一直径略小于导管内径的、能漂浮在浆面上的木球，以便在开浇时把混凝土与泥浆隔开；开浇时，先用坍落度为 18 ~ 20cm 的水泥砂浆，再用稍大于整根导管容积、同样坍落度的混凝土，一次把木球压至管底；混凝土满管后，提管 20 ~ 30cm，使球体跑出管外，混凝土流入槽内，再立即把导管放回原处，使导管底孔插入已浇入的混凝土中；然后迅速检查导管连接处是否漏浆，若不漏浆，立即开始连续浇筑凝土，维持全槽混凝土面均衡上升，其上升速度不小于 2m/h，随着混凝土顶面的不断上升，继续拆管，始终使导管底口埋入混凝土内 1 ~ 6m 的深度，直至将混凝土顶面浇筑至规定高程。其施工要点可归纳为：压球、满管、提管排球、理管、查管、连续浇筑、终浇等。

当混凝土面上升到距槽口 4 ~ 5m 时，由于混凝土柱压力减小，槽内泥浆浓度增加，混凝土扩散能力相对减弱，易发生堵管和夹泥等，可加强排浆，稀释泥浆，抬高漏斗，增加起拨次数，经常提动导管以及控制混凝土坍落度等措施来解决。

（五）全墙质量检查验收

全墙质量检查的内容包括：

1.每个墙段墙身混凝土质量的检查。

2.墙段与墙段间套接质量与接缝质量的检查，墙底与基岩接合质量的检查。

3.墙身预留孔及埋设件质量的检查。

（六）成墙防渗效果的检查

检查方法一般采用钻检查孔来评定浇筑混凝土的质量，也可与开挖法进行结合来检查评定。

第二节 灌浆工程施工

一、基岩灌浆

（一）基岩灌浆的分类

一般需要分别进行帷幕灌浆、固结灌浆和接触灌浆处理。

1. 帷幕灌浆

布置在靠近上游迎水面的坝基内，形成一道连续的防渗幕墙。其目的是减少坝基的渗流量，降低坝底渗透压力，保证基础的渗透稳定。帷幕灌浆的深度主要由作用水头及地质条件等确定，较之固结灌浆要深得多，有些工程的帷幕深度超过百米。在施工中，通常采用单孔灌浆，所使用的灌浆压力比较大。

帷幕灌浆一般安排在水库蓄水前完成，这样有利于保证灌浆的质量。由于帷幕灌浆的工程量较大，与坝体施工在时间安排上有矛盾，所以通常安排在坝体基础灌浆廊道内进行。这样既可实现坝体上升与基岩灌浆同步进行，又为灌浆施工具备了一定厚度的混凝土压重，有利于提高灌浆压力、保证灌浆质量。对于高坝的帷幕灌浆，常常要深入两岸坝肩较大范围岩体中，一般需要在两岸分层开挖灌浆平洞。许多工程在坝基与两岸山体中形成地下灌浆帷幕，其面积较之可见的坝体挡水面要大得多。

2. 固结灌浆

其目的是提高基岩的整体性与强度，并降低基础的透水性。当基岩地质条件较好时，一般可在坝基上、下游应力较大的部位布置固结灌浆孔；在地质条件较差而坝体较高的情况下，则需要对坝基进行全面的固结灌浆，甚至在坝基以外上、下游一定范围内也要进行固结灌浆。灌浆孔的深度一般为 5 ~ 8m，也有深达 15 ~ 40m 的，各孔在平面上呈网格交错布置。通常采用群孔冲洗和群孔灌浆。

固结灌浆宜在一定厚度的坝体基层混凝土上进行，这样可以防止基岩表面冒浆，并采用较大的灌浆压力，提高灌浆效果，同时也兼顾坝体与基岩的接触灌浆。如果基岩比较坚硬、完整，为了加快施工进度，也可直接在基岩表面进行无混凝土压重的固结灌浆。在基层混凝土上进行钻孔灌浆，必须在相应部位混凝土的强度达到 50% 设计强度后，方可开始。或者先在岩基上钻孔，预埋灌浆管，待混凝土浇筑到一定厚度时再灌浆。

同一地段的基岩灌浆必须按先固结灌浆后帷幕灌浆的顺序进行。

3. 接触灌浆

其目的是加强坝体混凝土、坝基或岸肩之间的结合能力，提高坝体的抗滑稳定性。

一般是通过混凝土钻孔压浆或预先在接触面上埋设灌浆盒及相应的管道系统。也可结合固结灌浆进行。接触灌浆应安排在坝体待混凝土达到稳定温度以后进行，以利于防止混凝土收缩产生拉裂。

灌浆技术不仅大量运用于大坝的基岩处理，而且也是进行水工隧洞围岩固结、衬砌回填、超前支护，混凝土坝体接缝以及建（构）筑物补强、堵漏等方面的主要措施。

（二）灌浆设备机具和灌浆材料

1.灌浆设备和机具

（1）钻探机

宜采用回转式钻机，如 XY-2 型液压立轴式钻机或其他各式适宜的钻机。

（2）搅拌机

常用搅拌机有 ZJ-400L 型、GZJ-200 型高速搅拌机、NJ-100L 型低速搅拌机和 200L×2 型双层贮浆筒。

（3）灌浆泵

常用灌浆泵有 TBW-100/100 型灌浆泵或 BW250/50 型泥浆泵等。灌注纯水泥浆液应采用多缸柱塞式灌浆泵。容许工作压力应大于最大灌浆压力的 1.5 倍。

（4）压力表

使用压力宜在压力表最大标准值的 1/4 ~ 3/4 之间。压力表应经常进行检定，不合格的压力表严禁使用，压力表与管路之间应设隔浆装置。

（5）灌浆管路

应保证能承受 1.5 倍的最大灌浆压力。

（6）水泥湿磨机

常用水泥湿磨机有长江科学院研制的 JTM135S-1 型湿磨机和 JTM 胶体磨（转速为 3000r/min）。

（7）自动记录仪

可采用 GJY-Ifl 型、GY-IV 型或 J-31 型等微机自动记录仪，以提高灌浆记录的准确性和工作效率。

2.灌浆材料

灌浆材料基本上可分为两类：一类是固体颗粒的灌浆材料，如水泥、黏土、砂等。用固体颗粒浆材制成的浆液，其颗粒处于分散的悬浮状态，是悬浮液；另一类是化学灌浆材料，例如环氧树脂、聚氨酯、甲凝等。由化学浆材制成的浆液是真溶液。

岩石地基固结灌浆和帷幕灌浆均以水泥浆液为主，如遇到一些特殊地质条件，如断层、破碎带、微细裂隙等，当使用水泥浆液难以达到预期效果时，方采用化学灌浆材料作为补充，而且化学灌浆多在水泥灌浆基础上进行。砂砾石地基帷幕灌浆则多以水泥黏土浆为主。

（1）浆液的选择

在地基处理灌浆工程中，浆液的选择非常重要，在很大程度上直接关系到帷幕的防渗效果、地基岩石在固结灌浆后的力学性能以及工程费用。因此研究灌浆材料及其

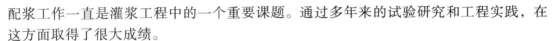

配浆工作一直是灌浆工程中的一个重要课题。通过多年来的试验研究和工程实践，在这方面取得了很大成绩。

由于灌浆的目的和地基地质条件的不同，组成浆液的基本材料和浆液中各种材料的配合比例也有很大的变化。在选择灌注浆液时，一般满足以下要求：

①浆液在受灌的岩层中应具有良好的可灌性，即在一定的压力下，能灌入到受灌岩层的裂隙、孔隙或空洞中，充填密实。这对微细裂隙岩石尤为重要。

②浆液硬化成结石后，具有良好的防渗性能、必要的强度和黏结力。帷幕灌浆在长期高水头作用下，应能保持稳定，不受冲蚀，耐久性强；固结灌浆则应能满足地基安全承载和稳定的要求。

③为便于施工和增大浆液的扩散范围，浆液须具有良好的流动性。

④浆液应具有较好的稳定性，析水率低。

基岩灌浆以水泥灌浆最普遍。灌入基岩的水泥浆液，由水泥与水按一定配比制成，水泥浆液呈悬浮状态。水泥灌浆具有灌浆效果可靠，灌浆设备与工艺比较简单，材料成本低廉等优点。

水泥浆液所采用的水泥品种，应根据灌浆目的和环境水的侵蚀作用等因素确定。一般情况下，可采用不低于42.5的普通硅酸盐水泥或硅酸盐大坝水泥，如有耐酸要求时，选用抗硫酸盐水泥。矿渣水泥与火山灰质硅酸盐水泥由于其析水快、稳定性差、早期强度低等缺点，一般不宜使用。

水泥颗粒的细度对于灌浆的效果有较大影响。水泥颗粒越细，越能够灌入细微的裂隙中，水泥的水化作用也越完全。对于帷幕灌浆，对水泥细度的要求为通过 $80\mu m$ 方孔筛的筛余量不大于5%。灌浆用的水泥要符合质量标准，不得使用过期、结块或细度不符合要求的水泥。

对于岩体裂隙宽度小于200Mm的地层，普通水泥制成的浆液一般难于灌入。为了提高水泥浆液的可灌性，许多国家陆续研制出各类超细水泥，并在工程中得到广泛采用。超细水泥颗粒平均粒径约为 $4\mu m$，比表面积为 $8000cm^2/g$，它不仅具有良好的可灌性，同时在结石体强度、环保及价格等方面都具有优势，特别适合细微裂隙基岩的灌浆。

在水泥浆液中掺入一些外加剂（如速凝剂、减水剂、早强剂及稳定剂等），可以调节或改善水泥浆液的一些性能，满足工程对浆液的特定要求，提高灌浆效果。外加剂的种类及掺入量应通过试验确定。有时为了灌注大坝基础中的细砂层，也常采用化学灌浆材料。

（2）浆液类型

①水泥浆

水泥浆的优点是胶结情况好，结石强度高，制浆方便。缺点是水泥价格高；颗粒较粗，细小孔隙不易灌入；浆液稳定性差，易沉淀，常会过早地将某些渗透断面堵塞，因而影响灌浆效果；灌浆时间较长时，易将灌浆器胶结住，难以起拔。灌注水泥浆时，其配比也常分为10∶1，5∶1，3∶1，2∶1，1.5∶1，1∶1，0.8∶1，0.6∶1，0.5∶1等九个比级，也可采用稍少一些的比级。灌浆开始时，采用最稀一级的浆液，

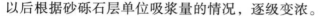

以后根据砂砾石层单位吸浆量的情况，逐级变浓。

②水泥黏土浆

水泥黏土浆是一种最常使用的浆液，国内外大坝砂砾石层灌浆绝大多数都是采用这种浆液，其主要优点是稳定性好；能灌注细小孔隙；而且天然黏土材料较多，可就地取材，费用比较低廉；防渗效果也好。国内有的学者曾对砂砾石层灌浆帷幕的渗透破坏机理做过研究，认为了提高砂砾石层灌浆帷幕的稳定性，防止细颗粒流失和产生管涌，关键是要设法降低帷幕本身的透水性，而不是提高浆液结石的强度，因而没有必要在浆液中过多地提高水泥含量。一般认为，浆液结石28d的强度如果达到（4 ~ 5）×10N/cm²，即可满足要求。

水泥黏土浆中水泥和黏土的比例多为：水泥∶黏土 =1∶1 ~ 1∶4（质量比），浆液浓度范围多为干料∶水 =1∶1 ~ 1∶3（质量比）。

有的大坝通过灌浆试验，对灌注的水泥黏土浆液提出下列控制指标：①浆液结石28d 龄期的强度不小于（3 ~ 5）×10N/cm²；②浆液黏度不超过60s；③浆液稳定性应小于 0.02；④浆液自由析水率应小于 2%，可供参考。

对于多排孔构成的帷幕，在边排孔中，宜采用水泥含量较高的浆液；中间排孔中，则可采用水泥含量较低的浆液。

当灌注水泥黏土浆时，从灌浆开始直至结束，多采用一种固定比例的水泥黏土浆，灌浆过程中不再变换。但也有少数工程，灌浆开始时，使用稀浆，以后逐级变浓，例如岳城水库大坝基础帷幕灌浆就是采用了这样的方法。

水泥黏土浆浆液浓度若是分级时，比较常使用的方法是：浆液中水泥与黏土的掺量比例固定不变，而用加水量的多少来调制成不同浓度的浆液。

③黏土浆

黏土浆胶结慢、强度低，多用于砂砾石层较浅，承受水头也不大的临时性小型防渗工程，如白莲河坝围堰砂砾石层基础的防渗帷幕就是采用黏土浆进行灌注的。但也有很少数大坝，其基础防渗帷幕基本上是采用黏土浆进行灌注的。如日本船明坝（坝高 24.5m，砂砾石层厚 60m，防渗帷幕灌的是黏土浆，但其中也掺用了少量水泥），印度可达坝（坝高 37.2m，需要处理段的长度 65m，该部位砂砾石层厚约 8m，要求黏土浆的比重为 1.27，每 60L 的黏土浆中加入水泥 2kg 硅酸钠 150mg）的防渗帷幕就是灌的黏土浆。

④水泥黏土砂浆

为了有效地堵塞砂砾石层中的大孔隙，当吸浆量很大，采用上述浆液难以奏效时，有时在水泥黏土浆中掺入细砂，掺量的多少，视具体情况而定。这种浆液仅用于处理特殊地层，一般情况下不常采用。

⑤硅酸盐浆液、丙凝、聚氨酯及其他灌浆材料

为了进一步降低帷幕的渗透性，有一些大坝的防渗帷幕在使用水泥黏土浆灌注后，再用硅酸盐浆液或丙凝进行附加灌浆。如阿斯旺大坝、马特马克大坝和谢尔庞桑大坝在灌注了水泥黏土浆后，又用硅酸盐浆液进行了附加灌浆。美国哥伦比亚河上的洛克利奇坝在灌注水泥黏土浆后，又加灌了 AM-9（即丙凝）浆液。

（三）水泥灌浆的施工

任一工程的坝基灌浆处理，在施工前一般需进行现场灌浆试验。通过试验，可以了解坝基的可灌性，确定合理的施工程序，施工工艺及灌浆参数等，为进行灌浆设计与编制施工技术文件提供主要依据。

下面主要介绍基岩灌浆施工中的主要环节与技术，包括钻孔、钻孔（裂隙）冲洗、压水试验、灌浆的方法与工艺、灌浆的质量检查等。

1. 钻孔

帷幕灌浆的钻孔宜采用回转式钻机、金刚石钻头或硬质合金钻头，其钻进效率较高，不受孔深、孔向、孔径和岩石硬度的限制，还可钻取岩芯。钻孔的孔径一般在75～91mm。固结灌浆则可采用各种合适的钻机与钻头。

钻孔的质量对灌浆效果影响很大。钻孔质量包括：①确保孔深、孔向、孔位符合设计。②力求孔径上下均一，孔壁平顺。③钻进过程中产生的岩粉细屑较少。孔径均一，孔壁平顺，则灌浆栓塞能够卡紧卡牢，灌浆时不致产生返浆。钻进过程中产生过多的岩粉细屑，容易堵塞孔壁的缝隙，影响灌浆质量。

钻孔方向和钻孔深度是保证帷幕灌浆质量的关键。如果钻孔方向发生偏斜，钻孔深度达不到要求，则通过各钻孔所灌注的浆液，不能联成一体，将形成漏水通路。

孔深的控制可根据钻杆钻进的长度推测。孔斜的控制相对比较困难，特别是钻设斜孔，掌握钻孔方向更加困难。在工程实践中，按钻孔深度的不同规定了对钻孔偏斜的容许偏差值。当深度大于60m时，则容许的偏差不应超过钻孔间距。钻孔结束后，应对孔深、孔斜和孔底残留物进行检查，不符合要求的应采取补救处理措施。

2. 钻孔（裂隙）冲洗

钻孔后，进入冲洗阶段。冲洗工作通常分为：①钻孔冲洗，要将残存在孔底和黏滞在孔壁的岩粉铁屑等冲洗出来；②岩层裂隙冲洗，将岩层裂隙中的充填物冲洗出孔外，以便浆液进入到腾空的空间，使浆液结石与基岩胶结成整体。在断层、破碎带、宽大裂隙和细微裂隙等复杂地层中灌浆，冲洗的质量对灌浆效果影响极大。

一般采用灌浆泵将水压入孔内循环管路进行冲洗。将冲洗管插入孔内，用阻塞器将孔口堵紧，用压力水冲洗。也可采用压力水和压缩空气混合冲洗的方法。

钻孔冲洗时，将钻杆下到孔底，再从钻杆通入压力水进行冲洗。冲孔时流量要大，孔内回水的流速足以将残留在孔内岩粉铁末冲出孔外。冲孔一直要进行到回水澄清5～10min才结束。

岩层裂隙冲洗有单孔冲洗和群孔冲洗两种。

在岩层比较完整，裂隙比较少的地方，可采用单孔冲洗。冲洗方法有高压压水冲洗、高压脉动冲洗、扬水冲洗和群孔冲洗。

（1）高压压水冲洗

整个冲洗过程均在高压下进行，以便将裂隙中的充填物沿着加压的方向推移和压实。冲洗压力可以采用同段灌浆压力的70%～80%，但当水压大于1MPa时，采用1MPa。当回水洁净，流量稳定20min就可停止冲洗；有的工程则根据冲洗试验中得出的升压降压过程和流量的关系，来判断岩层裂隙冲洗后透水性增值情况。在同一级压力下，降压时的流量和升压时的流量相差越大，则透水性增值越大，说明冲洗效果越好。

（2）高压脉动冲洗

高压脉动冲洗就是用高压水、低压水反复冲洗。先用高压水冲洗，冲洗压力采用灌浆压力的80%，经5~10min以后，孔口压力在几秒钟内突然降低到零，形成反向脉冲水流，将裂隙中的碎屑带出。通过不断升降压循环，对裂隙进行反复冲洗，直到回水洁净，最后延续10~20min后就可结束冲洗。

（3）扬水冲洗

对于地下水位较高，地下水补给条件良好的钻孔，可采用扬水冲洗。冲洗时先将管子下到孔底部，上端接风管，通入压缩空气。孔中水气混合以后，由于相对密度减轻，在地下水压力作用下，再加上压缩空气的释压膨胀与返流作用，挟带着孔内的碎屑杂物喷出孔外，如果孔内水位恢复较慢，则可向孔内补水，间歇地扬水，直到将孔洗净为止。如宁夏青铜峡工程曾用此法冲洗断层破碎带，其效果比高压水冲洗要好。

（4）群孔冲洗

群孔冲洗一般适用于岩层破碎，节理裂隙比较发育且在钻孔之间互相串通的地层中。它是将两个或两个以上的钻孔组成一个孔组，轮换地向一个孔或几个孔压进压力水或压力水混合压缩空气，从另外的孔排出污水，这样反复交替冲洗，直到各个孔出水洁净为止。

群孔冲洗时，孔深方向冲洗段的划分不宜过长。否则，冲洗段内钻孔通过裂隙条数增多，这样不仅可以分散冲洗压力和冲洗水量，并且一旦有部分裂隙冲通以后，水量将相对集中在这几条裂隙中流动，使其他裂隙得不到有效的冲洗。

为了提高冲洗效果，有时可在冲洗液中加入适量的化学剂，如碳酸钠、碳酸氢钠等，以利于促进泥质充填物的溶解。加入化学剂的品种和掺量，宜通过试验确定。

采用高压水或高压水气冲洗时，要注意观测，防止冲洗范围内岩层的抬动和变形。

3. 压水试验

在冲洗完成并开始灌浆施工前，一般要对灌浆地层进行压水试验。压水试验的主要目的是：测定地层的渗透特性，为岩基的灌浆施工提供基本技术资料。压水试验也是检查地层灌浆实际效果的主要方法。

压水试验的原理：在一定的水头压力下，通过钻孔将水压入孔壁四周的缝隙中，根据压入的水量和压水的时间，计算出代表岩层渗透特性的技术参数。

一般可采用单位吸水量 W 来表示岩层的渗透特性。所谓单位吸水量，就是在单位时间内，单位水头压力作用下压入单位长度试验孔段内的水量。试验孔段长度和灌浆长度一致，一般为5~6m。

灌浆施工时的压水试验，使用的压力通常为同段灌浆压力的80%。但一般不大于1MPa。试验时，可在预定压力之下，每隔5min记录一次流量读数，直到流量稳定30~60min，取最后的流量作为计算值。

对于构造破碎带、裂隙密集带、岩层接触带以及岩溶洞穴等透水性较强的岩层，应根据具体情况确定试验的长度。同一试段不宜跨越透水性相差悬殊的两种岩层，这样所获得的试验资料才具有代表性。如果地层比较单一完整，透水性又较小时，试段长度可适当延长，但不宜超过 10m。

另外，对于有岩溶泥质充填物和遇水性能恶化的地层，在灌浆前可以不进行裂隙冲洗，也不宜做压水试验。

4.灌浆的方法与工艺

为了确保岩基灌浆的质量，必须注意以下问题。

（1）钻孔灌浆的次序

基岩的钻孔与灌浆应遵循分序加密的原则进行。一方面可以提高浆液结石的密实性；另一方面，通过后灌序孔透水率和单位吸浆量的分析，可推断先灌序孔的灌浆效果，同时还有利于减少相邻孔串浆现象。

无混凝土盖重固结灌浆，钻孔的布置分为规则布孔和随机布孔两组。规则布孔形式分为正方形布孔和梅花形布孔两种。正方形布孔分为三道工序施工。随机布孔形式为梅花形布孔。断层构造岩可采用三角形加密或梅花形加密布置。

有盖重固结灌浆，钻孔布置按正方形和三角形布置。正方形中心布置加密灌浆孔，在试区四周布置物探孔，在正方形孔区设静弹模测试孔。断层地区采用梅花形布孔，并布设弹性波测试孔和静弹模测试孔。

对于岩层比较完整、孔深5m左右的浅孔固结灌浆，可以采用两序孔进行钻灌作业；孔深5m以上的中深孔固结灌浆，则采用三序孔施工为宜。固结灌浆最后序孔的孔距和排距与基岩地质情况及应力条件等有关，一般在 3 ~ 6m 间。

（2）注浆方式

按照灌浆时浆液灌注和流动的特点，灌浆方式有纯压式和循环式两种。对于帷幕灌浆，应优先采用循环式。

纯压式灌浆，就是一次将浆液压入钻孔，并扩散到岩层缝隙中。灌注过程中，浆液从灌浆机向钻孔流动，不再返回。这种方法设备简单，操作方便，但浆液流动速度较慢，容易沉淀，造成管路与岩层缝隙的堵塞，影响浆液扩散。纯压式灌浆多用于吸浆量大，有大裂隙存在，孔深不超过 12 ~ 15m 的情况。

循环式灌浆，灌浆机把浆液压入钻孔后，浆液一部分被压入岩层缝隙中，另一部分由回浆管路返回拌浆筒中。这种方法一方面可使浆液保持流动状态，减少浆液沉淀；另一方面可以根据进浆和回浆浆液比重的差别来了解岩层吸收情况，并作为判定灌浆结束的一个条件。

（3）钻灌方法

按照同一钻孔内的钻灌顺序，有全孔一次钻灌和全孔分段钻灌两种方法。

全孔一次钻灌是将灌浆孔一次钻到全深，并沿全部孔深进行灌浆。这种方法施工简便，多用于孔深不超过 6m，地质条件比较良好，基岩比较完整的情况。全孔分段钻灌又分为自上而下法，自下而上法、综合灌浆法及孔口封闭灌浆法等。

（4）灌浆压力和浆液稠度的控制

在灌浆过程中，合理地控制灌浆压力和浆液稠度，是提高灌浆质量的重要保证。灌浆过程中灌浆压力的控制基本上有两种类型，即一次升压法和分级升压法。

①一次升压法

灌浆开始后，一次将压力升高到预定的压力，并在这个压力作用下，灌注由稀到浓的浆液。当每一级浓度的浆液注入量和灌注时间达到一定限度以后，就变换浆液配比，逐级加浓。随着浆液浓度的增加，裂隙被逐渐充填，浆液注入率将逐渐减少，当达到结束标准时，结束灌浆，这种方法适用于透水性不大，裂隙不甚发育，岩层比较坚硬完整的地方。

②分级升压法

将整个灌浆压力分为几个阶段，逐级升压直到预定的压力。从最低一级压力起灌，当浆液注入率减少到规定的下限时，将压力升高一级，如此逐级升压，直到预定压力。

分级升压法的压力分级不宜过多，一般以三级为限，如分为 0.4P、0.7P 及 P 三级，P 为该灌浆段预定的灌浆压力。浆液注入率的上、下限，视岩层的透水性和灌浆部位、灌浆次序而定，通常上限可定为 80 ～ 100L/min，下限定为 30 ～ 40L/min。在遇到岩层破碎透水性很大或有渗透途径与外界连通的孔段时，可采用分级升压法，如果遇到大的孔洞或裂隙，则应按特殊情况处理。处理的原则一般是低压浓浆，间歇停灌，直到规定的标准结束灌浆。待浆液凝固以后再重新钻开，进行复灌，以确保灌浆质量。

灌浆过程中，还必须根据灌浆压力或吸浆率的变化情况，适时地调整浆液的稠度，使岩层的大小缝隙既能灌饱，又不浪费。浆液稠度按先稀后浓的原则控制，这是由于稀浆的流动性较好，宽细裂隙都能进浆，使细小裂隙先灌饱，而后随着浆液稠度逐渐变浓，其他较宽的裂隙也能逐步得到良好的充填。对于帷幕灌浆的浆液配比即水灰比，一般可采用 5：1、3：1、2：1、1：1、0.8：1、0.6：1、0.5：1 七个比级。

（5）灌浆的结束条件和封孔

灌浆的结束条件，一般用两个指标来控制：一个是残余吸浆量，又称最终吸浆量，即灌到最后的限定吸浆量；另一个是闭浆时间，即在残余吸浆量的情况下保持设计规定压力的延续时间。

帷幕灌浆时，在设计规定的压力之下，灌浆孔段的浆液注入率小于 0.4L/min 时，再持续灌注 60min（自上而下法）或 30min（自下而上法）；或浆液注入率不大于 1.0L/min 时，继续灌注 90 min 或 60 min，就可结束灌浆。

对于固结灌浆，其结束标准是浆液注入率小于 0.4L/min，延续时间 30min，灌浆可以结束。

灌浆结束以后，应随即将灌浆孔清理干净。对于帷幕灌浆孔，宜采用浓浆灌浆法填实，再用水泥砂浆封孔；对于固结灌浆，孔深 10m 时，可采用机械压浆法进行回填封孔，即通过深入孔底的灌浆管压入浓水泥浆或砂浆，顶出孔内积水，随浆面的上升，缓慢提升灌浆管。当孔深大于 10m 时，其封孔与帷幕孔封孔相同。

5.灌浆的质量检查

（1）质量评定

灌浆质量的评定，是以检查孔压水试验成果为主，结合对竣工资料测试成果的分析进行综合评定。每段压水试验压力值满足规定要求即为合格。

（2）检查孔位置的布设

①一般在岩石破碎、断层、裂隙、溶洞等地质条件复杂的部位，注入量较大的孔段附近、灌浆情况不正常，以及经分析资料认为对灌浆质量有影响的部位。

②检查孔在该部位灌浆结束 3 ~ 7d 后就可进行。采用自上而下分段进行压水试验，压水压力为相应段灌浆压力的 80%。检查孔数量为灌浆孔总数的 10%，每一个单元至少应布设一个检查孔。

（3）压水试验结束

检查孔压水试验结束后，按技术要求进行灌浆和封孔，检查孔常采用岩心采取率进行描述。

（4）压水试验检查

压水试验检查，坝体混凝土和基岩接触段及其下一段的合格率应为 100%，以下各段的合格率应在 90% 以上，不合格段透水率值不得超过设计规定值的 100%，且不集中，灌浆质量可认为合格。

（5）抽样检查

对封孔质量宜进行抽样检查。

（四）化学灌浆

化学灌浆是在水泥灌浆基础上发展起来的新型灌浆方法。它是将有机高分子材料配制成的浆液灌入地基或建筑物的裂缝中，经胶凝固化以后，达到防渗、堵漏、补强、加固的目的。

化学灌浆在基岩处理中，是作为水泥灌浆辅助手段的。它主要用于以下情况：裂隙与空隙细小（0.1mm 以下）颗粒材料不能灌入；对基础的防渗或强度有较高要求；渗透水流的速度较大，其他灌浆材料不能封堵等情况。

1. 化学浆液的特性

化学灌浆材料有很多品种，每种材料都有其特殊的性能，按灌浆的目的可分为防渗堵漏和补强加固两大类。属于前者的有水玻璃、丙凝类、聚氨酯类等，属于后者的有环氧树脂类、甲凝类等。总体说来，化学浆液有以下特性。

（1）化学浆液的黏度低，有的接近于水，有的比水还小，其流动性好，可灌性高，可以灌入水泥浆液灌不进去的细微裂隙中。

（2）化学浆液的聚合时间（或称胶凝时间、固化、硬化时间）可以比较准确地控制，从几秒到几十分钟，有利于机动灵活地进行施工控制。

（3）化学浆液聚合后的聚合体，渗透系数很小，一般为 10.6 ~ 10.8cm/s，几乎是不透水的，防渗效果特别好。

（4）有些化学浆液聚合体本身的强度及黏结强度比较高，可承受高水头，如用于加固补强的甲凝、环氧树脂等，而聚氨酯对防渗与加固都有作用。只有丙凝、铬木素的抗压强度低。因此，丙凝、铬木素只能用于防渗堵漏。

（5）化学灌浆材料聚合体的稳定性和耐久性均较好，能抗酸、抗碱及抗微生物的侵蚀。但一般高分子化学材料都存在有老化问题。

（6）化学灌浆材料都有一定毒性，在配制、施工过程中要十分注意防护，并且防止对环境的污染。

2.化学灌浆的施工

由于化学材料配制的浆液是真溶液，不存在粒状灌浆材料所存在的沉淀问题，所以化学灌浆都采用纯压式灌浆。

化学灌浆的钻孔和清洗工艺及技术要求与水泥灌浆基本相同，也遵循分序加密的原则。

化学灌浆的方法，按浆液的混合方式区分，有单液法灌浆和双液法灌浆。一次配制成的浆液或两种浆液组分在泵送灌注前先行混合的灌浆方法称为单液法。两种浆液组分在泵送后才混合的灌浆方法称为双液法。前者施工相对简单，在工程上使用较多。

为了保持连续供浆，现在多采用电动式比例泵提供压送浆液的动力。比例泵是专用的化学灌浆设备，由两个出浆量能够任意调整，可实现按设计比例压浆的活塞泵所构成。对于小型工程和个别补强加固的部位，也可采用手压泵。

二、砂砾石地层灌浆

在砂砾石地层上修建水工建筑物，也可采用灌浆方法来建造防渗帷幕。其主要优点是灌浆帷幕对基础的变形具有较好的适应性，施工的灵活性大，较其他方法，更适合于在深厚砂砾石地层施工。

砂砾石地层具有结构松散、空隙率大、渗透性强的特点，在地层中成孔较困难，与基岩有很大差别。因此，在砂砾石地层中灌浆，有一些特殊的技术要求与施工工艺。

（一）砂砾石地基的可灌性

砂砾石地基的可灌性是指砂砾石地层能否接受灌浆材料灌入的一种特性。它是决定灌浆效果的先决条件。砂砾石地基的可灌性主要决定于地层的颗粒级配、灌浆材料的细度、灌浆压力、灌浆稠度及灌浆工艺等因素。

（二）灌浆材料

岩基灌浆以水泥灌浆为主，而砂砾石地层的灌浆，一般以采用水泥黏土浆为宜。因为在砂砾石地层中灌浆，多限于修筑防渗帷幕，对浆液结石强度要求不高，28d强度 $0.4 \sim 0.5$ MPa 就可满足要求，而对帷幕体的渗透系数则要求在 $10^{-4} \sim 10^{-6}$ cm/s 以下。

配制水泥黏土浆所使用的黏土，要求遇水以后，能迅速崩解分散，吸水膨胀，具有一定的稳定性和黏结力。

浆液的配比，水泥与黏土的比例为 $1:1 \sim 1:4$（质量比），水和干料的比例多在 $1:1 \sim 3:1$（质量比）。有时为了改善浆液的性能，可掺加少量的膨润土或其他外加剂。

水泥黏土浆的稳定性与可灌性指标均比纯水泥浆优越，费用也低廉，其缺点是析水率低，排水固结时间长，浆液结石强度低，抗渗性及抗冲性较差。

有关灌浆材料的选用、浆液配比的确定，以及浆液稠度的分级等问题，应根据地层特性与灌浆设计要求，通过室内外的试验来确定。

（三）钻灌方法

砂砾石地层的钻孔灌浆方法有：打管灌浆、套管灌浆、循环钻灌、预埋花管灌浆等。分别介绍如下。

1. 打管灌浆法

打管灌浆就是将带有灌浆花管的厚壁无缝钢管，直接打入受灌地层中，并利用它进行灌浆。其施工程序是：先将钢管打入到设计深度，再用压力水将管内冲洗干净，然后用灌浆泵进行压力灌浆，或利用浆液自重进行自流灌浆。灌完一段以后，将钢管拔起一个灌浆段高度，再进行冲洗和灌浆，如此自下而上，拔一段灌一段，直到结束。

这种方法设备简单，操作方便，适用于砂砾石层较浅、结构松散、颗粒不大、容易打管和起拔的场合。用这种方法灌成的帷幕，防渗性能较差，多用于临时性工程，如围堰。

2. 套管灌浆法

套管灌浆的施工程序是：一边钻孔，一边跟着下护壁套管；或者一边打设护壁套管，一边冲掏管内的砂砾石，直到套管下到设计深度。然后将孔内冲洗干净，下入灌浆管，起拔套管到第一灌浆段顶部，安好止浆塞，对第一段进行灌浆。

如此自下而上，逐段提升灌浆管和套管，逐段灌浆，直到结束。

采用这种方法灌浆，由于有套管护壁，不会产生坍孔埋钻等事故。但是，在灌浆过程中，浆液容易沿着套管外壁向上流动，甚至产生地表冒浆。如果灌浆时间较长，则又会胶结套管，造成不好起拔的困难。近年来已较少采用套管法进行灌浆。

3. 循环钻灌法

这是一种我国自创的灌浆方法。实质上是一种自上而下，钻一段灌一段，无须待凝，钻孔与灌浆循环进行的施工方法。钻孔时用黏土浆或最稀一级水泥黏土浆固壁。钻孔长度，也就是灌浆段的长度，视孔壁稳定和砂砾石层渗漏程度而定，容易坍孔和渗漏严重的地层，分段短一些，反之则长一些，一般为 1 ~ 2m。灌浆时可利用钻杆做灌浆管。

用这种方法灌浆，应做好孔口封闭，以防止地面抬动和地表冒浆，并有利于提高灌浆质量。

4. 预埋花管灌浆法

这种方法在国际上比较通用。其施工程序如下。

（1）用回转式或冲击式钻机钻孔，跟着下护壁套管，一次直达孔的全深。

（2）钻孔结束后，立即进行清孔，清除孔底残留的石渣。

（3）在套管内安设花管。花管的直径一般为 73 ~ 108mm，沿管长每隔 33 ~ 50cm 钻一排（3 ~ 4 个）射浆孔，孔径 1cm，射浆孔外面用橡皮圈箍紧。花管底部要封闭严密牢固。安设花管要垂直对中，不能偏在套管的一侧。

（4）在花管与套管之间灌注填料，边下填料，边起拔套管，连续灌注，直到全孔填满套管拔出为止。填料由水泥、黏土和水配制而成。其配比范围为水泥：黏土 =1：2 ~ 1：3；干料：水 =1：1 ~ 1：3。国外工程所用的填料多为水泥亚黏土浆。

（5）填料要待凝 5 ~ 15d，达到一定强度，紧密地将花管与孔壁之间的环形圈封闭起来。

（6）在花管中下入双栓灌浆塞，灌浆塞的出浆孔要对准花管上准备灌浆的射浆孔，然后用清水或稀浆压开花管上的橡皮圈，压穿填料，形成通路，为浆液进入砂砾石层创造条件，称为开环。开环以后，继续用稀浆或清水灌注 5 ~ 10min，然后再开始灌浆。每排射浆孔就是一个灌浆段。灌完一段，移动双栓灌浆塞，使其出浆孔对准另一排射浆孔，进行另一灌浆段的开环与灌浆。

用预埋花管法灌浆，由于有填料阻止浆液沿孔壁和管壁上升，很少发生冒浆、串浆现象，灌浆压力可相对提高。另外，由于双栓灌浆塞的构造特点，灌浆比较机动灵活，可以重复灌浆，对确保灌浆质量是有利的。这种方法的缺点是花管被填料胶结以后，不能起拔，耗用管材较多。

第三节 基岩锚固工程施工

一、锚固分类

锚固按结构形式分为四大类，即锚桩、锚洞、喷锚护坡及预应力锚索（锚固）。

（一）锚桩

锚桩也叫抗滑桩，是利用刚性桩身的抗剪、抗弯强度防止滑动，此法的适用条件应是：有明显的滑动面，并且其下盘坚强稳定。按所用材料的不同可分为以下三种。

1. 钢盘混凝土桩

通过滑动面在上、下岩盘中打一桩孔，然后在孔中浇筑钢筋混凝土即成。桩身埋入盘的深度，为桩全长的 1/2 ~ 1/3。桩孔成孔法分人工挖孔和大直径钻机钻孔两种。人工挖孔直径一般为 2m×2m 或 2m×3m，桩长为 10 ~ 20m。

采用大口径钻机，钻成 1m 以上的孔径后，浇筑钢筋混凝土。

2. 钢管桩

即先用大口径钻机成孔，然后将钢管下入孔在管内浇筑混凝土，或先在管内插入大型工字钢后，再在管的内外，同时浇灌混凝土。

3. 钢桩

用钻机钻孔，孔径为 130mm 左右，成孔后，浇灌水泥砂浆并立即插入型钢组或钢棒组，并在桩间做固结灌浆，使桩与桩之间联结成为整体，以提高锚固效果。

（二）锚洞

锚洞是锚桩的一种特殊形式，即在上、下盘之间的滑动面内开挖一个水平向岩洞，或者利用已有的洞浇注的混凝土形成卡在上下盘之间的抗滑键，一般无须配钢筋，利用此混凝土键抗滑。

（三）喷锚护坡

喷锚支护是喷混凝土支护、锚杆支护、喷混凝土与锚杆支护、钢筋网等不同支护的统称，喷混凝土锚杆支护是指岩石开挖后，紧随开挖面，立即喷上一层混凝土（3～5cm），必要时加设锚杆以稳定岩石，以后再加喷混凝土至设计厚度作为永久支护。

锚杆的锚固是在设计位置钻孔，把锚杆插入孔中，先使其根部固定再在孔内灌浆，使全锚杆与岩石固结为一本，然后把露出岩体外的锚杆（称为锚头）予以固定并封住孔口。

（四）预应力锚索

预应力锚索是利用高强钢丝束或钢绞线穿过滑动面或不稳定区深入岩层深层，利用锚索体的高抗拉强度增大正向拉力，以改善岩体的力学性质，增加岩体的抗剪强度，并对岩体起加固作用，也增大了岩层间的挤压力。

在选用锚固措施时，可根据其不同的特性和适用条件，因地制宜地选用其中一种，或联合使用几种锚固措施，以期获得最佳的加固效果。

在采用减载、压坡、排水等手段尚不足以保证边坡的长期稳定性时，使用预应力锚固技术，通常是施工方便、效果明显的一种手段。

二、预应力锚索结构

预应力锚索的结构可分为三部分：内锚头、锚索和外锚头。内锚头置于稳定岩体中，通过水泥浆材和岩体紧密结合，对不稳定岩体提供锚固力。预应力锚索通常由高强度钢索组成，它一端连接内锚头，一端连接外锚头。外锚头是对岩体施加张拉力实现锚固的机械装置。按锚索的结构分类，预应力锚索又分为有黏结锚索和无黏结锚索两种。无黏结锚索的钢绞线周围带有胶套，中有防腐油剂，钢绞线可以在胶套中自由滑移。同时，在锚索体外还增加了一个塑料护套。在施工时内锚头和钢绞线周围的水泥浆材是一次灌入的，待浆材凝固后再行张拉，这样可以减少一道工序，提高工效。无黏结锚索不仅可重复张拉，而且使得大部分钢绞线都能获得防腐油剂和护套的双重保护。有黏结锚索则无相对滑动。

近期一些工程采用了对拉锚索，将内锚头直接放在山体内的排水廊道中，如三峡船闸边坡工程，内锚头不再是灌浆锚固端，而是置于廊道内的墩头锚或双向施加张拉的预应力锚。这种方案减少了约占锚索长度 1/3～1/4 的内锚固段，同时将排水和锚固结合起来。是一种理想的加固形式。

（一）内锚头

内锚头结构分为机械式和胶结式两种。机械式仅适用于小吨位的锚固中。为了加强胶结合效果，胶结式的内锚头通常做成"枣核"形。

内锚固段的胶结材料通常采用纯水泥浆或树脂材料。要求具有快凝、早强、对钢材无腐蚀等性能。胶结材料的强度不低于 30MPa。

水泥胶结材料是对内锚头进行自由回填的主要材料。由于火山灰水泥中含有较多的硫化物和氯化物，会导致钢绞线腐蚀，因此，建议不予使用。改善水泥浆材的稳定性和力学特性是胶结材料设计的主要内容。降低水灰比是提高胶结材料强度的最直接方法，但水灰比降低将导致水泥浆流动性降低，所以可掺入减水剂、早强剂、增强剂、膨胀剂等以满足工程实际要求。

（二）预应力钢材

当前，预应力钢材的发展趋势是高强度、粗直径、低松弛和耐腐蚀，可分为钢丝和钢筋两大类。《预应力用钢丝》中对预应力钢丝的外观与力学性能作出了规定，其抗拉强度一般要求到 150~280MPa。《水工预应力锚固设计规范》则要求钢丝或钢绞线的极限抗拉强度不小于 1400MPa。钢绞线一般用 7 根钢丝在绞线机上以一根钢丝为中心螺旋拧合而成。钢绞线通常用于 1000kN、1200kN 和 3000kN 的预应力加固工程中。

水利水电工程中常用的钢筋包括热处理钢筋和精轧螺钢筋，后者锚头大，可直接采用螺母，具有连接可靠、锚固简单、施工方便和无须焊接等优点。

为了防止锚索材料锈蚀，《水工预应力锚固设计规范》规定使用的灌浆材料及其附加剂中不得含有硝酸盐、亚硫酸盐、硫氧酸盐。氯离子含量不得超过水泥重量的 0.02%。

三、锚固施工

（一）设备工具

1. 钻孔设备

（1）钻机

国产钻机有锚杆钻机 MD-50 型、G3-150 型全液压双动力头、QDJ0-1 全液压动力头、DK-1 型水平锚索钻机等。进口钻机有瑞典阿特拉斯 A66 型钻机、美国英格索兰 KLEMM803-02 型钻机。这两种钻机是具有世界先进水平的多功能钻机。

（2）潜孔锤

选用宣化-英格索兰公司生产的 DHD360 型和 DHD340 型或其他型号潜孔锤。

（3）空压机

常用空压机型号有以下几种：VY-9/7、ZV-6/8、ZV2A-5.5/12，XH-20/12 等。

（4）钻杆

国产钻机采用 ϕ89mm，ϕ73mm，ϕ50mm 钻杆，进口钻机采用 ϕ114mm 钻杆。

2. 灌浆设备

（1）灌浆泵

有 BW250 型、BW200 型、BW150 型、BW100 型等泥浆泵。

（2）搅拌机

有 WJG80-1 型、J1-25 型、JJS-ZB 型等搅拌机。

3. 运输设备

主要是各种不同载重的汽车和汽车吊。

4.锚固设备

（1）千斤顶

可选用 YC26-93 型，YC4OO-264 型，YCD-4000 型等型号。

（2）油泵

可选用 ZG-900 型、ZB2X3-500 型或 ZB4-800 型。

（3）锚具

1000kN 级锚索张拉的锚具选用 0VM16-7 型，3000kN 级锚索张拉的锚具选用 0VM16-19 型。

5.胶结标准

（1）水泥

根据设计要求，可选用普通硅酸盐 525 号水泥，不得使用矿渣水泥、火山灰水泥。其目的在于限制水泥中硫化物、氯化物等有害成分的含量。

（2）减水剂

可选用 GYA 型早强高效减水剂或 DM-100 型高效减水剂。其氯离子含量不得大于水泥质量的 0.02%，并不得产生气泡，或降低浆材的 pH 值。

（3）膨胀剂

可选用 AEA 型膨胀剂。

（4）观测设备

可采用钢弦式应力计对无黏结锚索预应力变化规律进行观测。

（二）施工工序

1.造孔和测斜

（1）造孔

每层孔位的高程用经纬仪测定，具体孔位用钢卷尺测量确定，实际孔位与设计孔位偏差不大于１０cm。钻孔方位角及倾角用地质罗盘仪测量确定，误差不得大于 2%。钻孔的孔深、孔径均不得小于设计值，有效孔深的超深必须小于 0.2m。终孔后必须用高压风、水冲洗，直到孔口返出清水为止。经检查合格后，才可转入下孔钻进。当锚固段处于破碎地层时，锚孔应加深，使锚固段处于完整岩体内。

为保证工程锚固质量，尽量减少预应力沿孔壁的摩擦损失，《水工预应力锚固施工规范》要求孔斜率不得大于 3%，有特殊要求时，孔斜不宜大于 0.8%。应采取有效的防斜措施，防止孔斜，并及时测斜，采用合理的纠斜措施，保证孔斜精度达到规定要求。

（2）测斜

锚索孔孔斜精度要求高，现有的侧斜仪精度难以满足要求。端头锚可采取将灯光置于孔底利用经纬仪施测钻孔的方位角与倾角，对穿锚钻孔也采用经纬仪两点交会法出进、出口端孔中心的坐标和高程，从而算出孔斜率。

在破碎地层造孔完成后，对锚索孔锚固段应进行吕荣法压水试验。如果透水率 $q < 11.u$，则不必进行固结灌浆。否则，应对该孔锚固段进行固结灌浆。

固结灌浆应分段进行，段长不宜大于8m。施工时，按固结灌浆规程进行灌浆，在规定压力下，吸浆量不大于0.4L/min，继续灌注30min，即可结束。

灌浆结束48h后进行扫孔。终孔后以高压风、水混合冲洗，直至返水变清。然后进行压水试验。如透水率满足规定要求，即可进行下道工序。如不合格，应重复上述步骤，直到满足要求为止。

完成造孔后等待下道工序的锚索孔，应做好孔口保护，防止异物、污水进入孔内。

2.编索

（1）端头锚

根据锚具、垫座混凝土和钻孔长度进行锚索下料，用机械切割机精确切割。锚索下料长度误差不应大于总长度的1/5000，且不得超过5mm。根据锚索级别和设计要求，确定每束锚索所需钢绞线根数。将架线环，止浆环与进、回浆管，充气管与钢绞线逐一对应编号，然后对号入座。止浆环内用环氧树脂与丙酮封填密实。为防止架线环窜动，经过架线环的每根钢绞线应与架线环绑扎在一起。内锚固段每米设一个架线环，两环之间进行捆扎，使内锚段索体呈糖葫芦状，以提高锚索在锚固体中的极限握裹力。张拉段钢绞线每2m设一个架线环。最后在锚固段顶部焊一个导向帽，并用铁线将其固定在架线环上。

（2）对穿锚索编制

将钢绞线对号穿过架线环，并用无锌铅丝绑扎架线环，每5m设一个。穿锚索上设有止浆环、充气管及进、出浆管。

（3）无黏结锚索编制

无黏结端头锚固段钢绞线应先去皮清洗，再将钢绞线，止浆环与进、出浆管与架线环一一对号。锚固段架线环每1m设一个，张拉段每2m设一个，并使内锚段索体呈糖葫芦状。无黏结对穿锚索编制与普通对穿锚索编制相同。

3.下索

（1）将编好的锚索水平运至现场

在运输过程中，应按下列规定执行。

①水平运输中，各支点间距不得大于2m，转弯半径不宜过小，以不改变锚索结构为限。

②垂直运输时，除主吊点外，其他吊点应能在锚索入孔前快速、安全脱钩。

③运输、吊装过程中，应细心操作，不得损伤锚索及其防护涂层。

④车辆串联的水平运输车队，应另设直接受力的连接杆件，锚索不得直接受力。

（2）锚索入孔前必须进行下列各项检验，合格后方能进行吊装安放

①锚孔内及孔口周围杂物必须清除干净。

②锚索的孔号牌与锚孔孔号必须相同，并应核对孔深与锚索长度。

③锚索应无明显弯曲、扭转现象。

④锚索防护涂层无损伤，凡有损伤必须修复。

⑤锚索中的进浆、排气管道必须畅通，阻塞器必须完好。

⑥承压垫座不得损坏、变形。

（3）胶结式锚固段的施工，应符合下列规定

①向下倾斜的锚孔，当孔内无积水，并能在 30min 内完成放索时，可采用先填浆后放锚索的施工方法；当孔内积水很难排尽时，可采用先放锚索后填浆的施工方法，放索后应及时填浆。

②水平孔及仰孔安放锚索时，必须设置阻塞器，并采用先放索后灌浆的施工方法；阻塞器不得发生滑移、漏浆现象。

（4）机械式锚固段的锚索安放前，应检测孔径与锚具外径匹配程度。放索时锚索应顺直、均匀用力。锚索就位后应先抽动活结，使外夹片弹开嵌紧孔壁。

（5）锹头锚对穿锚索安放时，必须对锚具螺纹妥善保护，严防损伤；张拉端孔口应增设防护罩，活动锚具内外螺纹应衔接完好。

（6）分索张拉的锚索，吊装时应确保锚索平顺，全索不得扭曲，各分索不得相互交叉。钢绞线端部应绑扎牢固，锚索或测力装置应紧贴孔口垫板。

4. 垫座混凝土的浇筑

（1）垫座用钢筋混凝土浇筑，浇筑前为防止张拉过程中发生跑墩事故，必须处理孔口岩面，清除碎渣和不稳定岩块，并使孔口岩面基本垂直于钻孔轴线。对孔口大片光滑斜面，必须用手风钻处理成蜂窝状的粗糙面。

（2）锚板是将锚索的集中荷载均匀地传递到混凝土垫座的主要构件，必须安装牢固。锚板必须与锚孔轴线垂直。施工时，先将孔口管的一端与锚板正交焊接，另一端插入锚孔轴线，与孔口管中心线重合。

（3）不同的预应力锚索级别、垫座混凝土配比根据设计要求而定。垫座混凝土为正梯台状。

（4）垫座混凝土浇筑应分层振捣，每层振捣应深入下一层 1/3 厚度。振捣应密实周到，尤其是要注意边角部位。

（5）高温或低温季节，浇筑完成后应及时养护。夏季采用浇水降温，冬季采用保温措施。

（6）垫座混凝土浇筑后 1 天拆模。垫座浇筑应做到内实外光，表面无蜂窝麻面等缺陷，如发现应及时修补。

四、锚束的防护

（一）锚束的腐蚀

预应力钢丝（或钢绞线）在冷拔过程中残留较高的内应力，若防护不当，易引起均匀锈蚀，还可能导致应力腐蚀或氢脆断裂。均匀锈蚀只限于表层，一般不会引起早期断裂；而钢丝断裂，则往往是由于应力腐蚀或氢脆造成的。引起腐蚀的原因如下。

1. 原材料具有点状腐蚀坑或局部夹杂物，在高应力状态下引起应力集中。

2. 原材料防护层有局部破损，或两种金属长期直接接触引起电化学腐蚀。

3. 防护材料中含有氯、硫等有害成分，或防护层不严密，使周围介质中的有害成分侵入。

（二）锚束的防护

1. 临时防护

指封灌前的储存、待凝、补偿张拉过程中的防护。临时防护，在孔外阶段应改善储存条件。在孔内防护，应先排除孔内积水，后注满石灰水（pH 值 > 12），并增设自动注水设施，使水面超出孔口套管并始终浸没锚头，避免在水面波动范围内造成严重锈蚀。

2. 永久性防护

指在锚束完成全部张拉后对全束的防护。可以采用纯水泥浆封孔灌浆或其他措施，使锚束与二氧化碳、水汽隔绝，表面锈蚀就不再发生或发展，已有的锈蚀也不会产生危害。

第四节 桩基工程施工

一、钻孔灌注桩

钻孔灌注桩是用钻（冲或抓）孔机械在岩土中先钻成桩孔，然后在孔内放入钢筋笼，再灌注桩身混凝土而筑成的深基础。其特点是：施工设备简单、操作方便、适应性强、承载力高、节省钢木、造价低廉，适用于各种砂性土、黏性土、碎石、卵砾石类土层和基岩层。施工前应先做试验，以取得经验。我国已施工的灌注桩，入土深度由数米到数百米，已积累了丰富的施工经验。

（一）钻孔灌注桩的类型

钻孔灌注桩按其功能分为均质土中的摩擦桩、端承于硬土的硬土桩和端承于石桩三种主要类型。

均质土中的摩擦桩，其承载由摩擦阻力和端承阻力两部分组成。一般具有较低的到中等承载力。均质土中的摩擦桩有时常带有扩大的底部，以增加承载力的端承分量。

在软弱和可压缩的地层中，端承于硬土的硬土桩和端承于岩石的岩石桩绝大多数作为端承构件使用。此时在软土中沿钻孔桩长度的摩阻力一般略而不计，端承桩外部荷载由底部阻力支承。

这种桩常扩大底部，形成扩底桩，以增加基础的承载力。钻孔桩也可锚进持力层，承载力是锚座周围的抗剪阻力和端承阻力之和。

（二）钻孔灌注桩的施工准备

1. 灌注桩施工应具备的资料

(1) 建筑物场地工程地质资料和必要的水文地质资料。

(2) 桩基程施工图与图纸会审纪要。

(3) 建筑场地和邻近区域内的地下管线（管道、电缆）、地下构筑物、危房、精密仪器车间等调查资料。

2.施工组织设计

施工组织设计应结合工程特点，有针对性地制定质量管理措施，主要包括以下内容。

（1）施工平面图。标明桩位、编号、施工顺序、水电线路和临时设施的位置；采用泥浆护壁成孔时，应标明泥浆制备设备及其循环系统、钢筋笼加工系统、混凝土拌和系统。

（2）确定成孔机械、设备与合理施工工艺的有关资料，泥浆护壁灌注桩必须有泥浆处理措施。

（3）施工作业计划和劳动力组织计划。

（4）机械设备、备件、工具（包括质量检查工具）、材料供应计划。

（5）施工时，对安全、劳动保护、防火、防雨、爆破作业、环境保护等应按有关规定执行。

（6）保证工程质量、安全生产等技术措施。

3.成桩机械设备与工具

（1）钻孔机械

如 C3-22 型冲击钻机、CZF-1200 型冲击反循环钻机、CZ-1000 型冲抓钻机、GJD-1500 型钻机、SPJ-300 型钻机、QZ-150 型钻机、Q3-3 型钻机等，可供选用。

（2）泥浆搅拌机

如 JW-180 型、21T13 卧式双轴型等。

（3）混凝土搅拌机

如 JZC-35 型搅拌机。

（4）泥浆泵与砂石泵

泥浆泵有 4PH 型、3PH 型、3PNL 型等型号；砂石泵有 4PS 型、6PSA 型、6BS-220 型等。

（5）泥浆净化机

如 JHB-100 型。

（6）空压机

如 VY-9/7 型、ZV-6/8 型等。

（7）汽车吊与汽车

汽车吊有 QY-8 型、QY-16 型等型号。汽车有 5t 自卸汽车与 1.5t 双排座汽车等。

（8）灌注导管

有螺纹式灌注导管与卡口式灌注导管。后者连接速度快，使用方便，劳动强度低，能大大提高灌注效率，是目前较为理想的灌注工具。

（三）钻孔灌注桩的施工

1.施工前的准备工作

（1）施工现场

施工前应根据施工地点的水文、工程地质条件及机具、设备、动力、材料、运输

等情况，布置施工现场。

（2）灌注桩的试验

①试验目的

选择合理的施工方法、施工工艺和机具设备；验证明桩的设计参数，如桩径和桩长等；鉴定或确定桩的承载能力和成桩质量能否满足设计要求。

②试桩施工方法

试桩所用的设备与方法，应与实际成孔成桩所用的相同；一般可用基桩做试验或选择有代表性的地层或预计钻进困难的地层进行成孔、成桩等工序的试验，着重查明地质情况，判定成孔、成桩工艺方法是否适宜；试桩的材料与截面、长度必须与设计相同。

③试桩数目

工艺性试桩的数目根据施工具体情况决定；力学性试桩的数目，一般不少于实际基桩总数的3%，且不少于2根。

④荷载试验。灌注桩的荷载试验，一般应做垂直静载试验和水平静载试验。

（3）测量放样

根据建设单位提供的测量基线和水准点，由专业测量人员制作施工平面控制网。采用极坐标法对每根桩孔进行放样。为保证放样准确无误，对每根桩必须进行三次定位，即第一次定位挖设、埋设护筒；第二次校正护筒；第三次在护筒上用十字交叉法定出桩位。

（4）埋设护筒

埋设护筒应准确稳定。护筒内径一般应比钻头直径稍大；用冲击或冲抓方法时约大20cm，用回转法则约大10cm。护筒一般有木质、钢质与钢筋混凝土三种材质。护筒周围用黏土回填并夯实。当地基回填土松散、孔口易坍塌时，应扩大护筒坑的挖埋直径或在护筒周围填砂浆混凝土。护筒埋设深度一般为1～15m；对于坍塌较深的桩孔，应增加护筒埋设深度。

（5）制备泥浆

制浆用黏土的质量要求、泥浆搅拌和泥浆性能指标等，均应符合有关规定。泥浆主要性能指标：比重为1.1～1.15，黏度为10～25s，含砂率小于6%，胶体率大于95%，失水量小于30mL/min，pH为7～9。

泥浆的循环系统主要包括：制浆池、泥浆池、沉淀池和循环槽等。开动钻机较多时，一般采用集中制浆与供浆。用抽浆泵通过主浆管和软管向各孔桩供浆。

泥浆的排浆系统由主排浆沟、支排浆沟和泥浆沉淀池组成。沉淀池内的混浆采用泥浆净化机净化后，由泥浆泵抽回泥浆池，以方便再次利用。废弃的泥浆与渣应按环境保护的有关规定进行处理。

2.造孔

（1）造孔方法

钻孔灌注桩造孔常用的方法包括冲击钻进法、冲抓钻进法、冲击反循环钻进法、泵吸反循环钻进法、正循环回转钻进法等，可根据具体的情况进行选用。

（2）造孔

施工平台应铺设枕木和台板，安装钻机应保持稳固、周正、水平。开钻前提钻具，校正孔位。造孔时，钻具对准测放的中心开孔钻进。施工中应经常检测孔径、孔形和孔斜，严格控制钻孔质量。出渣时，及时补给泥浆，保证钻孔内浆液面的泥浆稳定，防止塌孔。

根据地质勘探资料、钻进速度、钻具磨损程度及抽筒排出的钻渣等情况，判断换层孔深。如钻孔进入基岩，立即用样管取样。经现场地质人员鉴定，确定终孔深度。终孔验收时，桩位孔口偏差不得大于5cm，桩身垂直度偏斜应小于1%。当上述指标达到规定要求时，才能进入下道工序施工。

（3）清孔

①清孔的目的

清孔的目的是抽、换孔内泥浆，清除孔内钻渣，尽量减少孔底沉淀层厚度，防止桩底存留过厚沉淀砂土而降低桩的承载力，确保灌注混凝土的质量。

终孔检查后，应立即清孔。清孔时应不断置换泥浆，直至灌注水下混凝土。

②清孔的质量要求

清孔的质量要求是清除孔底所有的沉淀砂土。当技术上确有困难时，允许残留少量不成浆状的松土，其数量应按合同文件的规定。清孔后灌注混凝土前，孔底500mm以内的泥浆性能指标：含砂率为8%。比重应小于1.25，漏斗黏度不大于28s。

③清孔方法

根据设计要求、钻进方法、钻具和土质条件决定清孔方法。常用的清孔方法有正循环清孔、泵吸反循环清孔、空压机清孔和掏渣清孔等。

3. 钢筋笼制作与安装

（1）一般要求

①钢筋的种类、钢号、直径应符合设计要求。钢筋的材质应进行物理力学性能或化学成分的分析试验。

②制作前应除锈、调直（螺旋筋除外）。主筋应尽量用整根钢筋。焊接的钢材，应做可焊性和焊接质量的试验。

③当钢筋笼全长超过10m时，宜分段制作。分段后的主筋接头应互相错开，同一截面内的接头数目不多于主筋总根数的50%，两个接头的间距应大于50cm。接头可采用搭接、绑条或坡口焊接。加强筋与主筋间采用点焊连接，箍筋与主筋间采用绑扎方法链接。

（2）钢筋笼的制作

制作钢筋笼的设备与工具包括电焊机、钢筋切割机、钢筋圈制作台和钢筋笼成型支架等。钢筋笼的制作程序如下：

①根据设计，确定箍筋用料长度。将钢筋成批切割好备用。

②钢筋笼主筋保护层厚度一般为6~8cm。绑扎或焊接钢筋混凝土预制块，焊接环筋。环的直径不小于10mm，焊在主筋外侧。

③制作好的钢筋笼在平整的地面上放置，应防止变形。

④按图纸尺寸和焊接质量要求检查钢筋笼（内径应比导管接头外径大100mm以上）。不合格者不得使用。

（3）钢筋笼的安装

钢筋笼安装用大型吊车起吊，对准桩孔中心放入孔内。如桩孔较深，钢筋笼应分段加工，在孔口处进行对接。采用单面焊缝焊接，焊缝应饱满，不得咬边夹渣。焊缝长度不小于10d（d为主钢筋的直径）。为了保证钢筋笼的垂直度，钢筋笼在孔口按桩位中心定位，使其悬吊在孔内。

下放钢筋笼应防止碰撞孔壁。如下放受阻，应查明原因，不得强行下插。一般采用正反旋转，缓慢逐步下入。安装完毕后，经有关人员对钢筋笼的位置、垂直度、焊缝质量、箍筋点焊质量等全面进行检查验收，合格后才能下导管灌注混凝土。

二、钢筋混凝土预制桩

（一）钢筋混凝土预制桩的类型

钢筋混凝土桩坚固耐久，不受地下水和潮湿变化的影响，可做成各种需要的断面和长度，而且能承受较大的荷载，在工程中应用较广。

预制钢筋混凝土桩分实心桩和管桩两种。为了便于预制，实心桩大多做成方形断面。断面一般为200mm×200mm至550mm×550mm。单根桩的最大长度根据打桩架的高度而定，目前一般在27m以内，必要时可做到31m。一般情况下，如需打设30m以上的桩，则将桩预制成几段，在打桩过程中逐段接桩予以接长。管桩是在工厂内采用离心法制成，它与实心桩相比，可大大减轻桩的自重，目前工厂生产的管桩有400mm、A550mm（外径）等数种。

筋混凝土预制桩施工，包括预制、起吊、运输、堆放、沉桩等过程。对于这些不同的过程，应该根据工艺条件、土质情况、荷载特点予以综合考虑，以便拟出合适的施工方案和技术措施。

钢筋混凝土预制桩沉桩方式可分为锤击沉桩、振动沉桩、静力压桩和射水沉桩等数种。其中，射水沉桩仅适用于砂土层中，水的压力需达到0.55～0.7MPa，必要时，可以用压缩空气代替压力水。

（二）锤击沉桩打桩技术

1.桩锤与桩架选择

锤击沉桩俗称打桩。为了保证沉桩质量，需要合理地选择打桩机具，做好现场准备工作，并拟订相应的技术安全措施。

打桩机具主要包括桩锤、桩架和动力装置三部分。桩锤是对桩施加冲击，把桩打入土中的主要机具。桩架的作用是将桩提升就位，并在打桩过程中引导桩的方向，以保证桩锤能沿所要求的方向冲击。动力装置包括驱动桩锤及卷扬机用的动力设备（锅炉、空气压缩机等）和管道、滑轮组和卷扬机等。

（1）桩锤选择

桩锤种类很多，有落锤、单动蒸汽锤、双动蒸汽锤、柴油打桩锤和振动桩锤等。

①落锤构造简单，使用方便，能随意调整其落锤高度，适合在黏土和含砾石较多的土中打桩，但打桩速度较慢。落锤质量一般为 0.5 ~ 1.5t。

②单动蒸汽锤的冲击力较大，打桩速度较落锤快，一般适用于打木桩及钢筋混凝土桩。单动蒸汽锤重规格有 3t、7t、10t、15t 等数种。

③双动蒸汽锤工作效率高，一般打桩工程都可使用，并能用于打钢板及水下打桩。双动蒸汽锤的锤质量，一般为 0.62 ~ 3.5t。

④柴油打桩锤设备轻便，打桩迅速，多用于打钢筋混凝土桩。这种桩锤不适合于松软土中打桩，因为当土很松软时，对于桩的下沉没有多大阻力，以致汽缸向上顶起的距离（与桩下沉中所受阻力的大小成正比）很小，当气缸再次降落时，不能保证将燃料室中的气体压缩到发火的程度，柴油打桩锤则将停止工作。柴油打桩锤分杆式和筒式两种。杆式柴油打桩锤规格有 0.6t、1.2t、1.8t、2.5t、3.5t 数种；筒式柴油打桩锤近年来采用较多，其规格有 1.8t、2.5t、4.0t、6.0t、7.0t 等。

（2）桩架选择

桩架的主要作用是在沉桩过程中保持桩的正确位置。桩架的主要部分是导杆。导杆由槽形、箱形、管形截面的刚性构件组成。多功能桩架的导杆可以前后倾斜，其底架可作 3600 回转，一般落锤或蒸汽锤桩架的移动是利用钢丝绳带动行驶用的钢管来实现的。

2.打桩顺序

打桩顺序是否合理，直接影响打桩进度和施工质量。

这样打桩，桩体附近的土朝着一个方向挤压，于是有可能使最后要打入的桩难以打入土中，或者桩的入土深度逐渐减少。这样建成的桩基础，会引起建筑物产生无效的沉降，应予以避免。

根据上述原因，当相邻桩的中心距小于 4 倍桩的直径时，应拟定合理的打桩顺序。如可采用逐排打设、自中部向边沿打设和分段打设等。

实际施工中，由于移动打桩架的工作繁重，因此，除了考虑上述的因素外，有时还考虑打桩架移动的方便与否来确定打桩顺序。

打桩顺序确定后，还需要考虑打桩机是往后"退打"还是往前"顶打"。因为这涉及桩的布置和运输问题。

当打桩地面标高接近桩顶设计标高时，打桩后，实际上每根桩的顶端还会高出地面，这是由于桩尖持力层的标高不可能完全一致，而预制桩又不可能设计成各不相同的长度，因此桩顶高出地面往往是难免的。在这种情况下，打桩机只能采取往后退打的方法。此时，桩不能事先都布置在地面上，只有随打随运。

当打桩后，桩顶的实际标高在地面以下时（摩擦桩一般是这样，端承桩则需采用送桩打入），打桩机则可以采取往前顶打的方法进行施工。这时，只要现场许可，所有的桩都可以事先布置好，这可以避免场内二次搬运。往前顶打时，由于桩顶都已打入地面，所以地面会留有桩孔，移动打桩机和行车时应注意铺平。

3. 桩的提升就位

桩运至桩架下以后，利用桩架上的滑轮组进行提升就位（又称插桩）。即首先绑好吊索，将桩水平地提升到一定高度（为桩长的一半加 0.3 ~ 0.5m），然后提升其中的一组滑轮组使桩尖渐渐下降，从而桩身旋转至垂直于地面的位置，此时，桩尖离地面 0.3 ~ 0.5m。

桩提升到垂直状态后，即可送入桩架的龙门导杆内，然后把桩准确地安放在桩位上，随着桩和导杆相联结，以保证打桩时不发生移动和倾斜。在桩顶垫上硬木（通称"替打木"）或粗草纸，安上桩帽后，即可将桩锤缓缓落到桩顶上面，注意不要撞击。在桩的自重和锤重作用下，桩向土中沉入一定深度而达到稳定的位置。这时，再校正一次桩的垂直度，即可进行打桩。

4. 打桩

用锤打桩，桩锤动量所转换的功，除去各种损耗外，还足以克服桩身与土的摩阻力和桩尖阻力，桩即沉入土中。

打桩时，可以采取两种方式：一种为"轻锤高击"；另一种为"重锤低击"。设 $Q_2 = 2Q_1$，而 $H_2 = 0.5H_1$，这两种方式即使所作的功相同（$Q_1H_1 = Q_2H_2$），但所得到的效果是不同的。这可粗略地以撞击原理来说明这种现象。

轻锤高击，所得到的动量较小，而桩锤对桩头的冲击大，因而回弹大，桩头也易损坏。这些都是要较多地消耗能量的。

重锤低击，所得的动量较大，而桩锤对桩头的冲击小，因而回弹也小，桩头不易损坏，大部分能量都可以用来克服桩身与土的摩阻力和桩尖阻力，因此桩能较快地打入土中。

此外，由于重锤低击的落距小，因而可提高锤击频率。桩锤的频率高，对于较密实的土层，如砂或黏土，能较容易地穿过（但不适用于含有砾石的杂填土）。所以，打桩宜用重锤低击法。

至于桩锤的落距究竟以多大为宜，根据实践经验，在一般情况下，单动蒸汽锤以 0.6m 左右为宜；柴油打桩锤不超过 1.5m；落锤不超过 1.0m 为宜。

三、振冲碎石桩

（一）振冲碎石桩加固地基机理概述

振冲碎石桩是利用振动水冲法施工工艺，在地基中制成很多以石料组成的桩体。桩与原地基土共同构成复合地基，以提高地基承载力。根据所处理的地基土质的不同，可分为振冲挤密法和振冲置换法两种。在砂性土中制桩的过程对桩间土有挤密作用，称为振冲挤密。在黏土中制成的碎石桩，主要起置换作用，所以称为振冲置换。两种加固法的加固机理如下。

1. 振冲挤密加固机理

振冲挤密加固砂性土地基的主要目的是提高地基土承载力、减少变形和增强抗液化性。振孔中填入的大量石料被强大的水平振动力挤入周围土中，这种强制挤密使砂土的相对密度增加，孔隙率降低，干土重度与内摩擦角增大，土的物理性能改善，使地基承载力大幅度提高。同时形成桩的碎石具有良好的反滤性，在地基中形成渗透性。良好的人工竖向排水减压渠道，可有效地消散和防止超静孔隙水压力的增高，防止砂土产生液化，加快地基的排水固结。

2.振冲置换加固机理

黏性土地基，特别是饱和软土，土的黏粒含量多，粒间结合力强，渗透性低。在振动力作用下，土中水不易排走。碎石桩的作用不是使地基挤密，而是置换。施工时通过振冲器借助其自身质量、水平振动力和高压水将黏性土变成泥浆排出孔外，形成略大于振冲器直径的孔。再向孔中灌入碎石料，并在振冲器的侧向力作用下将碎石挤入孔中，形成具有密实度高和直径大的桩体。它与黏性土构成复合地基。所制成的碎石桩是黏土地基中一个良好的排水通道，它能起到排水井的效能，并且能提高孔隙水的渗透路径，加速软土的排水固结，使地基承载力提高，沉降稳定加快。

（二）振冲加固机械设备概述

振冲加固主要机械设备包括以下几种。

1.振冲器

一般采用江苏省江阴振冲器厂生产的 ZCQ-30 型振冲器和 ZCQ-75 型振冲器。

2.吊车

常用的有 QY16t 和 QY-20t 两种。

3.装载设备

装载设备有 ZL20A 型、ZL30A 型等型号。

4.碎石桩机

采用移动旋转式单臂碎石机，吊臂总长 14m，横断面 35cm×35cm，吊臂倾角可调范围 55°～ 85°。采用 ZS-J 型卷扬机，单绳牵引能力 20kN，卷扬速度 18m/min。

5.供水设备

采用多级离心式清水泵。

（三）施工方法

1.施工方案

根据现场实际情况，合理布置施工机具，安排施工工序。利用工程降水井或河流清水供水，集中供电，集中排污，往复式移动作业方案，保证工程顺利进行。

2.施工步骤

（1）清除障碍物，平整场地，通水通电，合理布置排污槽、集污池、泥浆处理场地。

（2）按设计要求供应石料，要求粒径 20～ 50mm，最大不超过 80mm。

（3）布置桩位，中心偏差不大于 3cm。

（4）设备安装调试可结合工程桩打试验桩 2～ 3根，了解地层情况。通过试验确定主要技术参数，如密实电流、留振时间、加密段长度、填料数量、水压、水量等。

（5）振冲器头尖部对准桩位，中心偏差不大于 5cm。启动水泵和振冲器，调整水压为 0.4～ 0.7MPa，水量为 200～ 400L/min。将振冲器以 1～ 2m/min 的速度沉入地基中，

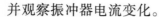

并观察振冲器电流变化。

（6）当振冲器到设计深度后，在孔口填料，用振冲器挤密。当电流达到50-60A时，上提振冲器0.2～0.5m，再加填料振密。如此反复进行，逐段成桩。对每段桩的电流及填料数量、留振时间均要作好记录。

（7）通过排污槽将振冲过程中返出的泥浆排到集污池，再用排污泵将泥浆排到沉淀池。

3.质量控制措施

（1）造孔技术参数

电流、水压、水量的大小直接影响成桩孔径大小。应根据岩性软硬情况不断调整好造孔速度。松散中粗砂层、密实状粗砂和砾石与淤泥质土层造孔速度各不相同。

（2）成桩技术参数

加密电流、水压、水量与留振时间的选定，对成桩质量关系很大。加固淤泥质土层采用大水量、高水压成桩，含泥量少，成桩强度高。在低水压、小水量条件下成桩，孔内泥土与碎石混合，桩质量会大大降低。

（3）加密段长度控制

成桩加密段长度的控制，会直接影响到碎石桩质量。加密段过长，容易引起断桩；加密段过短，留振时间长，会扩大桩径。由于加密速度不均、段长不等将导致成桩孔径大小不均而呈葫芦状，这是应该避免的。

（4）填料数量多少对桩体密实性影响很大

相同岩性的钻孔，每延米填料应该相同。如果填料量有较大差异，必须查清原因，防止产生断桩或坍孔等质量事故。

4.质量检验

振冲碎石桩加固地基，其质量检验要等到完工后一段时间让其稳定后进行。主要检验项目有桩位偏差、桩径、桩密实度、复合地基承载力等。复合地基承载力，采用静载试验、标准贯入试验和静力触探法进行检验。

第五章 土石方工程施工技术

第一节 土石的分类和作业

一、土石的分类

土石的种类繁多，其工程性质会直接影响土石方工程的施工方法、劳动力消耗、工程费用和保证安全的措施，应予以重视。

（一）按开挖方式分类

土石按照坚硬程度和开挖方法及使用工具分为松软土、普通土、坚土、砂砾坚土、软石、次坚石、坚石、特坚石等八类。

（二）按性状分类

土石按照性状也可分为岩石、碎石土、砂土、粉土、黏性土和人工填土。①岩石按照坚硬程度分为坚硬岩、较坚硬岩、较软岩、软岩、极软岩等五类，按照风化程度可分为未风化、微风化、中等风化、强风化和全风化等五类。②碎石土，为粒径大于 2 mm 的颗粒含量超过全重 50% 的土。按形态可分为漂石、块石、卵石、碎石、圆砾和角砾；按照密实度可分为松散、稍密、中密、密实。③砂土，为粒径大于 2 mm 的颗粒含量不超过全重 50%、粒径大于 0.075 mm 的颗粒超过全重 50% 的土。按粒径大小可分为砾砂、粗砂、中砂、细砂和粉砂。④黏性土，塑性指数大于 10 且粒径小于等于 0.075 mm 为主的土，按照液性指数分为坚硬、硬塑、可塑、软塑和流塑。⑤粉土，介于砂土与黏性土之间，塑性指数（I_p）小于或等于 10 且粒径大于 0.075 mm 的颗粒含量不超过全重 50% 的土。⑥人工填土可分为素填土、压实填土、杂填土和冲填土。

二、土石方作业

（一）土石方开挖

1. 土方开挖方式

（1）人工开挖

在我国的水利工程施工中，一些土方量小及不便于机械化施工的地方，用人工挖运比较普遍。挖土用铁锹、镐等工具。

人工开挖渠道时，应自中心向外，分层下挖，先深后宽，边坡处可按边坡比挖成台阶状，待挖至设计要求时，再进行削坡。应尽可能做到挖填平衡，必须弃土时，应先规划堆土区，做到先挖后倒，后挖近倒，先平后高。一般下游应先开工，并不得阻碍上游水量的排泄，以保证水流畅通。开挖主要有两种形式：

①一次到底法

适用于土质较好，挖深 2～3 m 的渠道。开挖时应先将排水沟挖到低于渠底设计高程 0.5 m 处，然后再按阶梯状逐层向下开挖，直至渠底。

②分层下挖法

此法适用于土质不好且挖深较大的渠道。中心排水沟是将排水沟布置在渠道中部，先逐层挖排水沟，再挖渠道，直至挖到渠底为止，如图（5-1a）所示。如渠道较宽，可采用翻滚排水沟，如图 5-1（b）所示。这种方法的优点是排水沟分层开挖，沟的断面小，土方量少，施工较安全。

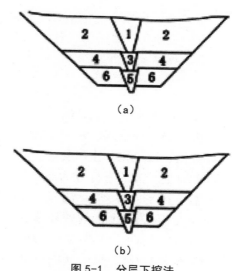

（a）

（b）

图 5-1　分层下挖法

（a）中心排水沟；（b）翻滚排水沟

1～8 开挖顺序；1、3、5、7 排水

（2）机械开挖

开挖和运输是土方工程施工的两项主要过程，承担这两个过程施工的机械是各类挖掘机械、铲运机械和运输机械。

①挖掘机械

挖掘机械的作用主要是完成挖掘工作，并将所挖土料卸在机身附近或装入运输工具。挖掘机械按工作机构可分为单斗式或多斗式两类挖掘机。

第一，单斗式挖掘机。

单斗式挖掘机由工作装置、行驶装置和动力装置等组成。工作装置有正向铲、反向铲、拉铲和抓铲等。工作装置可用钢索或液压操作。行驶装置一般为履带式或轮胎式。动力装置可分为内燃机拖动、电力拖动和复合式拖动等几种类型。单斗式挖掘机的分类如下：

a.正向铲挖掘机

钢索操纵的正向铲挖掘机由支杆、斗柄、铲斗、拉杆、提升索等构件组成。该种挖掘机通过推压和提升完成挖掘，开挖断面是弧形，最适于挖停机面以上的土方，也能挖停机面以下的浅层土方。由于稳定性好，铲土能力大，可以挖各种土料及软岩、岩渣进行装车。它的特点是循环式开挖，由挖掘、回转、卸土和返回等构成一个工作循环，生产率的大小取决于铲斗大小和循环时间长短。正铲的斗容从5至数十立方米，工程中常用 $1 \sim 4 \ m^3$。基坑土方开挖常采用正面开挖，土料场及渠道土方开挖常用侧面开挖，还要考虑与运输工具配合的问题。

正向铲挖掘机每一次工作循环包括挖掘、回转、卸料和返回等四个过程，如图5-2所示。挖掘时先将铲斗放到工作面底部（Ⅰ）的位置；然后在将铲斗自下而上提升的同时，使斗柄向前推压，在工作面上挖出一条弧形挖掘带（Ⅱ、Ⅲ），当铲斗装满土料，再将铲斗后退，离开工作面（Ⅳ）；然后回转挖掘机上部机构至车厢处，开斗门，将土卸出（Ⅴ、Ⅵ）；此后在回转挖掘机上部机构，同时放下铲斗，进行第二次循环。当挖掘机在一个停机位置上时，将能挖掘的土壤全部挖完后，再前进至另一停机位置。

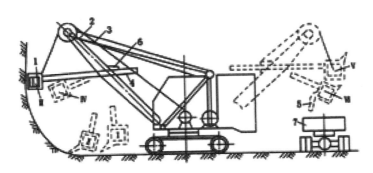

图 5-2　正向铲挖掘机

1—铲斗；2—支杆；3—提升索；4—斗柄；5—斗底；6—鞍式轴承；

7—车辆；Ⅰ、Ⅱ、Ⅲ、Ⅳ——挖掘过程；Ⅴ、Ⅵ——装卸过程

挖掘的工作面，即挖掘机挖土时的工作空间称为撑子。根据撑子的布置不同，正向铲挖掘机有三种作业方式：①正向挖土，侧向卸土；②正向挖土，后方卸土；③侧向挖土，侧向卸土。至于采用哪种作业方式，应根据施工条件确定。

b. 反向铲挖掘机

能用来开挖停机面以下的土料，挖土时由远而近，就地卸土或装车，适用于中、小型沟渠清基、清淤等工作。由于稳定性及铲土能力均比正向铲差，只用来挖Ⅰ、Ⅱ级土，硬土要先进行预松。反向铲的斗容有 0.5 m³、1.0 m³、1.6 m³ 三种，目前大斗容已超过 3 m³。在沟槽开挖中，在沟端站立倒退开挖，当沟槽较宽时，采用沟侧站立，侧向开挖。

c. 拉铲挖掘机

拉铲挖掘机的铲斗用钢索控制，利用臂杆回转将铲斗抛至较远距离，回拉牵引索，靠铲斗自重下切铲土装满铲斗，然后回转装车或卸土。挖掘半径、卸土半径、卸土高度较大，最适用于水下土砂及含水量大的土方开挖，在大型渠道、基坑及水下砂卵石开挖中应用广泛。开挖方式有沟端开挖和沟侧开挖两种，当开挖宽度和卸土半径较小时，用沟端开挖；开挖宽度大，卸土距离远，用沟侧开挖。

d. 抓铲挖掘机

抓铲挖掘机靠铲斗自由下落中斗瓣分开切入土中，抓取土料合瓣后提升，回转卸土。它适用于挖掘窄深型基坑或沉井中的水下淤泥，也可用于散粒材料装卸，在桥墩等柱坑开挖中应用较多。

第二，多斗式挖掘机。

多斗式挖掘机是有多个铲土斗的挖掘机械。它能够连续地挖土，是一种连续工作的挖掘机械。按其工作方式不同，分为链斗式和斗轮式挖掘机两种。

a. 链斗式挖掘机

链斗式挖掘机最常用的型式是采砂船，它是一种构造简单，生产率高，适用于规模较大的工程，可以挖河滩及水下砂砾料的多斗式挖掘机。

b. 斗轮式挖掘机

斗轮式挖掘机的斗轮装在斗轮臂上，在斗轮上装七八个铲土斗，当斗轮转动时，下行至拐弯时挖土，上行运土至最高点时，土料靠自重和旋转惯性卸入受料皮带上，转送到运输工具或料堆上。其主要特点是斗轮转速较快，作业连续，斗臂倾角可以改变，并做 360° 回转，生产效率高，开挖范围大。

②铲运机械

铲运机械是指用一种机械能同时完成开挖、运输和卸土任务，这种具有双重功能的机械，常用的有推土机、铲运机、平土机等。

第一，推土机。

推土机是一种在履带式拖拉机上安装推土板等工作装置而成的一种铲运机械，是水利水电建设中最常用、最基本的机械，可用来完成场地平整，基坑、渠道开挖，推平填方，堆积土料，回填沟槽，清理场地等作业，还可以牵引振动碾、松土器、拖车等机械作业。它在推运作业中，距离不能超过 60 ~ 100 m，挖深不宜大于 1.5 ~ 2.0 m，填高小于 2 ~ 3 m。

推土机按安装方式分为固定式和万能式；按操纵方式分为钢索操纵和液压操纵；按行驶方式分为履带式和轮胎式。固定式推土机的推土板，仅能上下升降，强制切土

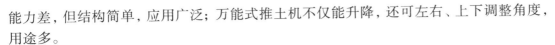

能力差，但结构简单，应用广泛；万能式推土机不仅能升降，还可左右、上下调整角度，用途多。

第二，铲运机。

铲运机是一种能连续完成铲土、运土、卸土、铺土、平土等工序的综合性土方工程机械，能开挖黏土、砂砾石等，适用于大型基坑、渠道、路基开挖，大型场地的平整，土料开采，填筑堤坝等。

铲运机按牵引方式分为自行式和拖式；按操纵方式分为钢索操纵和液压操纵；按卸土方式分为自由卸土、强制卸土、半强制卸土。铲运机土斗较大，但切土能力相对不足。为了提高生产效率，可采取下坡取土、硬土预松、推土机助推等方法。

第三，装载机。

装载机是一种工作效率高、用途广泛的工程机械。它不仅可以对堆积的松散物料进行装、运、卸作业，还可以对岩石、硬土进行轻度的铲掘工作，并能用于清理、刮平场地及牵引作业。如更换工作装置，还可完成堆土、挖土、松土、起重。以及装载棒状物料等工作，因此被广泛应用。

装载机按行走装置可分为轮胎式和履带式两种；按卸载方式可分为前卸式、后卸式和回转式三种；按铲斗的额定重量可分为小型（＜1 t）、轻型（1～3 t）、中型（4～8 t）和重型（10 t）等四种。

③水力开挖机械

水力开挖机械有水枪式开挖和吸泥船式开挖。

第一，水枪式开挖。

水枪式开挖是利用水枪喷嘴射出的高速水流切割土体形成泥浆，然后输送到指定地点的开挖方法。水枪可在平面上回转360°，在立面上仰俯50°～60°，射程达20～30 m，切割分解形成泥浆后，沿输泥沟自流或由吸泥泵经管道输送至填筑地点。利用水枪开挖土料场、基坑，能节约劳力和大型挖运机械，经济效益明显。水枪开挖适用于砂土、亚黏土和淤泥。可用于水力冲填筑坝。对于硬土，可先进行预松，能提高水枪挖土的工效。

第二，吸泥船开挖。

吸泥船式开挖是利用挖泥船下的绞刀将水下土方绞成泥浆，再由泥浆泵吸起，经浮动输泥管运至岸上或运泥船。

④土石料开挖运输方案

坝料的开挖运输，是保证上坝强度的重要环节之一。开挖运输方案主要根据坝体结构、布置特点、坝料性质、填筑强度、料场特性、运输距离、施工设备等多方面因素选定。比较常用的开挖运输方案有以下几种：

第一，正向铲开挖，自卸汽车运输上坝。

通常运距小于10 km。自卸汽车运输能力高，设备通用性强，能直接铺料，机动灵活，管理方便，设备易获得，在高土石坝施工中得到了广泛应用。在施工布置上，正向铲一般采取立面开挖，汽车运输道路可布置成循环路线。可避免或者减少倒车时间，正向铲采用60°～90°的转角侧向卸料，回转角度小，生产率高，能充分发挥正向铲与汽车的效率。

第二，正向铲开挖，履带式运输机运输上坝。

履带式运输机爬坡能力强，架设容易，运输费用低，比自卸汽车运输费低 1/3 ～ 1/2，运输能力高。其合理运距小于 10 km，可直接从料场上坝；也可与自卸汽车配合，做长距离运输。

第三，斗轮式挖掘机开挖，履带式运输机运输，转自卸汽车上坝

对于填筑方量大、上坝强度高的土石坝，若两场储量大而集中，可采用斗轮式挖掘机开挖，其生产效率高，具有连续挖掘、装料的优点。

第四，采砂船开挖，有轨机车运输，转带式运输机上坝

国内大、中型水利工程建设，广泛采取采砂船开采水下砂石料，配合运输设备运输。

坝料的开挖运输方案很多，必须结合工程施工的具体条件，组织挖、装、运、卸的机械化联合作业，提高机械利用率，减少坝料的转运次数；各种坝料辅助铺筑方法及设备应尽量一致，减少辅助设施，充分利用地形条件，进行统筹规划和布置。

（3）机械化施工的基本原则

①充分发挥主要机械的作业。②挖运机械应根据工作特点配套选择。③机械配套有利于使用、维修和管理。④加强维修管理工作，充分发挥机械联合作业的生产力，提高其时间利用系数。⑤合理布置工作面，改善道路条件，减少连续的运转时间。

（4）机械化施工方案选择

土石方工程量大，挖、运、填、压等多个工艺环节环环相扣，因而选择机械化施工方案通常应考虑以下原则：①适应当地条件，保证施工质量，生产能力满足整个施工过程的要求。②机械设备机动、灵活、高效、低耗、运行安全、耐久可靠。③通用性强，能承担先后施工的工程项目，设备利用率高。④机械设备要配套，各类设备均能充分发挥效率，特别应注意充分发挥主导机械的效率。⑤应从采料工作面、回车场地、路桥等级、卸料位置、坝面条件等方面创造相适应的条件，以便充分发挥挖、运、填、压各种机械的效能。

2.石方开挖方式

从水利工程施工的角度考虑，选择合理的开挖顺序，对加快工程进度和保障施工安全具有重要作用。

（1）开挖顺序

水利水电的石方开挖，一般包括岸坡和基坑的开挖。岸坡开挖一般不受季节的限制，而基坑开挖则多在围堰的防护下施工，也是主体工程控制性的第一道工序。

（2）开挖方式

1）基本要求

在开挖程序确定之后，根据岩石的条件、开挖尺寸、工程量和施工技术的要求，拟定合理的开挖方式，基本要求是：①保证开挖质量和施工安全。②符合施工工期和开挖强度的要求。③有利于维护岩体完整性和边坡稳定性。④可以充分发挥施工机械的生产能力。⑤辅助工程量小。

2）各种开挖方式的适用条件

按照破碎岩石的方法，主要有钻爆开挖和直接应用机械开挖两种施工方法。

a.钻爆开挖

钻爆开挖是当前广泛采用的开挖施工方法。开挖方式有薄层开挖、分层开挖、全断面一次开挖和特高梯段开挖等。

b.直接机械开挖

使用带有松土器的重型推土机破碎岩石，一次破碎约0.6~1.0 m。该方法适用于施工场地宽阔，大方量的软岩石方工程。优点是没有钻爆作业，不需要风、水、电辅助设施，不但简化了布置，而且施工进度快，生产能力高；缺点是不适宜破碎坚硬岩石。

c.静态破碎法

在炮孔内装入破碎剂，利用药剂自身的膨胀力，缓慢地作用于孔壁，经过数小时后，使介质开裂。该方法适用于设备附近、高压线下已经开挖与浇筑过渡段等特定条件下的开挖与岩石切割或拆除建筑物。其优点是安全可靠，没有爆破所产生的公害；缺点是破碎效率低，开裂时间长，对于大型和复杂工程，使用破碎剂时，还要考虑使用机械挖除等联合作业手段，或与爆破配合，才能提高效率。

3.土石方开挖安全规定

土石方开挖作业的基本规定是：①土石方开挖施工前，应掌握必要的工程地质、水文地质、气象条件、环境因素等勘测资料，根据现场的实际情况，制定施工方案。施工中应遵循各项安全技术规程和标准，按施工方案组织施工，在施工过程中注重加强对人、机、物、料、环等因素的安全控制，保证作业人员、设备的安全。②开挖过程中应注意工程地质的变化，遇到不良地质构造和存在事故隐患的部位应及时采取防范措施，并设置必要的安全围栏和警示标志。③开挖程序应遵循自上而下的原则，并采取有效的安全措施。④开挖过程中，应采取有效的截水、排水措施，防止地表水和地下水影响开挖作业和施工安全。⑤应合理确定开挖边坡比，及时制定边坡支护方案。

（1）土方明挖

土方明挖的种类主要有：有边坡的挖土作业、支撑的挖土作业、土方挖运作业、土方爆破开挖作业和土方水力开挖作业。

1）有边坡的挖土作业应遵守下列规定

第一，人工挖掘土方应遵守下列规定。

①开挖土方的操作人员之间，应保持足够的安全距离，横向间距不小于2 m，纵向间距不小于3 m。②开挖应遵循自上而下的原则，不应掏根挖土和反坡挖土。

第二，高陡边坡处作业应遵守下列规定。

①作业人员应按规定系好安全带。②边坡开挖中如遇地下水涌出，应先排水，后开挖。③开挖工作应与装运作业面相互错开，避免上、下交叉作业。

一边坡开挖影响交通安全时，应设置警示标志，严禁通行，并派专人进行交通疏导。一边坡开挖时，应及时清除松动的土体和浮石，必要时应进行安全支护。

第三，施工过程当中应密切关注作业部位和周边边坡、山体的稳定情况，一旦发现裂痕、滑动、流土等现象，应停止作业，撤离现场作业人员。

第四，滑坡地段的开挖，应从滑坡体两侧向中部自上而下进行，不应全面拉槽开挖，弃土不应堆在滑动区域内。

第五，开挖时应有专职人员监护，随时注意滑动体的变化情况。已开挖的地段，不应顺土方坡面流水，必要时坡顶应设置截水沟。

第六，在靠近建筑物、设备基础、路基、高压铁塔、电杆等构筑物附近挖土时，应制订防坍塌的安全措施。

第七，开挖基坑（槽）时，应根据土壤性质、土壤含水量、土壤的抗剪强度、挖深等要素，设计安全边坡及马道。

第八，在不良气象条件下，不应进行边坡开挖作业。

第九，当边坡高度大于 5 m 时，应在适当高程设置防护栏栅。

2）有支撑的挖土作业应遵守下列规定

第一，挖土不能按规定放坡时，应采取固壁支撑的施工方法。

第二，在土壤正常含水量下所挖掘的基坑（槽），如是垂直边坡，其最大挖深，在松软土质中不应超过 1.2 m、在密实土质中不应超过 1.5 m，否则应设固壁支撑。

第三，操作人员上下基坑（槽）时，不应攀登固壁支撑，人员通行应设通行斜道或搭设梯子。

第四，雨后、春、秋、冻融以及处于爆破区爆破以后，应对支撑进行认真检查，发现问题，及时处理。

第五，拆除支撑前应检查基坑（槽）情况，并自上而下逐层拆除。

3）土方挖运作业应遵守下列规定

第一，人工开挖时，工具应安装牢固；在挖运时，开挖土方作业人员之间的安全距离，不应小于 2 m；在基坑（槽）内向上部运土时，应在边坡上挖台阶，其宽度不宜小于 0.7 m，不应利用挡土支撑存放土、石、工具或站在支撑上传运。

第二，人工挖土、配合机械吊运土方时，应配备有施工经验的人员统一指挥。

第三，采用大型机械挖土时，应对机械停放地点、行走路线、运土方式、挖土分层、电源架设等进行实地勘察，并制订相应的安全措施。

第四，大型设备通过的道路、桥梁或工作地点的地面基础，应有足够的承载力。否则应采取加固措施。

第五，在对铲斗内积存物料进行清除时，应切断机械动力，清除作业时应有专人监护，机械操作人员不应离开操作岗位。

4）土方爆破作业应遵守下列规定

第一，土方爆破开挖作业，应制定爆破设计方案。

第二，爆破工作开始前，应明确规定安全警戒线，制定统一的爆破时间和信号，并在指定地点设安全哨，执勤人员应有红色袖章、红旗和口笛。

第三，松动或抛掷大体积的冻土时，应合理选择爆破参数，并确定安全控制措施和控制范围。

5）土方水力开挖作业应遵守下列规定

第一，开挖前，应对水枪操作人员、高压水泵运行人员，进行冲、采作业安全教育，并对全体作业人员进行安全技术交底。

第二，利用冲采方法形成的掌子面不宜过高，最终形成的掌子面高度不宜超过5m，当掌子面过高时可利用爆破法或机械开挖法，先使土体坍落，再布置水枪冲采。

第三，水枪布置的安全距离（指水枪喷嘴到开始冲采点的距离）不宜小于3m，同层之间距离应保持20～30m，上、下层之间枪距保持10～15m。

第四，冲土应充分利用水柱的有效射程（不宜超过6m）。作业前，应根据地形、地貌，合理布置输泥渠槽、供水设备、人行安全通道等，并确定每台水枪的冲采范围、冲采顺序以及有关技术安全措施。

（2）土方暗挖

一般常用机械进行挖装、运卸作业，采用全断面隧洞掘进机开挖隧洞，在土质松软岩层中可用盾构法施工。

①土方暗挖应遵守下列规定

第一，应按施工组织设计和安全技术措施规定的开挖顺序进行施工。

第二，作业人员达到工作地点时，应首先检查工作面是否处于安全状态，并检查支护是否牢固，如有松动的石、土块或裂缝应予以清除或支护。

第三，工具应安装牢靠。

②土方暗挖洞口施工应遵循下列规定

第一，应有良好的排水设施。

第二，应及时清理洞脸，及时锁口。在洞脸边坡外应设置挡渣墙或积石槽，或在洞口设置钢结构或木结构防护棚，其顺洞轴方向伸出洞口外长度不应小于5m。

第三，洞口以上边坡和两侧应采用锚喷支护或混凝土永久支护措施。

（3）石方明挖

石方开挖，除松软岩石可用松土器以凿裂法开挖外，一般需以爆破的方法进行松动、破碎。

①机械凿岩时，应采用湿式凿岩或装有能够达到国家工业卫生标准的干式捕尘装置。否则不应开钻。②开钻前，应检查工作面附近岩石是否稳定，是否有瞎炮。发现问题应立即处理，否则不应作业。不应在残眼中继续钻孔。③供钻孔用的脚手架，应搭设牢固的栏杆。开钻部位的脚手板应铺满绑牢，板厚应不小于5cm。④开挖作业开工前应将设计边线外至少10m范围内的浮石、杂物清除干净，必要时坡顶应设截水沟，并设置安全防护栏。⑤对开挖部位设计开口线以外的坡面、岸坡和坑槽进行开挖，应进行安全处理后再作业。⑥对开挖深度较大的坡（壁）面，每下降5m，应进行一次清坡、测量、检查。对断层、裂隙、破碎带等不良地质构造，应按设计要求及时进行加固或防护，应避免在形成高边坡后进行处理。

（4）石方暗挖

石方暗挖是在不对地表进行开挖的情况下（一般入口和出口有小面积的开挖），进行地下洞室、隧道的施工。该方法对地表的干扰小，具有较高的社会经济效果。下面主要介绍洞室开挖、斜竖井开挖和不良地质地段开挖的安全注意事项。

①洞室开挖作业应遵守下列规定：

第一，洞室开挖的洞口边坡上不应存在浮石、危石及倒悬石。

第二，作业施工环境和条件相对较差时，施工前应制订全方位的安全技术措施，并对作业人员进行交底。

第三，洞口削坡，应按照明挖要求进行。不应上下同时作业，并应做好坡面、马道加固及排水等工作。

第四，进洞前，应对洞脸岩体进行察看，确认稳定或采取可靠措施后方可开挖洞口。

第五，洞口应设置防护棚。其顺洞轴方向的长度，可依据实际地形、地质和洞型断面选定，不宜小于 5 m。

第六，自洞口计起，当洞挖长度不超过 15～20 m 时，应依据地质条件、断面尺寸，及时做好洞口永久性或临时性支护。支护长度不宜小于 10 m。当地质条件不良，全部洞身应进行支护时，洞口段则应进行永久性支护。

第七，暗挖作业中，一旦遇到不良地质构造或易发生塌方地段、有害气体逸出及地下涌水等突发事件，应即令停工，作业人员撤至安全地点。

第八，暗挖作业设置的风、水、电等管线路应符合相关安全规定。

第九，每次爆破后，应立即进行全方位的安全检查，并清除危石、浮石，若发现非撬挖所能排除的险情时，应果断地采取其他措施进行处理。洞内进行安全处理时，应有专人监护，及时观察险石动态。

第十，处理冒顶或边墙滑脱等现象时应遵守下列规定：

a.应查清原因，制定具体施工方案及安全防范措施，迅速处理。

b.地下水十分活跃的地段，应先治水后治塌。

c.应准备好畅通的撤离通道，备足施工器材。

d.处理工作开始前，应先加固好塌方段两端未被破坏的支护或岩体。

e.处理坍塌，宜先处理两侧边墙，然后再逐步处理顶拱。

f.施工人员应位于有可靠的掩护体下作业，且作业的整个过程中有专人现场监护。

g.应随时观察险情变化，及时修改或补充原订措施计划。

h.开挖与衬砌平行作业时的距离，应按设计要求控制，但不宜小于 30 m。

②斜、竖井开挖作业应遵守下列规定

第一，竖井的井口附近，应在施工前做好修整，并在周围修好排水沟、截水沟，防止地面水侵入井中。竖井井口平台应比地面至少高出 0.5 m。在井口边应设置不低于 1.4 m 规定高度的防护栏，挡脚板高应不小于 35 cm。

第二，在井口及井底部位应设置醒目的安全标志。

第三，当工作面附近或井筒未衬砌部分发现有落石、支撑发生响动或大量涌水等其他失稳异常表现时，工作面施工人员应立即从安全梯或使用提升设备撤出井外，并报告处理。

③不良地质地段开挖作业应遵守下列规定

第一，根据设计工程地质资料制定施工技术措施和安全技术措施，并应向作业人员进行交底。作业现场应有专职安全人员进行监护作业。

第二，不良地质地段的支护应严格按施工方案进行，应待支护稳定并验收合格后方可进行下一工序的施工。

第三，当出现围岩不稳定、涌水及发生塌方情况时，所有作业人员应立即撤至安全地带。

第四，施工作业时，岩石既是开挖的对象，又是成洞的介质，为此施工人员应充分了解围岩性质和合理运用洞室体型特征，以确保施工安全。

第五，施工时应采取浅钻孔、弱爆破、多循环，尽量减少对围岩的扰动。应采取分部开挖，及时进行支护。每一循环掘进应控制在 0.5 ~ 1.0 m。

第六，在完成一开挖作业循环时，应全面清除危石，及时支护，防止落石。

（二）土石方爆破

1. 一般规定

第一，土石方爆破工程应由具有相应爆破资质和安全生产许可证的企业承担。爆破作业人员应取得有关部门颁发的资格证书，做到持证上岗。爆破工程作业现场应由具有相应资格的技术人员负责指导施工。

第二，爆破前应对爆区周围的自然条件和环境状况进行调查，了解危及安全的不利环境因素，采取必要的安全防范措施。

第三，爆破作业环境有下列情况时，严禁进行爆破作业：①爆破可能产生不稳定边坡、滑坡、崩塌的危险。②爆破可能危及建（构）筑物、公共设施或人员的安全。③恶劣天气条件下。

第四，爆破作业环境有下列情况时，不应进行爆破作业：①药室或炮孔温度异常，而无有效针对措施。②作业人员和设备撤离通道不安全或堵塞。

第五，装药工作应遵守下列规定：①装药前应对药室或炮孔进行清理和验收。②爆破装药量应根据实际地质条件和测量资料计算确定；当炮孔装药量与爆破设计量差别较大时，应经爆破工程技术人员核算同意后方可调整。③应使用木质或竹质炮棍装药。④装起爆药包、起爆药柱和敏感度高的炸药时，严禁投掷或冲击。⑤装药深度和装药长度应符合设计要求。⑥装药现场严禁烟火和使用手机。

第六，填塞工作应遵守下列规定：①装药后必须保证填塞质量，深孔或浅孔爆破不得采用无填塞爆破。②不得使用石块和易燃材料填塞炮孔。③填塞时不得破坏起爆线路；发现有填塞物卡孔应及时进行处理。④不得用力捣固直接接触药包的填塞材料或用填塞材料冲击的起爆药包。⑤分段装药的炮孔，其间隔填塞长度应按设计要求执行。

2. 作业要求

主要介绍的浅孔爆破、深孔爆破以及光面爆破或预裂爆破三种爆破方法的作业要求。

（1）浅孔爆破

①浅孔爆破宜采用台阶法爆破。在台阶形成之前进行爆破时应加大警戒范围。②装药前应进行验孔，对于炮孔间距和深度偏差大于设计允许范围的炮孔，应由爆破技术负责人提出处理意见。③装填的炮孔数量，应以当天一次爆破为限。④起爆前，现场负责人应对防护体和起爆网路进行检查，并对不合格处提出整改措施。⑤起爆后，

应至少 5 min 后方可进入爆破区检查。当发现问题时，应立即上报并采取处理措施。

（2）深孔爆破

①深孔爆破装药前必须进行验孔，同时应将炮孔周围（半径 0.5 m 范围内）的碎石、杂物清除干净；对孔口岩石不稳固者，应进行维护。②有水炮孔应使用抗水爆破器材。③装药前应对第一排各炮孔的最小抵抗线进行测定，当有比设计最小抵抗线差距较大的部位时，应采取调整药量或间隔填塞等相应的处理措施，使其符合设计要求。④深孔爆破宜采用电爆网路或导爆管网路起爆，大规模深孔爆破应预先进行网路模拟试验。⑤在现场分发雷管时，应认真检查雷管的段别编号，并应有经验的爆破工和爆破工程技术人员连接起爆网路，并经现场爆破和设计负责人检查验收。⑥在装药和填塞过程中，应保护好起爆网路；当发生装药卡堵时，不得用钻杆捣捅药包。⑦起爆后，应至少经过 15 min 并等待炮烟消散后方可进入爆破区检查。当发现问题时，应立即上报并采取处理措施。

（3）光面爆破或预裂爆破

①高陡岩石边坡应采用光面爆破或预裂爆破开挖。钻孔、装药等作业应在现场爆破工程技术人员的指导监督下，由熟练爆破工操作。②施工前应做好测量放线和钻孔定位工作，钻孔作业应做到"对位准、方向正、角度直"。③光面爆破或预裂爆破宜采用不耦合装药，应按设计装药量、装药结构制作药串。药串加工完毕后应标明编号，并按药串编号送入相应炮孔内。④填塞时应保护好爆破引线，填塞质量应符合设计要求。⑤光面（预裂）爆破网路采用导爆索连接引爆时，应对裸露地表的导爆索进行覆盖，降低爆破冲击波和爆破噪声。

3.土石方爆破的安全防护及器材管理

①爆破安全防护措施、盲炮处理及爆破安全允许距离应按现行国家标准《爆破安全规程》（MGB 6722）的相关规定执行。②爆破器材的采购、运输、贮存、检验、使用和销毁应按现行国家标准《爆破安全规程》（GB 6722）的有关规定。

（三）土石方填筑

1.土石方填筑的一般要求包括以下内容

①土石方填筑应按施工组织设计进行施工，不应危及周围建筑物的结构或施工安全，不应危及相邻设备、设施的安全运行。

②填筑作业时，应注意保护相邻的平面、高程控制点，防止碰撞造成移位及下沉。

③夜间作业时，现场应有足够照明，在危险地段设置明显的警示标志和护栏。

2.陆上填筑应遵守下列规定

①用于填筑的碾压、打夯设备，应按照厂家说明书规定操作和保养，操作者应持有效的上岗证件。进行碾压、打夯时应有专人负责指挥。②装载机、自卸车等机械作业现场应设专人指挥，作业范围内不应有人平土。③电动机械运行，应严格执行"三级配电两级保护"和"一机、一闸、一漏、一箱"的要求。④人力打夯时工作人员精神应集中，动作应一致。⑤基坑（槽）土方回填时，应先检查坑、槽壁的稳定情况，用小车卸土不应撒把，坑、槽边应设横木车挡。卸土时，坑槽内不应有人。⑥基坑（槽）

的支撑，应根据已回填的高度，按施工组织设计要求依次拆除，不应提前拆除坑、槽内的支撑。⑦基础或管沟的混凝土、砂浆应达到一定的强度，当其不致损坏时方可进行回填作业。⑧已完成的填土应将表面压实，且宜做成一定的坡度以利于排水。⑨雨天不应进行填土作业。如需施工，应分段尽快完成，且宜采用碎石类土和砂土、石屑等填料。⑩基坑回填应分层对称，防止造成一侧压力，引起不平衡，破坏基础或构筑物。⑪ 管沟回填，应从管道两边同时进行填筑并夯实。填料超过管顶 0.5 m 厚时，方可用动力打夯，不宜用振动碾压实。

3. 水下填筑应遵守下列规定

①所有施工船舶航行、运输、驻位、停靠等应参照水下开挖中船舶相关操作规程的内容执行。②水下填筑应按设计要求和施工组织设计确定施工程序。③船上作业人员应穿救生衣、戴安全帽，并经过水上作业安全技术培训。④为了保证抛填作业安全及抛填位置的准确率，宜选择在风力小于 3 级、浪高小于 0.5 m 的风浪条件下进行作业。⑤水下理坡时，船上测量人员和吊机应配合潜水员，按"由高到低"的顺序进行理坡作业。

（四）土石方施工安全防护设施

1. 土石方开挖施工的安全防护设施

第一，土石方明挖施工应符合下列要求。

①作业区应有足够的设备运行场地和施工人员通道。②悬崖、陡坡、陡坎边缘应有防护围栏或明显警示标志。③施工机械设备颜色鲜明，灯光、制动、作业信号、警示装置齐全可靠。④凿岩钻孔宜采用湿式作业，若采用干式作业必须有捕尘装置。⑤供钻孔用的脚手架，必须设置牢固的栏杆，开钻部位的脚手板必须铺满绑牢，架子结构应符合有关规定。

第二，在高边坡、滑坡体、基坑、深槽及重要建筑物附近开挖，应有相应可靠防止坍塌的安全防护和监测措施。

第三，在土质疏松或较深的沟、槽、坑、穴作业时应设置可靠的挡土护栏或固壁支撑。

第四，坡高大于 5 m、小于 100 m，坡度大于 45° 的低、中、高边坡和深基坑开挖作业，应符合下列规定：①清除设计边线外 5 m 范围内的浮石、杂物。②修筑坡顶截水天沟。③坡顶应设置安全防护栏或防护网，防护栏高度不得低于 2 m，护栏材料宜采用硬杂圆木或竹跳板，圆木直径不得小于 10 cm。④坡面每下降一层台阶应进行一次清坡，对不良地质构造应采取有效的防护措施。

第五，坡高大于 100 m 的超高边坡和坡高大于 300 m 的特高边坡作业，应符合下列规定：①边坡开挖爆破时应做好人员撤离及设备防护工作。②边坡开挖爆破完成 20 min 后，由专业爆破工进入爆破现场进行爆后检查，存在哑炮时及时处理。③在边坡开挖面上设置人行道及材料运输专用通道。在每层马道或栈桥外侧设置安全栏杆，并布设防护网以及挡板。安全栏杆高度要达到 2 m 以上，采用竹夹板或木板将马道外缘或底板封闭。施工平台应专门设置安全防护围栏。④在开挖边坡底部进行预裂孔施工时，应用竹夹板或木板做好上下立体防护。⑤边坡各层施工部位移动式管、线应避免交叉布置。⑥边坡施工排架在搭设及拆除前，应详细进行技术交底和安全交底。⑦边坡开挖、甩渣、钻孔产生的粉尘浓度应按规定进行控制。

第六，隧洞洞口施工应符合下列要求：①有良好的排水措施。②应及时清理洞脸，及时锁口。在洞脸边坡外侧应设置挡渣墙或积石槽，或在洞口设置钢结构或木构架防护棚，其顺洞轴方向伸出洞口外长度不得小于 5 m。③洞口以上边坡和两侧岩壁不完整时，应采用喷锚支护或混凝土永久支护等措施。

第七，洞内施工应符合下列规定：①在松散、软弱、破碎、多水等不良地质条件下进行施工，对洞顶、洞壁应采用锚喷、预应力锚索、钢木构架或混凝土衬砌等围岩支护措施。②在地质构造复杂、地下水丰富的危险地段和洞室关键地段，应根据围岩监测系统设计和技术要求，设置收敛计、测缝计、轴力计等监测仪器。③进洞深度大于洞径 5 倍时，应采取机械通风措施，送风能力必须满足施工人员正常呼吸需要［3 m³/（人·min）］，并能满足冲淡、排除爆炸施工产生的烟尘需要。④凿岩钻孔必须采用湿式作业。⑤设有爆破后降尘喷雾洒水设施。⑥洞内使用内燃机施工设备，应配有废气净化装置，不得使用汽油发动机施工设备。⑦洞内地面保持平整、不积水、洞壁下边缘应设排水沟。⑧应定期检测洞内粉尘、噪声、有毒气体。⑨开挖支护距离：Ⅱ类围岩支护滞后开挖 10 ~ 15 m，Ⅲ类围岩支护滞后开挖 5 ~ 10 m，Ⅳ类、Ⅴ类围岩支护紧跟掌子面。⑩相向开挖的两个工作面相距 30 m 爆破时，双方人员均需撤离工作面。相距 15 m 时，应停止一方工作。⑪爆破作业后，应安排专人负责及时清理洞内掌子面、洞顶及周边的危石。遇到有害气体、地热、放射性物质时，必须采取专门措施并设置报警装置。

第八，斜、竖井开挖应符合下列要求：①及时进行锁口。②井口设有高度不低于1.2 m 的防护围栏。围栏底部距0.5 m 处应全封闭。③井壁应设置人行爬梯。爬梯应锁定牢固，踏步平齐，设有拱圈和休息平台。④施工作业面与井口应有可靠的通信装置和信号装置。⑤井深大于 10 m 时应设置通风排烟设施。⑥施工用的风、水、电管线应沿井壁固定牢固。

2. 爆破施工安全防护设施

（1）工程施工爆破作业周围 300 m 区域为危险区域，危险区域内不得有非施工生产设施。对危险区域内的生产设施设备应采取有效的防护措施。

（2）爆破危险区域边界的所有通道应设有明显的警示标志或标牌，标明规定的爆破时间和危险区域的范围。

（3）区域内设有有效的音响和视觉警示装置，使危险区内人员都能清楚地听到和看到警示信号。

3. 土石方填筑施工安全防护设施

①土石方填筑机械设备的灯光、制动、信号、警告装置齐全可靠。②截流填筑应设置水流流速监测设施。③向水下填掷石块、石笼的起重设备，必须锁定牢固，人工抛掷应有防止人员坠落的措施和应急施救措施。④自卸汽车向水下抛投块石、石渣时，应与临边保持足够的安全距离，应有专人指挥车辆卸料，夜间卸料时，指挥人员应穿

反光衣。⑤作业人员应穿戴救生衣等防护用品。⑥土石方填筑坡面碾压、夯实作业时，应设置边缘警戒线，设备、设施必须锁定牢固，工作装置应有防脱、防断措施。⑦土石方填筑坡面整坡、砌筑时应设置人行通道，双层作业设置遮挡护栏。

（五）土石方施工作业人员安全规定

1. 推土机司机

第一，司机应经专业培训，并经考试合格取证后方可上岗操作。

第二，操作前应检查确认：燃油、润滑油、液压油等符合规定，各系统管路无泄漏，各部机件无脱落、松动或变形；各操纵杆和制动踏板的行程、履带的松紧度或轮胎气压符合要求；设备的前后灯工作正常。

第三，发动机启动前应做好下列准备工作：①检查发动机机油油位。②检查液压油和燃油箱的油位。③检查冷却水箱的水位。④检查风扇皮带的松紧度。⑤检查空气滤清器指示器。⑥检查各润滑部位并添加润滑油。⑦将离合器分离，将各操纵杆置于停车位置。

第四，启动发动机时，严禁采用拖、顶的方式进行启动。

第五，发动机启动后应注意下列事项：①怠速运转 5 min 以上使水温达到运行温度后方可运行。②查看各指示灯、仪表指针，读数均处于正常范围内。③检查离合器、刹车和液压操作系统等应灵活可靠。④无异常的振动、噪声、气味。⑤机油、燃油、液压油和冷却水应无渗漏现象。⑥发动机运转正常后蜂鸣器鸣叫声应自行消失；在行驶或作业中蜂鸣器鸣叫时，应立即停车检查，排除故障。

第六，发动机运转时，严禁在推土机机身下面进行任何作业。

第七，推土机行驶前，严禁有人站在履带或刀片的支架上。应检查设备四周无障碍物，确认安全，方可启动。设备在运转中严禁任何人员上下机械或传递物件。

第八，推土机在横穿铁路或交通路口时，应左瞻右望，应注意火车、汽车和行人，确认安全后方可通过。在路口设有警戒栏岗处严禁闯关。通过桥、涵、堤、坝等，应了解其相应的承载能力，低速行驶通过。

第九，推土机上、下纵坡的坡度不应超过 35°，横坡行驶的坡度不应超过 10°。

第十，推土机在深沟、基坑及其他高处边缘地带作业时，应谨慎驾驶，铲刀不应越出边缘，重型推土机铲刀距边缘不宜小于 1.5 m。后退时，应先换挡，方可提升铲刀进行倒车。

十一，推土机进行保养检修或加油时，应放下刀片关闭发动机。如需检查刀片时，应把刀片垫牢，刀片悬空时，严禁探身于刀片下进行检查。

十二，给推土机加油时，严禁抽烟或接近明火，加油后应将油渍擦净。

十三，推树作业时，树干不应倒向推土机及高空架设物。推屋墙或围墙时，其高度不宜超出 2.5 m。严禁推带有钢筋或与地基基础连接体的混凝土桩等建筑物。

十四，在陡坡上行驶时，严禁拐死弯。推土机上下坡或超越障碍物时应采用低速挡，上坡不应换挡；推土机下长坡时，应以低速挡行驶，严禁空挡滑行。

十五，推土机在工作中发生陷车时，严禁用另一台推土机的刀片在前后顶推。

十六，推土机发生故障时，无可靠措施不应在斜坡上进行修理。

十七，数台机械在同一工作面作业时，应保持一定距离：前后相距不少于 8 m，左右相距在 1.5 m 以上。

十八，作业时，应观察四周无障碍物。

十九，牵引其他机械设备时，钢丝绳应连接可靠，并有专人负责指挥。起步时，应鸣号低速慢行，待钢丝绳拉紧后方可逐渐加大油门。在坡道或长距离牵引时，应采用牵引杆连接。

二十，操作人员离机时，应把刀片降到地面，将变速杆置于空挡位置，再接合主离合器。

二十一，原地旋转和转急弯时，应在降低发动机转速的情况之下进行。

二十二，越障碍物时，应低速行驶至障碍物顶部，在将要向前倾倒的瞬间将车停住，待履带前端缓慢着地后再平稳前进。

二十三，上坡途中当发动机突然熄灭时，应首先将铲刀放置地面，或锁住制动踏板，待推土机停稳后断开主离合器，将变速杆放在空挡位置，然后继续启动发动机。严禁溜车启动。

2.挖掘机司机

第一，挖掘机司机应经专业培训，并经考试合格后持证上岗操作。

第二，给设备加油时，周边应无明火，严禁吸烟。

第三，发动机启动后，任何人员不应站在铲斗和履带上。

第四，挖掘机在作业时，应做到"八不准"：①不准有一轮处于悬空状态，用以"三条腿"的方式进行作业。②不准以单边铲斗斗牙来硬啃岩体的方式进行作业。③不准以强行挖掘大块石和硬啃固石、根底的方式进行作业。④不准用斗牙挑起大块石装车的方式进行作业。⑤铲斗未撤出掌子面，不准回转或行走。⑥运输车辆未停稳前不准装车。⑦铲斗不准从汽车驾驶室上方越过。⑧不准用铲斗推动汽车。

第五，严禁铲斗在满载物料悬空时行走。装料回转时，不应采用紧急制动。

第六，铲斗应在汽车车厢上方的中间位置卸料，不应偏装。卸料高度以铲斗底板打开后不碰及车厢为宜。

第七，挖掘机在回转过程中，严禁任何人上、下挖掘机和在臂杆的回转范围内通行及停留。

第八，运转中应随时监听各部件有无异常声响，并监视各仪表指示是否在正常范围。

第九，运转中严禁在转动部位进行注油、调整、修理或清扫工作。

第十，严禁用铲斗进行起吊作业，操作人员离开工作岗位应将铲斗落地。

十一，严禁利用挖掘机的回转作用力来拉动重物和车辆。

十二，挖掘机不宜进行长距离行驶，最长行走距离不应超过 5 km。

十三，在行走前，应对行走机构进行全面保养。查看好路面宽度和承载能力，扫除路上障碍，与路边缘应保持适当距离。行走时，臂杆应始终与履带同一方向，提升、推压、回转的制动闸均应在制动位置上。铲斗控制在离地面 0.5 ～ 1.5 m 为宜。行走过程每隔 45 min 应停机，检查行走机构并加注滑润油。电动挖掘机还应检查行走电动机的运转情况。

十四，上、下坡道时，严禁中途变速或空挡滑行。

十五，当转弯半径较小时，应分次转弯，不应急拐。

十六，通过桥涵时，应了解允许载重吨位并确认可靠后方可通行。

十七，行走中通过风、水、管路及电缆等明设线路和铁道时应采取加垫等保护措施。

十八，冬季行走遇冰冻、雪天时，轮胎式挖掘机行车轮应采取加装防滑链等防护措施。

十九，电动挖掘机应遵守下列规定：①严禁非作业人员接近带电的设备。②挖掘机行走时，应检查行走电动机运行的温度情况和电缆有无损坏，人力挪移电缆时，人员应穿绝缘胶鞋和戴绝缘手套。③所有的电气设备，应由专业电气人员进行操作。④处于接通电源状态的电器装置，严禁进行任何检修工作。⑤电器装置跳闸时，不应强行合闸，应待查明原因排除障碍后方可合闸。⑥应定期检查设备的电器部分、电磁制动器、安全装置灵敏可靠。⑦在有水的工作面挖渣时，应防止电源接线盒进水，接线盒距离水面的高度不应少于 20 cm。

二十，停放应遵守下列规定：①挖掘机应停放在坚实、平坦、安全的地方，严禁停在可能塌方或受洪水威胁的地段。②停放就位后，将铲斗落地，起重臂杆倾角应降至 40°～50° 位置。③以内燃机为动力的挖掘机，停机前应先脱开主离合器，空转 3～5 min，待发动机逐渐减速后再停机。当气温在 0℃ 以下时，应放净未加防冻液的冷却水。④长时间停车时，应做好一次性维护保养工作。对发动机各润滑部位应加注润滑油，堵严各进排气管口和各油水管口。⑤上述作业完毕后应进行一次全面检查，确认妥当无误后将门窗关闭加锁。

3. 铲运机司机

①操作人员应经过专业培训，经考试合格后持证上岗工作。②铲运机作业时，不应急转弯进行铲土。③铲运机正在作业时，不应以手触摸该机的回转部件；铲斗的前后斗门未撑牢、垫实、插住以前，不应从事保养检修等工作。④驾驶员将要离开设备时，应将铲斗放到地面，将操纵杆放在空挡位置，关闭发动机。⑤在新填的土堤上作业时，至少应离斜坡边缘 1 m 以上，下坡时不应以空挡滑行。⑥铲运机在边缘倒土时，离坡边至少不应小于 30 cm，斗底提升不应高过 20 cm。⑦铲运机在崎岖的道路上行驶转弯时，铲斗不应提得太高。在检修和保养铲斗时，应用防滑垫垫实铲斗。⑧铲运机运行中，严禁任何人上、下机械，传递物件，拖把上、机架上、铲斗内均不应有人坐立。⑨清除铲斗内积土时，应先将斗门顶牢或将铲斗落地再进行清扫。⑩多台拖式铲运机同时作业时，前后距离不应小于 10 m；多台自行式铲运机同时作业时，两机间距不应小于 20 m，铲土时，前后距离可适当缩短，但不应小于 5 m，左右距离不应小于 2 m。⑪多台铲运机在狭窄地区或道路上行走时，后机不应强行超越；两车会车时，彼此间应保持适当距离并减速行驶。⑫在坡度较大的斜坡，不应倒车、铲运或卸土。⑬作业完毕，应对铲运机内外及时进行清洁、滑润、调整、紧固和防腐的例行保养工作。⑭交接班时，交接双方应做好"五交""三查"。

4. 装载机司机

①司机应经过专业技术培训,经考试合格,持证后方可单独操作。②在操作设备时,应戴工作帽,将长发置于帽子里。③发动机每次启动时间不应大于 10 s;一次启动未成功,应等 1 min 后可再次启动,若三次启动不成功,应检查原因,排除故障后方可再次启动。④装载机不应在倾斜度较大或形成倒悬体的场地上作业,挖掘时,掌子面不应留伞檐,不应挖顽石;不应利用铲斗吊重物或载人,推料时不应转向。⑤检查燃油或加油时,严禁吸烟和用明火实施照明。⑥装载机行驶时,应将铲斗提升离地面 50 cm 左右,行驶中不应无故升降或翻转铲斗,行驶速度应控制在 20 km/h 以内,行驶中驾驶室门外不应载人或站人。⑦装载时应低速进行,不应以将铲斗高速猛冲插入料堆的方式装料。铲挖时铲斗切入不宜过深,宜控制在 15 ~ 20 cm。⑧在斜坡路上停车,不应踩离合器,而应使用制动踏板。⑨应经常检查整机储气罐及压力表、安全阀等零部件运行情况。⑩停机时应停放在平坦、坚实的地面上,不妨碍其他车辆通行的地方,并将铲斗落地。⑪交接班时,交接双方应做好"五交""三查"。⑫寒冷季节应全部放净未加防冻液的冷却水,在更换加有防冻液的冷却水时,应先清洗冷却系统,防冻液的配制应比当地最低气温低 10°。

5. 拖拉机司机

①司机应经过专业技术培训,经考试合格,持证后方可单独操作。②拖拉机的使用宜定人定机,严禁将设备交给不熟悉本机性能的他人操作。③设备运转时,严禁进行润滑、调整和维修作业,严禁用手触及各回转、转动等部位。④严禁酒后作业,加油时严禁吸烟。⑤当拖拉机通过狭路、桥涵、隧洞、陡坡、急弯岔道、崎岖路面、盘山道路、傍山险路、危险路段、铁路与公路平交道时,应一人操作运行,一人进行引路和指挥。⑥拖拉机作牵引时,应使用销子连接,启动与后退均应缓慢。上坡时应事先换挡变速,不应高速冲坡。下坡时严禁放空挡滑行,而应用低速挡控制行驶。⑦不应在超过 20° 的斜坡路面上行驶,在高低不平的坚硬地面或有石渣的路面作业时,不应高速急转弯和拐死弯。⑧通过有水地段或水中作业时,水面应低于油底壳。当班作业完毕应及时对设备进行全面的检查、维护和清洁、润滑、调整、紧固、防腐等保养工作。⑨工作完毕应怠速停车,不应用减压杆停车。在寒冷季节停车,应将车停在干燥和较硬的地面上,待水温降到 50 ~ 60℃后,放净未加防冻液的冷却水,排放燃油系统的积水并及时添加燃油。液压操纵的设备,应擦净液压缸活塞杆表面的水滴。

6. 振动碾司机

①振动碾司机应经过专业技术培训,经考试合格,持证后方可单独操作。②作业前,应检查和调整振动碾各部位及作业参数,保证设备的正常技术状况和作业性能。③在振动碾发动机没有熄火、碾轮无支垫三角止滑木的情况下,严禁在机身下进行检修和从事润滑、调整和维修等其他工作。④振动碾应停放在平坦、坚实并对交通及施工作业无妨碍的地方。停放在坡道上时,前后轮应垫稳三角止滑木。⑤振动碾工作时,为振动碾做辅助工作的其他人员,应与司机密切配合,不应在碾轮前方行走或作业,应在碾轮行走的侧面,并应注意压路机转向。⑥在行驶作业中,当机上蜂鸣器发生鸣叫时,应立即停车检查,待故障排除后方可继续进行工作。⑦不应在超过 20° 的斜坡路面上

强行行驶。⑧作业完毕应及时做好振动碾的清洁、润滑、调整、紧固和防腐作业。

7.爆破工

（1）爆破作业人员应经过专业培训

掌握操作技能，并应经当地设区的市级公安部门考核合格取得相应类别和作业范围、级别的"爆破作业人员许可证"后，方可从事爆破作业。

（2）爆破工应遵守下列规定

①保管所领取的爆破器材，不应遗失或转交他人，不应擅自销毁和挪作他用。②按照爆破指令单和爆破设计规定进行爆破作业。③严格遵守《爆破安全规程》。④爆破后检查工作面，发现盲炮和其他不安全因素应及时上报或处理。⑤爆破结束后，应将剩余的爆破器材如数及时交回爆破器材库。⑥定期接受爆破知识和安全操作的培训教育。

（3）爆破器材的加工应遵守下列要求

①在进行起爆管和导爆管加工时，应在单独专用的加工房内进行，同时应远离爆破器材库，其安全距离应符合有关规定；加工好的起爆管和导爆管应分开存放，导爆管上应系上警示标志，加工起爆管时，应用特制的紧口钳子夹紧管体口部边缘。②在切割导爆索时，应用锋利的刀子，严禁用钳子、石头、铁器砸切。已放入炮孔中的导爆索严禁切割。对结块炸药的粉碎，应用木器碾压碎，严禁用铁器和石头砸碎。③电雷管在使用前，应检查其导电性，并按电阻大小来选配。④严禁爆破人员身穿化纤类服装和带钉子的鞋，不应携带非绝缘电筒或其他金属用具。不应使用手机。

（4）爆破器材领用应遵守下列规定

①应严格遵守领退手续，填写爆破单据应真实、详细，注明工程项目及单位、时间、地点、班次、领用数量、发放人、领用人和施工单位，并需发放人、领用人和施工负责人三方签字方能生效，各签字人应对工作面实际耗材的数量负责核实。②每班爆破作业工作完成后，应及时清理。经核查实耗数量无误后，将现场用完剩余的爆破器材如数退库登记。③不使用的起爆药包，应由爆破工组长负责按规定退库日后统一销毁处理。

（5）爆破器材的搬运应遵守下列规定

①爆破器材在搬运、装卸时，应轻拿轻放，不应抛掷，雷管与炸药不应混装运输。②运输爆破器材的汽车不应停留在人员密集的地方，车上应有醒目的警示标志；押车人员严禁吸烟及携带火种。③从爆破器材库领出的各种爆破器材送往施工现场时应根据背运人员的体力强弱来负重。④往现场运送爆破器材途中，运送人员严禁吸烟；严禁在明火处休息；不应靠近汽车排气管和电力线路。⑤爆破器材运到工作面时，应与明火、机械设备、电源及供电线路等保持一定的安全距离，并应设专人看守。

（6）爆破作业应遵守下列规定

①爆破人员在起爆前，应迅速撤离至安全坚固牢靠的避炮掩蔽体处，所撤退道路上不应有障碍物。②爆破工在爆破后应检查：确认有无盲炮；有无危坡、坠石；地下爆破有无冒顶、危石存在，支撑是否被破坏，炮烟是否排除。③用于潮湿工作面的起爆药包，在放入雷管的药卷端口部，应涂防潮剂。在潮湿地点采用电力方法起爆时，应使用防水绝缘材料的雷管起爆。④爆破 5 min 后，方可进入爆破作业地点检查，如

不能确认有无盲炮，应经过 15 min 后才可进入爆区检查。⑤所有装好的炮，应一次合闸同时起爆。⑥电力起爆宜使用闸刀开关，装置盒均应装箱上锁，从进入现场装药至起爆的全部时间内，应指定专人负责看管。应听从统一信号来控制合闸时间。⑦如果通上电流而未起爆，则应将母线从电源上解下连成短路，锁上电闸箱，待母线断开 5 min 后，沿母线进入工地检查拒爆原因。

8. 撬挖工

第一，撬挖工应在爆破查炮确认完毕后，方可进入工作面进行撬挖。撬挖现场工作面应有足够的照明亮度。

第二，爆破后，对破碎、松散的岩石或孤石，应撬挖清除后，方可进行其他工作。遇有松动的大块石人力不能撬除时，可用少量药包进行爆破处理。

第三，撬挖顺序应按先近后远、先顶部后两侧、先上后下的原则进行；两人以上同时撬挖应保持一定的安全距离。

第四，撬挖工作面的下方，严禁做其他工作、站人和通行，并应设专人监护、警戒和指挥。

第五，撬挖时，作业人员应站在安全地点，保障个人安全。如发现岩石破碎极可能有坍落危险时，应立即停止撬挖并设置警示标志，报告相关人员处理。

第六，撬棍撬大石时，不应将撬棍端紧抵胸腹部；在平地撬大石时，不应将撬棍放在肩上用力。

第七，在撬挖工作面的附近，风钻、装岩机及其他震动、噪声较大的施工机械、设备等均应停止运转。

第八，爆破后在棚架上进行顶部撬挖时，应有防护措施，并详细检查岩石情况，可能掉落的岩石应及时处理。

第九，蹬梯撬挖时，梯子应牢固可靠，并有专人监护。

第十，使用反铲挖掘机撬挖作业时，应按挖掘机司机有关规定执行。

十一，在高处撬挖施工，作业人员腰部应系安全绳，并适时对安全绳磨损和拴挂处情况进行受力检查。

9. 锻钎工

第一，锻钎机操作人员应经过专业培训，并应经考试合格后方可上岗操作。

第二，锻钎工作应专人开机，其他人员不应擅自动用锻钎设备。

第三，锻钎机的基础应牢固，在作业前，应检查确认受振动部分无松动、钎模及工具无破裂。在安装或更换模具、调整锤头行程、装换零部件工具时，应先将压缩空气关闭，垫好安全垫，在未垫好前，严禁将手伸入。

第四，作业前应严格检查锻钎机、各种模子及所用工具是否安全可靠，如发现破损和规格不符合要求时，应立即修理或更换。

第五，应经常检查各个润滑部位，并加注润滑油，保持足够的润滑油量。

第六，检查输风管的各连接处是否牢固可靠，供风应达到正常工作的风压。

第七，锻钎机工作时，严禁清刷和修理，如发现机器工作不正常，应停车后再进行修理．

第八，操作锻钎机时，严禁使其空击，应注意轻推手闸。

第九，在风吹钎眼通孔时，吹孔前方不应站人。

第十，锻钎结束后，应做好下列工作：①清扫前，应将炉渣用水浇熄。②进行清炉，在未冷却前，即将炉渣清扫干净，同时关好风门。③应将机器内部的凝结水放出，并清扫机器。④司机在下班前，应即将本班运转情况填写清楚。

第二节　边坡工程

边坡工程是为满足工程需要而对自然边坡和人工边坡进行改造的工程，根据边坡对工程影响的时间差别，可分为永久边坡和临时边坡两类；根据边坡与工程的关系，可分为建（构）筑物地基边坡、邻近边坡和影响较小的延伸边坡。

一、边坡稳定因素

（一）边坡稳定因素

边坡失稳坍塌的实质是边坡土体中的剪应力大于土的抗剪强度。凡能影响土体中的剪应力、内摩擦力和凝聚力的，都能影响边坡的稳定。

1. 土类别的影响

不同类别的土，其土体的内摩擦力和凝聚力不同。例如砂土的凝聚力为零，只有内摩擦力，靠内摩擦力来保持边坡的稳定平衡；而黏性土则同时存在内摩擦力和凝聚力。因此不同的土能保持其边坡稳定的最大坡度不同。

2. 土的含水率的影响

土内含水越多，土壤之间产生润滑作用越强，内摩擦力和凝聚力就会降低，因而土的抗剪强度降低，边坡就越容易失稳。同时，含水率增加，使土的自重增加，裂缝中产生静水压力，增加了土体的内剪应力。

3. 气候的影响

气候使土质变软或变硬，如冬季冻融又风化，可降低土体的抗剪强度。

4. 基坑边坡上附加荷载或者外力的影响

能使土体的剪应力大大增加，甚至超过土体的抗剪强度，使边坡失去稳定而塌方。

（二）土方边坡的最陡坡度

为了防止塌方，保证施工安全，当土方达到一定深度时，边坡应做成一定的深度，土石方边坡坡度的大小与土质、开挖深度、开挖方法、边坡留置时间的长短、排水情况、附近堆积荷载有关。开挖深度越深，留置时间越长，边坡应设计得平缓一些，反之可陡一些。边坡可以做成斜坡式，亦可做成踏步式。

（三）挖方直壁不加支撑的允许深度

土质均匀且地下水位低于基坑（槽）或管沟的底面标高时，其边坡可做成直立壁不加支撑，挖方深度应根据土质确定。

二、边坡支护

在基坑或者管沟开挖时，常因场地的限制不能放坡或者为了减少挖填的土石方量，工期以及防止地下水渗入等要求，一般采用设置支撑和护壁的方法。

（一）边坡支护的一般要求

①施工支护前，应根据地质条件、结构断面尺寸、开挖工艺、围岩暴露时间等因素进行支护设计，制订详细的施工作业指导书，并向施工作业人员进行交底。②施工人员作业前，应认真检查施工区的围岩稳定情况，需要时应进行安全处理。③作业人员应根据施工作业指导书的要求，及时进行支护。④开挖期间和每茬炮后，都应对支护进行检查维护。⑤对不良地质地段的临时支护，应结合永久支护进行，即在不拆除或部分拆除临时支护的条件下，进行永久性支护。⑥施工人员作业时，应佩戴防尘口罩、防护眼镜、防尘帽、安全帽，穿雨衣、雨裤、长筒胶靴和戴乳胶手套等劳保用品。

（二）锚喷支护

锚喷支护应遵守下列规定：①施工前，应通过现场试验或依工程类比法，确定合理的锚喷支护参数。②锚喷作业的机械设备，应布置在围岩稳定或已经支护的安全地段。③喷射机、注浆器等设备，应在使用前进行安全检查，必要时应在洞外进行密封性能和耐压试验，满足安全要求后方可使用。④喷射作业面，应采取综合防尘措施降低粉尘浓度，采用湿喷混凝土。有条件时，可设置防尘水幕。⑤岩石渗水较强的地段，喷射混凝土之前应设法把渗水集中排出。喷射后应钻排水孔，防止喷层脱落伤人。⑥凡锚杆孔的直径大于设计规定的数值时，不应安装锚杆。⑦锚喷工作结束后，应指定专人检查锚喷质量，若喷层厚度有脱落、变形等情况，应及时处理。⑧砂浆锚杆灌注浆液时应遵守下列规定：第一，作业前应检查注浆罐、输料管、注浆管是否完好。第二，注浆罐有效容积应不小于 $0.02~m^3$，其耐力不应小于 0.8 MPa（8 kg/cm²），使用前应进行耐压试验。第三，作业开始（或中途停止时间超过 30 min）时，应用水或 0.5～0.6 水灰比的纯水泥浆润滑注浆罐及其管路。第四，注浆工作风压应逐渐升高。第五，输料管应连接紧密、直放或大弧度拐弯不应有回折。第六，注浆罐与注浆管的操作人员应相互配合，连续进行注浆作业，罐内储料应保持在罐体容积的 1/3 左右。⑨喷射机、注浆器、水箱、油泵等设备，应安装压力表和安全阀，使用过程中如发现破损或失灵时，应立即更换。⑩施工期间应经常检查输料管、出料弯头、注浆管，以及各种管路的连接部位，如发现磨薄、击穿或连接不牢等现象，应立即处理。⑪带式上料机及其他设备外露的转动和传动部分，应设置保护罩。⑫施工过程中进行机械故障处理时，应停机、断电、停风；在开机送风、送电之前应预先通知有关的作业人员。⑬作业区内严禁在喷头和注浆管前方站人；喷射作业的堵管处理，应尽量采用敲击法疏通，若采用高压风疏通时，风压不应大于 0.4 MPa（4 kg/cm²），并将输料管放直，握紧喷头，喷头不应正对有人的方向。⑭当喷头（或注浆管）操作手与喷射机（或注浆器）操作人员不能直接联系时，应有可靠的联系手段。⑮预应力锚索和锚杆的张拉设备应安装牢固，操作方法应符合有关规程的规定。正对锚杆或锚索孔的方向严禁站人。⑯高度较大的作业台架安装，应牢固可靠，设置栏杆；作业人员应系安全带。⑰竖井中的锚喷支护施工应遵守下列规定：第一，采用溜筒运送喷混凝土的干混合料时，井口溜筒喇叭口周围应封闭严密。第二，喷射机置于地面时，竖井内输料钢管宜用法兰联结，悬吊应垂直固定。第三，采取措施防止机具、配件和锚杆等物件掉落伤人。⑱喷射机应密封良好，从喷射机排出的废气应进行妥善处理。⑲宜适当减少锚喷操作人员连续作业时间，定期进行健康体检。

（三）构架支撑

第一，构架支撑包括木支撑、钢支撑、钢筋混凝土支撑及混合支撑，其架设应遵守下列规定：①采用木支撑的应严格检查木材质量。②支撑立柱应放在平整岩石面上，应挖柱窝。③支撑和围岩之间，应用木板、楔块或小型混凝土预制块塞紧。④危险地段，支撑应跟进开挖作业面；必要时，可采取超前固结的施工方法。⑤预计难以拆除的支撑应采用钢支撑。⑥支撑拆除时应有可靠的安全措施。

第二，支撑应经常检查，发现杆件破裂、倾斜、扭曲、变形及其他异常征兆时，应仔细分析原因，并采取可靠措施进行处理。

第三节　坝基开挖施工技术

进行坝基开挖，通常是在充分明确坝址的工程地质资料、明确水工设计要求的基础上，结合工程的施工条件，由地质、设计、施工几方面的人员一起进行研究，确定坝基的开挖深度、范围及开挖形态。如发现重大问题，应及时协商处理，修改设计，报上级审批。

一、坝基开挖的特点

在水利水电工程中坝基开挖的工程量达数万立方米，甚至达数十万、数百万立方米，需要大量的机械设备（钻孔机械、土方挖运机械等）、器材、资金和劳力，工程地质复杂多变，如节理、裂隙、断层破碎带、软弱夹层和滑坡等，还受河床岩基渗流的影响和洪水的威胁，需占用相当长的工期，从开挖程序来看属多层次的立体开挖作业。因此，经济合理的坝基开挖方案及挖运组织，对安全生产和加快工程进度具有重要的意义。

二、坝基开挖的顺序

坝基开挖要保证质量，加快施工进度，做到安全施工，必须要按照合理的开挖程序进行。开挖程序因各工程的情况不同而不尽统一，但一般都要以人身安全为原则，遵守自上而下、先岸后坡基坑的程序进行，即按事先确定的开挖范围，从坝基轮廓线的岸坡部分开始，自上而下、分层开挖，直到坑基。

对大、中型工程来说，当采用河床内导流分期施工时，往往是先开挖围护段一侧的岸坡，或者坝头开挖与一期基坑开挖基本上同时进行，而另一岸坝头的开挖在最后一期基坑开挖前基本结束。

对中、小型工程，由于河道流量小，施工场地紧凑，常采用一次断流围堰（全段围堰）施工。一般先开挖两岸坝头，后进行河床部分基坑开挖。对于顺岩层走向的边坡、滑坡体和高陡边坡的开挖，更应按照开挖顺序进行开挖。开挖前，首先要把主要地质情况弄清，对可疑部位及早开挖暴露并提出处理措施。对一些小型工程，为了赶工期也有采用岸坡、河床同时开挖。这时由于上下分层作业，施工干扰大，应特别注意施工安全。

河槽部分采用分层开挖逐步下降的方法。为了增加开挖工作面，扩大钻孔爆破的效果，提高挖运机械的工作效率，解决开挖施工中的基坑排水问题，通常要选择合适的部位先抽槽，即开挖先锋槽。先锋槽的平面尺寸以便于人工或机械装运出渣为度，深度不大于2/3（即预留基础保护层），随后就利用此槽壁作为爆破自由面，在其两侧布设有多排炮孔进行爆破扩大，依次逐层进行。当遇有断层破碎带，应顺断层方向挖槽，以便及早查明情况，及时作出处理方案。抽槽的位置一般选在地形低较、排水方便及容易引入出渣运输道路的部位，也可结合水工建筑物的底部轮廓，如布置，但截水槽、齿槽部位的开挖应做专题爆破设计。尤其对基础防渗、抗滑稳定起控制作用的沟槽，更应慎重地确定其爆破参数，以防因爆破原因而对基岩产生破坏。

三、坝基开挖的深度

坝基开挖深度，通常是根据水工要求按照岩石的风化程度（强风化、弱风化、微风化和新鲜岩石）来确定的。坝基一般要求岩基的抗压强度约为最大主应力的20倍左右，高坝应坐落在新鲜微风化下限的完善基岩上，中坝应建在微风化的完整基岩上，两岸地形较高部位的坝体及低坝可建在弱风化下限的基岩上。

岩基开挖深度，并非一挖到新鲜岩石就可以达到设计要求，有时为了满足水工建筑物结构形式的要求，还须在新鲜岩石中继续下挖。如高程较低的大坝齿槽、水电站厂房的尾水管部位等，有时为了减少在新鲜岩石上的开挖深度，可提出改变上部结构形式，以减少开挖工程量。

总之，开挖深度并不是一个多挖几米少挖几米的问题，而是涉及大坝的基础是否坚实可靠、工程投资是否经济合理、工期和施工强度有无保证的大问题。

四、坝基开挖范围的确定

一般水工建筑物的平面轮廓就是岩基底部开挖的最小轮廓线。实际开挖时，由于施工排水、立模支撑、施工机械运行以及道路布置等原因，常需适当扩挖，扩挖的范围视实际需要而定。

实际工程中扩挖的距离，有从数米到数十米的。

坝基开挖的范围必须充分考虑运行和施工的安全。随着开挖高程的下降，对坡（壁）面应及时测量检查，防止欠挖，并避免在形成高边坡后再进行坡面处理。开挖的边坡一定要稳定，要防止滑坡和落石伤人。如果开挖的边坡太高，可在适当的高程设置平台和马道，并修建挡渣墙和拦渣栅等相应的防护措施。近年来，随着开挖爆破技术的发展，工程中普遍采用预裂爆破来解决或改善高边坡的稳定问题。在多雨地区，应十分注意开挖区的排水问题，防止由于地表水的侵蚀，引起新的边坡失稳问题。

开挖深度和开挖范围确定之后，应绘出开挖纵、横断面及地形图，作为基础开挖施工现场布置的依据。

五、开挖的形态

重力坝坝段，为了维持坝体稳定，避免应力集中，要求开挖以后基岩面比较平整，高差不宜太大，并尽可能略向上游倾斜。

岩基岩面高差过大或向下游倾斜，宜开挖成一定宽度的平台。平台面应避免向下游倾斜，平台面的宽度以及相邻平台之间的高差应与混凝土浇筑块的尺寸协调。通常在一个坝段中，平台面的宽度约为坝段宽度的1/3左右。在平台较陡的岸坡坝段，还应根据坝体侧向稳定的要求，在坝轴线方向也开挖成一定宽度的平台。

拱坝要径向开挖，因此岸坡地段的开挖面将会倾向下游。在这种情况下，径向也应设置开挖平台。拱座面的开挖，应与拱的推力方向垂直，以保证按设计要求使拱的推力传向两岸岩体。

支墩坝坝基同样要求开挖比较平整，并略向上游倾斜。支墩之间高差变大时，应使各支墩能够坐落在各自的平台上，并在支墩之间用回填混凝土或支墩墙等结构措施加固，以维护支墩的侧向稳定。

遇有深槽或凹槽以及断层破碎带情况时，应做专门的研究，一般要求挖去表面风化破碎的岩层以后，用混凝土将深槽或凹槽以及断层破碎带填平，使回填的混凝土形成混凝土塞和周围的基岩一起作为坝体的基础。为了保证混凝土塞和周围基岩的结合，还可以辅以锚筋和按触灌浆等加固措施。

六、坝基开挖的深层布置

（一）坝基开挖深度

坝基开挖深度一般是根据工程设计提出的要求来确定的。在工程设计中，不同的坝高对基岩的风化程度的要求也不一样：高坝应坐落在新鲜微风化下限的完整基岩上；中坝应建在微风化的完整基岩上；两岸地形较高部位的坝体及低坝可建在弱风化下限的基岩上。

（二）坝基开挖范围

在坝基开挖时，因排水、立模、施工机械运行及施工道路布置等原因，使得开挖范围比水工建筑物的平面轮廓尺寸略大一些，而岩基底部扩挖的范围应根据时间需要而定。实际工程中放宽的距离，一般是数米到数十米不等。基础开挖的上部轮廓应根据边坡的稳定要求和开挖的高度而定。如果开挖的边坡太高，可在适当高程设置平台和马道，并修建挡渣墙等防护措施。

七、岩基开挖的施工

岩基开挖主要是用钻孔爆破，按照分层向下，留有一定保护层的方式进行开挖。

坝基爆破开挖的基本要求是保证质量，注意安全，方便施工。

保证质量，就是要求在爆破开挖过程中防止由于爆破震动影响而破坏基岩，防止产生爆破裂缝或使原有的构造裂隙有所发展；防止由于爆破震动影响而损害已经建成的建筑物或已经完工的灌浆地段。为此，对坝基的爆破开挖提出了一些特殊的要求和专门的措施。

为保证基岩岩体不受开挖区爆破的破坏，应按留足保护层（系指在一定的爆破方式下，建筑物基岩面上预留的相应安全厚度）的方式进行开挖。当开挖深度较大时，可采用分层开挖。分层厚度可根据爆破方式、挖掘机械的性能等因素确定。

遇有不利的地质条件时，为防止过大震裂或滑坡等，爆破孔深和最大装药量应根据具体条件由施工、地质和设计单位共同研究，另行确定。

开挖施工前，应根据爆破对周围岩体的破坏范围及水工建筑物对基础的要求，确定垂直向和水平向保护层的厚度。

保护层以上的开挖，一般采用延长药包梯段爆破，或先进行平地抽槽毫秒起爆，创造条件再进行梯段爆破。梯段爆破应采用毫秒分段起爆，最大一段起爆药量应不大于 500 kg。

保护层的开挖，是控制基岩质量的关键。基本要求：①如留下的保护层较厚，距建基面土 1.5 m 以上部分，仍可采用中（小）孔径且相应直接的药卷进行梯段毫秒爆破。②紧靠建基面土 1.5 m 以上的一层，采用手风钻钻孔，仍可用毫秒分段起爆，其最大一段起爆药量应不大于 300 kg。③建基面土 1.5 m 以内的垂直向保护层，采用手风钻孔，火花起爆，其药卷直径不得大于 32 ~ 36 mm。④最后一层炮孔，对于坚硬、完整岩基，可以钻至建基面终孔，但孔深不得超过 50 cm；对于软弱、破碎岩基，要求留 20 ~ 30 cm 的撬挖层。在安排施工进度时，应避免在已浇的坝段和灌浆地段附近进行爆破作业，如无法避免时，则应有充分的论证和可靠的防震措施。

根据建筑物对基岩的不同要求，以及混凝土不同的龄期所允许的质点振动速度值（即破坏标准），规定相应的安全距离和允许装药量。

在邻近建筑物的地段（10 m 以内）进行爆破时，必须根据被保护对象的允许质点振动速度值，按该工程实例的振动衰减规律严格控制浅孔火花起爆的最小装药量。当装药量控制到最低程度仍不能满足要求时，应采取打防震孔或其他防震措施解决。

在灌浆完毕地段及其附近，如因特殊情况需要爆破时，只能进行少量的浅孔火花爆破。还应对灌浆区进行爆前和爆后的对比检查，必要时还需进行一定范围的补灌。

此外，为了控制爆破的地震效应，可采用限制炸药量或静态爆破的方法。也可采用预裂防震爆破、松动爆破、光面爆破等行之有效的减震措施。

在坝基范围进行爆破和开挖，要特别注意安全。必须遵守爆破作业的安全规程。在规定坝基爆破开挖方案时，开挖程序要以人身安全为原则，应自上而下，先岸坡后河槽的顺序进行，即要按照事先确定的开挖范围，从坝基轮廓线的岸坡部分开始，自上而下，分层开挖，直到河槽，不得采用自下而上或造成岩体倒悬的开挖方式。但经过论证，局部宽敞的地方允许采用"自下而上"的方式，拱坝坝肩也允许采用"造成岩体倒悬"的方式。如果基坑范围比较集中，常有几个工种平行作业，在这种情况下，开挖比较松散的覆盖层和滑坡体，更应自上而下进行。如稍有疏忽，就可能造成生命财产的巨大损失，这是过去一些工程得到的经验教训，应引以为戒。

河槽部分也要分层、逐步下挖，为了增加开挖工作面，扩大钻孔爆破的效果，解决开挖施工时的基坑排水问题，通常要选择合适的部位，抽槽先进。抽槽形成后，再分层向下扩挖。抽槽的位置，一般选在地形较低，排水方便，容易引入出渣运输道路的部位，常可结合水工建筑物的底部轮廓，如截水槽、齿槽等部位进行布置。但截水槽、齿槽的开挖，应做专题爆破设计。尤其对基础防渗、抗滑稳定起控制作用的沟槽，更应慎重确定其爆破参数。

方便施工，就是要保证开挖工作的顺利进行，要及时做好排水工作。岸坡开挖时，要在开挖轮廓外围，挖好排水沟，将地表水引走。河槽开挖时，要配备移动方便的水泵，布量好排水沟和集水井，将基坑积水和渗水抽走。同时，还必须从施工进度安排、现场布置及各工种之间互相配合等方面来考虑，做到工种之间互相协调，使人工和设备充分发挥效率，施工现场井然有序，以及开挖进度按时完成。为此，有必要根据设备条件将开挖地段分成几个作业区，每个作业区又划分几个工作面，按开挖工序组织平行流水作业，轮流进行钻孔爆破、出渣运输等工作。在确定钻孔爆破方法时，需考虑到炸落石块粒径的大小能够与出渣运输设备的容量相适应，尽量减少和避免二次爆破的工作量。出渣运输路线一端应直接连到各层的开挖工作面的下面，另一端应和通向上、下游堆渣场的运输干线连接起来。出渣运输道路的规划应该在施工总体布置中，尽可能结合场内交通半永久性施工道路干线的要求一并考虑，以节省临时工程的投资。

基坑开挖的废渣最好能加以利用，直接运至使用地点或暂时堆放。因此，需要合理组织弃渣的堆放，充分利用开挖的土石方。这不仅可以减少弃渣占地，而且还可以节约资金，降低工程造价。

不少工程利用基坑开挖的弃渣来修筑土石副坝和围堰，或将合格的砂石料加工成混凝土骨料，做到料尽其用。另外，在施工安排有条件时，弃渣还应结合农业改地造田充分利用。为此，必须对整个工程的土石方进行全面规划，综合平衡，做到开挖和利用相结合。通过规划平衡，计算出开挖量中的使用量及弃渣量，均应有堆存和加工场地。弃渣的堆放场地，利用填筑工程的位置，应有沟通这些位置的运输道路，使其构成施工平面图的一个组成部分。

弃渣场地必须认真规划，并结合当地条件做出合理布局。弃渣不得恶化河道的水流条件，或造成下游河床淤积；不得影响围堰防渗，抬高尾水和围堰前水位，阻滞水流；同时，还应注意防止影响度汛安全等情况的发生。特别需要指出的是：弃渣堆放场地还应力求不占压或少占压耕地，以免影响农业生产。临时堆渣区，应规划布置在非开挖区或不干扰后续作业的部位。

近年来，在岩石坝基开挖中，国内一些工程采用了预裂爆破、扇形爆破开挖等新技术，获得了优良的开挖质量和较好的经济效应，目前正在日益广泛地推广应用。

第四节　岸坡开挖施工技术

平原河流枢纽的岩坡较低较缓，其开挖施工方法与河床开挖无大的差别。高岸坡开挖方法大体上可分为分层（梯段）开挖法、深孔爆破开挖法和辐射孔开挖法三类。

一、分层开挖法

这是应用最广泛的一种方法，即从岸坡顶部起分梯段逐层下降开挖。主要优点是施工简单，用一般机械设备就可以进行施工。对爆破岩块大小和岩坡的振动影响均较容易控制。

岸坡开挖时，如果山坡较陡，修建道路很不经济或根本不可能时，则可用竖井出渣或将石渣堆于岸坡脚下，即将道路通向开挖工作面是最简单的方法。

（一）道路出渣法

岸坡开挖量大时，采用此法施工，层厚度根据地质、地形和机械设备性能来确定，一般不宜大于 15 m。如岸坡较陡，也可每隔 40 m 高差布置一条主干道（即工作平台）。上层爆破石渣抛弃工作平台或由推土机推至工作平台，进行二次转运。如岸坡陡峭，道路开挖工程量大，也要由施工隧洞通至各工作面。采用预裂爆破或光面爆破形成岸坡壁面。

（二）竖井出渣法

当岸坡陡峭无法修建道路，而航运、过木或其他原因在截流前不允许将岩渣推入河床内时，可采用竖井出渣法。

（三）抛入河床法

这是一种由上而下的分层开挖法，无道路通至开挖面，而是用推土机或其他机械将爆破石渣推入河床内，再由挖掘机装汽车运走。这种方法应用较多，但需在河床允许截流前抛填块石的情况下才能运用。这种方法的主要问题是爆破前后机械设备均需撤出或进入开挖面，很多工程都是将浇筑混凝土的缆式起重机先装好，钻机和推土机均由缆机吊运。

一些坝因河谷较窄或岸坡较陡，石渣推入河床后，不能利用沿岸的道路出渣，只好开挖隧洞至堆渣处，进行出渣。

（四）由下而上分层开挖

当岩石构造裂隙发育或地质条件等因素导致边坡难以稳定，不便采用由上而下的开挖法时,可考虑由下而上分层开挖。这种方法的优点主要是安全,进行混凝土浇筑时,应在上面留一定的空间,以便上层爆破时供石渣堆积。

二、深孔爆破开挖法

高岸坡用几十米的深孔进行一～三次爆破开挖,其优点是减少爆破出渣交替所耗的时间,提高挖掘机械的时间利用率。钻孔可在前期进行,对加快工程建设有利,但深孔爆破技术复杂,很难保证钻孔的精确度,装药、爆破都需要较好的设备和措施。

三、辐射孔爆破开挖法

辐射孔爆破开挖法也是加快施工进度的一种施工方法,在矿山开采时使用较多。为了争取工期,加快坝基开挖进度,一般采用辐射孔爆破开挖法。

高岸坡开挖时,为保证下部河床工作人员与机械的安全,必须对岸坡采取防护措施。一般采用喷混凝土、锚杆和防护网等措施。喷混凝土是常用方法,不但可以防止块石掉落,对软弱易风化岩石还可起到防止风化和雨水湿化剥落的作用。锚杆用于岩石破碎或有构造裂隙可能引起大块岩体滑落的情况,以保证安全。防护网也是常用的防护措施。防护网可贴岸坡安设,也可与岸坡垂直安设。外国常用的有尼龙网、有孔的金属薄板或钢筋网,多悬吊于锚杆上。当与岸坡垂直安设时,应在相距一定高度处安设,以免高处落石击破防护网。

第六章 钢筋工程施工技术

第一节 钢筋的验收与配料

一、钢筋的验收与储存

（一）钢筋的验收

钢筋进场应具有出厂证明书或试验报告单，每捆（盘）钢筋应有标牌，同时应按有关标准和规定进行外观检查和分批做力学性能试验。钢筋在使用时，如发现脆断、焊接性能不良或机械性能显著不正常等，则应进行钢筋化学成分检验。

1. 外观检查

外观检查应满足表 6-1 的要求。

表 6-1　钢筋外观检查要求

钢筋种类	外观要求
热轧钢筋	表面不得有裂纹、结疤和折叠。如有凸块不得超过横肋的高度，其他缺陷的高度和深度不得大于所在部位尺寸的允许偏差，钢筋外形尺寸等应符合国家标准
热处理钢筋	表面不得有裂纹、结疤和折叠。如有局部凸块不得超过横肋的高度。钢筋外形尺寸应符合国家标准
冷拉钢筋	表面不得有裂纹和局部缩颈
冷拔低碳钢丝	表面不得有裂纹和机械损伤
碳素钢丝	表面不得有裂纹、小刺、机械损伤、锈皮和油漆
刻痕钢丝	表面不得有裂纹、分层、锈皮、结疤
钢绞线	不得有折断、横裂和相互交叉的钢丝，表面不得有润滑剂、油渍

2.验收要求

钢筋、钢丝、钢绞线应做成批验收，做力学性能试验时，其抽样方法应按相应标准所规定的规则抽取，见表6-2。

表6-2 钢筋、钢丝、钢绞线验收要求和方法

钢筋种类	验收批钢筋组成	每批数量	取样方法
热轧钢筋	1.同一牌号、规格和同一炉罐号。 2.同钢号的混合批，不超过6个炉罐号	<60t	在每批钢筋中任取2根钢筋，每根钢筋取1个拉力试样和1个冷弯试样
热处理钢筋	1.同一处截面尺寸，同一热处理制度和炉罐号。 2.同钢号的混合批，不超过10个炉罐号	<60t	取10%盘数（不少于25盘），每盘1个拉力试样
冷拉钢筋	同级别、同直径	<20t	任取2根钢筋，每根钢筋取1个拉力试样和1个冷弯试样

（二）钢筋的储存

钢筋进场后，必须严格按批分等级、牌号、直径、长度挂牌存放，不得混淆。钢筋应尽量堆入仓库或料棚内。条件不具备时，应选择地势较高，土质坚硬的场地存放。堆放时，钢筋下部应垫高，离地至少20cm高，以防止钢筋锈蚀。在堆场周围应挖排水沟，以利于泄水。

二、钢筋的配料

钢筋的配料是指识读工程图纸、计算钢筋下料长度和编制配筋表。

（一）钢筋下料长度

1.钢筋长度

施工图（钢筋图）中所指的钢筋长度是钢筋外缘至外缘之间的长度，即外包尺寸。

2.混凝土保护层厚度

混凝土保护层厚度是指受力钢筋外缘至混凝土表面的距离，其作用是保护钢筋在混凝土中不被锈蚀。

3.钢筋接头增加值

由于钢筋直条的供货长度一般为6～10m，而有的钢筋混凝土结构的尺寸很大，需要对钢筋进行接长。

4.钢筋弯曲调整长度

钢筋有弯曲时，在弯曲处的内侧发生收缩，外皮却出现延伸，而中心线则保持原有尺寸。一般量取钢筋尺寸时，对于架立筋和受力筋量外皮、箍筋量内皮、下料则量中心线。这样，对于弯曲钢筋计算长度和下料长度均存在差异。

5.钢筋下料长度计算

直筋下料长度=构件长度+搭接长度-保护层厚度+弯钩增加长度

弯起筋下料长度=直段长度+斜段长度+搭接长度-弯折减少长度+弯钩增加长度

箍筋下料长度=直段长度+弯钩增加长度-弯折减少长度=箍筋周长+箍筋调整值

（二）钢筋配料

钢筋配料是钢筋加工中的一项重要工作，合理地配料能使钢筋得到最大限度的利用，并使钢筋的安装和绑扎工作简单化。钢筋配料是依据钢筋表合理安排同规格、同品种的下料，使钢筋的出厂规格长度能够充分利用，或库存各种规格和长度的钢筋得以充分利用。

1.归整相同规格和材质的钢筋

下料长度计算完毕后，把相同规格和材质的钢筋进行归整和组合，同时根据现有钢筋的长度和能够及时采购到的钢筋长度进行合理组合加工。

2.合理利用钢筋的接头位置

对有接头的配料，在满足构件中接头的对焊或搭接长度，接头错开的前提下，必须根据钢筋原材料的长度来考虑接头的布置。要充分考虑原材料被截下来的一段长度的合理使用，如果能够使一根钢筋正好分成几段钢筋的下料长度，则是最佳方案。但往往难以做到，所以在配料时，要尽量使被截下的一段能够长一些，这样才不致使余料成为废料，使钢筋能得到充分利用。

3.钢筋配料应注意的事项

①配料计算时，要考虑钢筋的形状和尺寸在满足设计要求的前提下，有利于加工安装。②配料时，要考虑施工需要的附加钢筋。如板双层钢筋中保证上层钢筋位置的撑脚、墩墙双层钢筋中固定钢筋间距的撑铁、柱钢筋骨架增加四面斜撑等。

根据钢筋下料长度计算结果和配料选择后，汇总编制钢筋配单。在钢筋配料单中必须反映出工程部位、构件名称、钢筋编号、钢筋简图及尺寸、钢筋直径、钢号、数量、下料长度、钢筋重量等。

三、钢筋代换

钢筋加工时，由于工地现有钢筋的种类、钢号和直径与设计不符，应在不影响使用的条件下进行代换。但代换必须征得工程监理的同意。

（一）钢筋代换的基本原则

1.等强度代换

不同种类的钢筋代换，按照抗拉设计值相等的原则进行。

2.等截面代换

相同种类和级别的钢筋代换，按照截面相等的原则进行。

（二）钢筋代换方法

1. 等强度代换

如施工图中所用的钢筋设计强度为 f_{y1}，钢筋总面积为 A_{s1}，代换后的钢筋设计强度为 f_{y2}，钢筋总面积为 A_{s2}，则应使：

$$A_{s1}f_{y1} \text{，} A_{s2}f_{y2}$$

$$\frac{n_1 \pi d_1^2 f_{y1}}{4} \text{，} \frac{n_2 \pi d_2^2 f_{y2}}{4}$$

$$n_2 \ldots \frac{n_1 d_1^2 f_{y1}}{d_2^2 f_{y2}}$$

式中：

n_1——施工图钢筋根数；

n_2——代换钢筋根数；

d_1——施工图钢筋直径；

d_2——代换钢筋直径。

2. 等截面代换

如代换后的钢筋与设计钢筋级别相同，则应使：

$$A_{s1} \text{，} A_{s2}$$

$$n_2 \ldots \frac{n_1 d_1^2}{d_2^2}$$

3. 钢筋代换注意事项

在水利水电工程施工中进行钢筋代换时，应注意以下事项：①以一种钢号钢筋代替施工图中规定钢号的钢筋时，应按设计所用的钢筋计算强度和实际使用的钢筋计算强度经计算后，对截面面积做相应的改变。②某种直径的钢筋以钢号相同的另一种钢筋代替时，其直径变更范围不宜超过 4mm，变更后的钢筋总截面积较设计规定的总截面积不得小于 2% 或超过 3%。③如用冷处理钢筋代替设计中的热轧钢筋时，宜采用改变钢筋直径的方法，而不宜采用改变钢筋根数的方法来减少钢筋截面积。④以较粗钢筋代替较细钢筋时，部分构件（如预制构件、受挠构件等）应校核钢筋握裹力。⑤要遵守钢筋代换的基本原则：第一，当构件受强度控制时，钢筋可按等强度代换；第二，当构件按最小配筋率配筋时，钢筋可按等截面代换；第三，当构件受裂缝宽度或挠度控制时，代换后应进行裂缝宽度或挠度验算。⑥对一些重要构件，凡不宜用 HPB300 级光面钢筋代替其他钢筋的，不得轻易代用，以免受拉部位的裂缝开裂过大。⑦在钢筋代换中不允许改变构件的有效高度，否则就会降低构件的承载能力。⑧施工图中明确不能以其他钢筋进行代换的构件和结构的某些部位，均不得擅自进行代换。⑨钢筋代换后，应满足钢筋构造要求，如钢筋的根数、间距、直径、锚固长度。

第二节 钢筋内场加工

一、钢筋的除锈

钢筋由于保管不善或存放时间过久，就会受潮生锈。在生锈初期，钢筋表面呈黄褐色，称为水锈或色锈，这种水锈除在焊点附近必须清除外，一般可不处理；但是当钢筋锈蚀进一步发展，钢筋表面已形成一层锈皮，受锤击或碰撞可见其剥落，这种铁锈不能很好地和混凝土黏结，会影响钢筋和混凝土的握裹力，并且在混凝土中继续发展，需要清除。

钢筋除锈方式有三种：①手工除锈，如钢丝刷、砂堆、麻袋砂包、砂盘等擦锈；②除锈机械除锈；③在钢筋的其他加工工序的同时除锈，如在冷拉、调直过程中除锈。

（一）手工除锈

1. 钢丝刷擦锈

将锈钢筋并排放在工作台或木垫板上，分面轮换用钢丝刷擦锈。

2. 砂堆擦锈

将带锈钢筋放在砂堆上往返推拉，直至铁锈擦净为止。

3. 麻袋砂包擦锈

用麻袋包砂，将钢筋包裹在砂袋中，来回推拉擦锈。

4. 砂盘擦锈

在砂盘里装入掺 20% 碎石的干粗砂，把锈蚀的钢筋穿进砂盘两端的半圆形槽里来回冲擦，可除去铁锈。

（二）机械除锈

除锈机由小功率电动机作为动力，带动圆盘钢丝刷的转动来清除钢筋上的铁锈。钢丝刷可单向或双向旋转。除锈机有固定式和移动式两种类型。

操作除锈机时应注意以下几点：①操作人员启动除锈机，将钢筋放平握紧，侧身送料，禁止在除锈机的正前方站人。钢筋与钢丝刷的松紧度要适当，过紧会使钢丝刷损坏，过松则影响除锈效果。②钢丝刷转动时不可在附近清扫锈屑。③严禁将已弯曲成型的钢筋在除锈机上除锈，弯度大的钢筋宜在基本调直后再进行除锈。在整根长的钢筋除锈时，一般要由两人进行操作。两人要紧密配合，互相呼应。④对于有起层锈片的钢筋，应先用小锤敲击，使锈片剥落干净，再除锈。如钢筋表面的麻坑、斑点以及锈皮已损伤钢筋的截面，则在使用前应鉴定是否降级使用或另作其他处理。⑤使用前应特别注意检查电气设备的绝缘及接地是否良好，以确保操作安全。⑥应经常检查钢丝刷的固定螺丝有无松动，转动部分的润滑情况是否良好。⑦检查封闭式防尘罩装置及排尘设备是否处于良好和有效状态，并按规定清扫防护罩中的锈尘。

二、钢筋调直

钢筋在使用前必须经过调直，否则会影响钢筋受力，甚至会使混凝土提前产生裂缝，如未调直直接下料，会影响钢筋的下料长度，并影响后续工序的质量。

钢筋调直应符合下列要求：①钢筋的表面应洁净，使用前应无表面油渍、漆皮、锈皮等。②钢筋应平直，无局部弯曲，钢筋中心线同直线的偏差不超过其全长的1%。成盘的钢筋或弯曲的钢筋均应调直后才允许使用。③钢筋调直后其表面伤痕不得使钢筋截面积减少5%以上。

（一）人工调直

1. 钢丝的人工调直

冷拔低碳钢丝经冷拔加工后塑性下降，硬度增高，用一般人工平直方法调直较困难，因此一般采用机械调直的方法。但在工程量小、缺乏设备的情况下，可以采用蛇形管或夹轮牵引调直。

蛇形管是用长40～50cm、外径2cm的厚壁钢管（或用外径2.5cm钢管内衬弹簧圈）弯曲成蛇形，钢管内径稍大于钢丝直径，蛇形管四周钻小孔，钢丝拉拔时可使锈粉从小孔中排出。管两端连接喇叭进出口，将蛇形管固定在支架上，需要调直的钢丝穿过蛇形管，用人力向前牵引，即可将钢丝基本调直，局部弯曲处可用小锤加以平直。

2. 盘圆钢筋人工调直

直径10mm以下的盘圆钢筋可用绞磨拉直，先将盘圆钢筋搁在放圈架上，人工将钢筋拉到一定长度切断，分别将钢筋两端夹在地锚和绞磨的夹具上，推动绞磨，即可将钢筋拉直。

3. 粗钢筋人工调直

直径10mm以上的粗钢筋是直条状，在运输和堆放过程中易造成弯曲，其调直方法是：根据具体弯曲情况将钢筋弯曲部位放于工作台的扳柱间，就势利用手工扳子将钢筋弯曲基本矫直。也可手持直段钢筋处作为力臂，直接将钢筋弯曲处放在扳柱间扳直，然后将基本矫直的钢筋放在铁砧上，用大锤敲直。

（二）机械调直

钢筋的机械调直可用钢筋调直机、弯筋机、卷扬机等调直。钢筋调直机用于圆钢筋的调直和切断，并可清除其表面的氧化皮和污迹。目前常用的钢筋调直机有GT16/4、GT3/8、GT6/12、GT10/16。此外，还有一种数控钢筋调直切断机，利用光电管进行调直、输送、切断、除锈等功能的自动控制。

三、钢筋切断

钢筋切断前应做好以下准备工作：①汇总当班所要切断的钢筋料牌，将同规格（同级别、同直径）的钢筋分别统计，按不同长度进行长短搭配，一般情况下先断长料，后断短料，以尽量减少短头，减少损耗。②检查测量长度所用工具或标志的准确性，在工作台上有量尺刻度线的，应事先检查定尺卡板的牢固和可靠性。在断料时应避免用短尺量长料，防止在量料中产生累计误差。③对根数较多的批量切断任务，在正式操作前应试切 2 ~ 3 根，以检验长度的准确性。

钢筋切断有人工剪断、机械切断、氧气切割等三种方法。直径大于 40mm 的钢筋一般用氧气切割。

（一）手工切断

手工切断的工具有以下几种：

1. 断线钳

断线钳是定型产品，按其外形长度可分为 450mm、断线钳用于切断 5mm 以下的钢丝。

2. 手动液压钢筋切断机

它由滑轨、塞、储油筒、回位弹簧及缸体等组成，能切断直径 16mm 以下的钢筋、直径 25mm 以下的钢绞线。这种机具具有体积小、重量轻、操作简单、便于携带的特点。

手动液压钢筋切断机操作时把放油阀按顺时针方向旋紧，揿动压杆使柱塞提升，吸油阀被打开，工作油进入油室；提升压杆，工作油便被压缩进入缸体内腔，压力油推动活塞前进，安装在活塞前部的刀片即可断料。切断完毕后立即按逆时针方向旋开放油阀，在回位弹簧的作用下，压力油又流回油室，刀头自动缩回缸内。如此重复动作，进行切断钢筋操作。

3. 手压切断器

手压切断器用于切断直径 16mm 以下的 HPB300 级钢筋。手压切断器由固定刀片、活动刀片、底座、手柄等组成，固定刀片连接在底座上，活动刀片通过几个轴（或齿轮）以杠杆原理加力来切断钢筋，当钢筋直径较大时可适当加长手柄。

4. 克子切断器

克子切断器用于钢筋加工量少或缺乏切断设备的场合。使用时将下克插在铁贴的孔里，把钢筋放在下克槽里，上克边紧贴下克边，用大锤敲击上克使钢筋切断。

手工切断工具如没有固定基础，在操作过程中可能发生移动，因此在采用卡板作为控制切断尺寸的标志。而大量切断钢筋时，就必须经常复核断料尺寸是否准确，特别是一种规格的钢筋切断量很大时，更应在操作过程中经常检查，避免刀口和卡板间距离发生移动，引起断料尺寸错误。

（二）机械切断

钢筋切断机是用来把钢筋原材料或已调直的钢筋切断，其主要类型有机械式、液压式和手持式钢筋切断机。机械式钢筋切断机有偏心轴立式、凸轮式和曲柄连杆式等钢筋切断机。

偏心轴立式钢筋切断机由电动机、齿轮传动系统、偏心轴、压料系统、切断刀及机体部件等组成。一般用于钢筋加工生产线上。由一台功率为 3kW 的电动机通过一对皮带轮驱动飞轮轴，再经三级齿轮减速后，通过转键离合器驱动偏心轴，实现动刀片往复运动与定刀片配合切断钢筋。

曲柄连杆式钢筋切断机有分开式、半开式及封闭式三种，它主要由电动机、曲柄连杆机构、偏心轴、传动齿轮、减速齿轮及切断刀等组成。曲柄连杆式钢筋切断机由电动机驱动三角皮带轮，通过减速齿轮系统带动偏心轴旋转。偏心轴上的连杆带动滑块和活动刀片在机座的滑道中做往复运动，再配合机座上的固定刀片切断钢筋。

操作钢筋切断机应注意以下几点：①被切钢筋应先调直后才能切断。②在断短料时，不用手扶的一端应用 1m 以上长度的钢管套压。③切断钢筋时，操作者的手只准握在靠边一端的钢筋上，禁止使用两手分别握在钢筋的两端剪切。④向切断机送料时，要注意：第一，钢筋要摆直，不要将钢筋弯成弧形；第二，操作者要将钢筋握紧；第三，应在冲切刀片向后退时送进钢筋，如来不及送料，要等下一次退刀时再送料，否则可能发生人身安全或设备事故；第四，切断 30cm 以下的短钢筋时，不能用手直接送料，可用钳子将钢筋夹住送料；第五，机器运转时，不得进行任何修理、校正或取下防护罩，不得触及运转部位，严禁将手放在刀片切断位置，铁屑、铁末不得用手抹或嘴吹，一切清洁扫除应停机后进行；第六，禁止切断规定范围外的材料、烧红的钢筋及超过刀刃硬度的材料；第三，操作过程中如发现机械运转不正常，或有异常响声，或者刀片离合不好等情况，要立即停机，并进行检查、修理。⑤电动液压式钢筋切断机需注意：第一，检查油位及电动机旋转方向是否正确；第二，先松开放油阀，空载运转 2min，排掉缸体内空气，然后拧紧。手握钢筋稍微用力将活塞刀片拨动一下，给活塞以压力，即可进行剪切工作。⑥手动液压式钢筋切断机须注意：第一，使用前应将放油阀按顺时针方向旋紧；切断完毕后，立即按逆时针方向旋开；第二，在准备工作完毕后，拔出柱销，拉开滑轨，将钢筋放在滑轨圆槽中，合上滑轨，即可剪切。

四、钢筋弯曲成型

（一）画线

钢筋弯曲前，对形状复杂的钢筋（如弯起钢筋），根据钢筋料牌上标明的尺寸，用石笔将各弯曲点位置划出。画线时应注意以下几点：①根据不同的弯曲角度扣除弯曲调整值，其扣法是从相邻两段长度中各扣一半。②钢筋端部带半圆弯钩时，该段长度画线时增加 0.5d（d 为钢筋直径）。③画线工作宜从钢筋中线开始向两边进行；两边不对称的钢筋，也可从钢筋一端开始画线，如画到另一端有出入时，则应重新调整。

（二）钢筋弯曲成型

钢筋弯曲成型要求加工的钢筋形状正确，平面上没有翘曲不平的现象，便于绑扎安装。

钢筋弯曲成型有手工弯曲成型和机械弯曲成型两种方法。

1.手工弯曲成型

（1）加工工具及装置

①工作台

弯曲钢筋的工作台，台面尺寸约为 600cm×80cm（长×宽），高度为 80～90cm。工作台要求稳固牢靠，避免在工作时发生晃动。

②手摇板

手摇板是弯曲盘圆钢筋的主要工具，如图6-1所示。手摇板A是用来弯制12mm以下的单根钢筋；手摇板B可弯制8mm以下的多根钢筋，一次可弯制4～8根，主要适宜弯制箍筋。手摇板为自制，它由一块钢板底盘和扳柱、扳手组成。扳手长度为30～50cm，可根据弯制钢筋直径适当调节，扳手用14～18mm钢筋制成；扳柱直径为16～18mm；钢板底盘厚4～6mm。操作时将底盘固定在工作台上，底盘面与台面相平。如果使用钢制工作台，挡板、扳柱可直接固定在台面上。

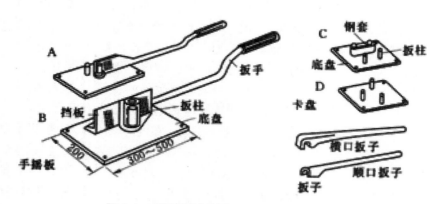

图6-1　手工弯曲钢筋的工具（单位：mm）

③卡盘

卡盘是弯粗钢筋的主要工具之一，它由一块钢板底盘和扳柱组成。底盘约厚12mm，固定在工作台上；扳柱直径应根据所弯制钢筋来选择，一般为20～25mm。卡盘有两种型式：一种是在一块钢板上焊4个扳柱（图6-1中卡盘C），水平方向净距为100mm，垂直方向净距为34mm，可弯制32mm以下的钢筋，但在弯制28mm以下的钢筋时，在后面两个扳柱上要加不同厚度的钢套；另一种是在一块钢板上焊三个扳柱（图6-1中卡盘D），扳柱的两条斜边净距为100mm，底边净距为80mm，这种卡盘无须配备不同厚度的钢套。

④钢筋扳子

钢筋扳子有横口扳子和顺口扳子两种，它主要和卡盘配合使用。横口扳子又有平头和弯头两种，弯头横口扳子仅在绑扎钢筋时纠正某些钢筋形状或位置时使用，常用的是平头横口扳子。当弯制直径较粗钢筋时，可在扳子柄上接上钢管，加长力臂省力。钢筋扳子的扳口尺寸要比弯制钢筋大2mm较为合适，过大会影响弯制形状的正确。

（2）手工弯制作业

①准备工作

熟悉要进行弯曲加工钢筋的规格、形状和各部分尺寸，确定弯曲操作的步骤和工具。确认弯曲顺序，避免在弯曲时将钢筋反复调转，影响工效。

②画线

一般画线方法是在划弯曲钢筋分段尺寸时，将不同角度的长度调整值在弯曲操作方向相反的一侧长度内扣除，画上分段尺寸线，这条线称为弯曲点线，根据这条线并按规定方法弯曲后，钢筋的形状和尺寸与图纸要求的基本相符。当形状比较简单或同一形状根数较多的钢筋进行弯曲时，可以不画线，而在工作台上按各段尺寸要求固定若干标志，按标志操作。

③试弯

在成批钢筋弯曲操作之前，各种类型的弯曲钢筋都要试弯一根，然后检查其弯曲形状、尺寸是否和设计要求相符；并校对钢筋的弯曲顺序、画线、所定的弯整后，再进行批量生产。

④弯曲成型

在钢筋开始弯曲前，应注意扳距和弯曲点线、扳柱之间的关系。为了保证钢筋弯曲形状正确，使钢筋弯曲圆弧有一定弯曲率，且在操作时扳子端部不碰到扳柱，扳子和扳柱间必须有一定的距离，这段距离称为扳距。

2. 机械弯曲

钢筋弯曲机有机械钢筋弯曲机、液压钢筋弯曲机和钢筋弯箍机等几种。机械式钢筋弯曲机按工作原理分为齿轮式及蜗轮蜗杆式钢筋弯曲机两种。蜗轮蜗杆式钢筋弯曲机由电动机、工作盘、插入座、蜗轮、蜗杆、皮带轮、齿轮及滚轴等组成。也可在底部装设行走轮，便于移动。其构造如图6-2所示。弯曲钢筋在工作盘上进行，工作盘的底面与蜗轮轴连在一起，盘面上有9个轴孔，中心的1个孔插中心轴，周围的8个孔插成型轴或轴套。工作盘外的插入孔上插有挡铁轴。它由电动机带动三角皮带轮旋转，皮带轮通过齿轮传动蜗轮蜗杆，再带动工作盘旋转。当工作盘旋转时，中心轴和成型轴都在转动，由于中心轴在圆心上，圆盘虽在转动，但中心轴位置并没有移动；而成型轴却围绕着中心轴做圆弧转动。如果钢筋一端被挡铁轴阻止自由活动，那么钢筋就被成型轴绕着中心轴进行弯曲。通过调整成型轴的位置，可将钢筋弯曲成所需要的形状。改变中心轴的直径（16mm、20mm、25mm、35mm、45mm、60mm、75mm、85mm、100mm），可保证不同直径的钢筋所需的不同的弯曲半径。

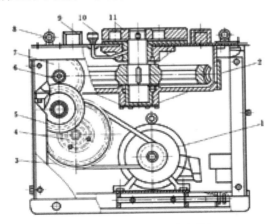

图6-2　蜗轮蜗杆式钢筋弯曲机

1—电动机；2—蜗轮；3—皮带轮；4、5、7—齿轮；6—蜗杆；8—滚轴；9—插入座；10—油杯；11—工作盘齿轮式钢筋弯曲机主要由电动机、齿轮减速箱、皮带轮、工作盘、滚轴、夹持器、转轴及控制配电箱等组成，其构造如图6-3所示。齿轮式钢筋弯曲机，由电动机通过三角皮带轮或直接驱动圆柱齿轮减速，带动工作盘旋转。工作盘左、右两个插入座可通过调节手轮进行无级调节，并与不同直径的成型轴及挡料轴配合，把钢筋弯曲成各种不同规格。当钢筋被弯曲到预先确定的角度时，限位销触到行程开关，电动机自动停机、反转、回位。

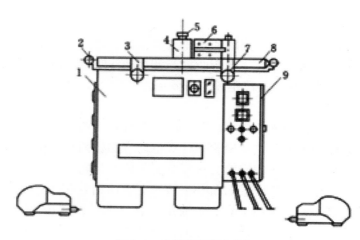

图6-3　齿轮式钢筋弯曲机

1—机架；2—深轴；3、7—调节手轮；4—转轴；5—紧固手柄；6—夹持器；8—工作台；9—控制配电箱

操作钢筋弯曲机应注意以下几点：①钢筋弯曲机要安装在坚实的地面上，放置要平稳，铁轮前后要用三角对称楔紧，设备周围要有足够的场地。非操作者不要进入工作区域，以免扳动钢筋时被碰伤。②操作前要对机械各部件进行全面检查以及试运转，并检查齿轮、轴套等备件是否齐全。③要熟悉倒顺开关的使用方法，以及所控制的工作盘的旋转方向，钢筋放置要和成型轴、工作盘旋转方向相配合，不要放反。变换工作盘旋转方向时，要按正转—停—倒转操作，不要直接按正—倒转或倒—正转操作。④钢筋弯曲时，其圆弧直径是由中心轴直径决定的，因此要根据钢筋粗细和所要求的圆弧弯曲直径大小随时更换中心轴或轴套。⑤严禁在机械运转过程中更换中心轴、成型轴、挡铁轴，或进行清扫、加油。如果需要更换，必须切断电源，当机器停止转动后才能更换。⑥弯曲钢筋时，应使钢筋挡架上的挡板贴紧钢筋，以保证弯曲质量。⑦弯曲较长的钢筋时，要有专人扶持钢筋。扶持人员应按操作人员的指挥进行工作不能任意推拉。⑧在运转过程中如发现卡盘、颤动、电动机温升超过规定值时，均应停机检修。⑨不直的钢筋，禁止在弯曲机上弯曲。

第三节　钢筋接头的连接

钢筋的接头连接有焊接和机械连接两类。常用的钢筋焊接机械有电阻焊接机、电

弧焊接机、气压焊接机及电渣压力焊机等。钢筋机械连接方法主要有钢筋套筒挤压连接、锥螺纹套筒连接等。

一、钢筋焊接

采用焊接代替绑扎，可改善结构受力性能，提高工效，节约钢材，降低成本。结构的有些部位，如轴心受拉和小偏心受拉构件中的钢筋接头，应焊接。普通混凝土中直径大于 22mm 的钢筋和轻骨料混凝土中直径大于 25mm 的 HRB400 级钢筋，均宜采用焊接接头。

钢筋的焊接，应采用闪光对焊、电弧焊、电渣压力焊和电阻点焊。钢筋与钢板的 T 形连接，宜采用埋弧压力焊或电弧焊。钢筋焊接的接头形式、焊接工艺和质量验收，应符合《钢筋焊接及验收规程》的规定。

钢筋的焊接质量与钢材的可焊性、焊接工艺有关。在相同的焊接工艺条件下，能获得良好的焊接质量钢材，称其在这种条件下的可焊性好，相反则称其在这种工艺条件下的可焊性差。钢筋的可焊性与其含碳及含合金元素的数量有关。含碳、含猛数量增加，则可焊性差；加入适量的钛，可改善焊接性能。焊接参数和操作水平也影响焊接质量，即使可焊性差的钢材，若焊接工艺适宜，亦可获得良好的焊接质量。

（一）钢筋点焊

电阻点焊主要用于焊接钢筋网片、钢筋骨架等（适用于直径 6 ~ 14mm 的 HPB300 级钢筋和直径 3 ~ 5mm 的冷拔低碳钢丝），它生产效率高，节约材料，应用广泛。

电阻点焊的工作原理如图 6-4 所示，将已除锈的钢筋交叉点放在点焊机的两电极之间，使钢筋通电加热至一定温度后，加压使焊点金属焊合。常用的点焊机有单点点焊机、多点点焊机和悬挂式点焊机，施工现场还可采用手提式点焊机。电阻点焊的主要工艺参数为电流强度、通电时间和电极压力。电流强度和通电时间一般宜采用电流强度大、通电时间短的参数，电极压力则根据钢筋级别和直径选择。

电阻点焊的焊点应进行外观检查和强度试验，热轧钢筋的焊点应进行抗剪试验。冷处理钢筋除进行抗剪试验外，还应进行抗拉试验。

点焊时，将表面清理好的钢筋叠合在一起，放在两个电极之间预压夹紧，使两根钢筋交接点紧密接触。当踏下脚踏板时，带动压紧机使上电极压紧钢筋，同时断路器也接通电路，电流经变压器次级线圈引到电极，接触点处在极短的时间内产生大量的电阻热，使钢筋加热到熔化状态，在压力作用下两根钢筋交叉焊接在一起。当放松脚踏板时，电极松开，断路器随着杠杆下降，断开电路，点焊结束。

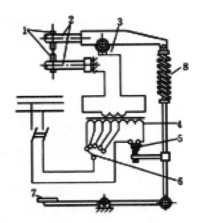

图 6-4　点焊机工作原理

1—电极；2—电极臂；3—变压器的次级线圈；4—变压器的初级线圈；5—断路器；6—变压器的调节开关；
7—踏板；8—压紧机构

2.钢筋闪光对焊

闪光对焊广泛用于钢筋接长及预应力钢筋与螺丝端杆的焊接。热轧钢筋的焊接宜优先用闪光对焊，条件不可能时才用电弧焊。

钢筋闪光对焊（图 6-5）是利用对焊机使两段钢筋接触，通过低电压的强电流，待钢筋被加热到一定温度变软后，进行轴向加压顶锻，形成对焊接头。钢筋闪光对焊焊接工艺应根据具体情况选择；钢筋直径较小，可采用连续闪光焊；钢筋直径较大，端面比较平整，宜采用预热闪光焊；端面不够平整。宜采用闪光、预热闪光焊。

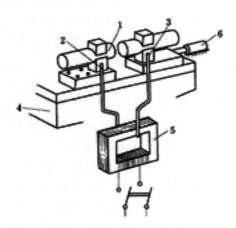

图 6-5　钢筋闪光对接原理

1—焊接的钢筋；2—固定电极；3—可动电极；4—机座；5—变压器；6—手动顶压机构

（1）连续闪光焊

这种焊接工艺过程是将钢筋夹紧在电极钳口上后，闭合电源，使两钢筋端面轻微接触。由于钢筋端部不平，开始只有一点或数点接触，接触面小而电流密度和接触电阻很大。接触点很快熔化并产生金属蒸气飞溅，形成闪光现象。闪光一开始，即徐徐

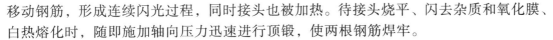

移动钢筋，形成连续闪光过程，同时接头也被加热。待接头烧平、闪去杂质和氧化膜、白热熔化时，随即施加轴向压力迅速进行顶锻，使两根钢筋焊牢。

（2）预热闪光焊

施焊时先闭合电源然后使两钢筋端面交替地接触和分开。这时钢筋端面间隙中即发出断续的闪光，形成预热过程。当钢筋达到预热温度后进入闪光阶段，随后顶锻而成。

（3）闪光－预热－闪光焊

在预热闪光焊前加一次闪光过程。目的是使不平整的钢筋端面烧化平整。使预热均匀，然后按预热闪光焊操作。

焊接大直径的钢筋（直径25mm以上），多用预热闪光焊与闪光－预热－闪光焊。采用连续闪光焊时，应合理选择调伸长度、烧化留量、顶锻留量以及变压器级数等；采用闪光－预热－闪光焊时，除上述参数外，还应包括一次烧化留量、二次烧化留量、预热留量和预热时间等参数。焊接不同直径的钢筋时，其截面比不宜超过1.5。焊接参数按大直径的钢筋选择。负温下焊接时，由于冷却快，易产生冷脆现象，内应力也大。为此，负温下焊接应减小温度梯度和冷却速度。

钢筋闪光对焊后。除对接头进行外观检查（无裂纹和烧伤，接头弯折不大于4°，接头轴线偏移不大于1/10的钢筋直径，也不大于2mm）外，还应按《钢筋焊接及验收规程》的规定进行抗拉强度和冷弯试验。

3.电弧焊接

钢筋电弧焊是以焊条作为一极，钢筋为另一极，利用焊接电流通过产生的电弧热进行焊接的一种爆焊方法。电弧焊具有设备简单、操作灵活、成本低等特点，且焊接性能好，但工作条件差、效率低。适用于构件厂内和施工现场焊接碳素钢、低合金结构钢、不锈钢、耐热钢和对铸铁的补焊，可在各种条件下进行各种位置的焊接。电弧焊又分为手弧焊、埋弧压力焊等。

（1）手弧焊

手弧焊是利用手工操纵焊条进行焊接的一种电弧焊。手弧焊用的焊机有交流弧焊机（焊接变压器）、直流弧焊机（焊接发电机）等。手弧焊用的焊机是一台额定电流500A以下的弧焊电源（交流变压器或直流发电机）；辅助设备有焊钳、焊接电缆、面罩、敲渣锤、钢丝刷和焊条保温筒等。

电弧焊是利用弧焊机使焊条与焊件之间产生高温电弧，使焊条和电弧燃烧范围内的焊件熔化，待其凝固，便形成焊缝或接头。钢筋电弧焊可分为搭接焊、帮条焊、坡口焊和熔槽帮条焊四种接头形式。下面介绍帮条焊、搭接焊和坡口焊，熔槽帮条焊，其他电弧焊接方法详见《钢筋焊接及验收规程》。

①帮条焊接头

适用于焊接直径10～40mm的各级热轧钢筋。帮条宜采用与主筋同级别、同直径的钢筋制作。如帮条级别与主筋相同时，帮条的直径可比主筋直径小一个规格，如帮条直径与主筋相同时，帮条钢筋的级别可比主筋低一个级别。

②搭接焊接头

只适用于焊接直径10～40mm的HPB300级钢筋。焊接时，宜采用双面焊。不能进行双面焊时，也可采用单面焊。搭接长度应与帮条长度相同。

钢筋帮条接头或搭接接头的焊缝厚度 h 应不小于 0.3 倍钢筋直径；焊缝宽度 b 不小于 0.7 倍钢筋直径。

③坡口焊接头

有平焊和立焊两种。这种接头比上两种接头节约钢材，适用于在现场焊接装配整体式构件接头中直径 18 ~ 40mm 的各级热轧钢筋。钢筋坡口平焊时，V 形坡口角度为 60°，坡口立焊时，坡口角度为 45°。钢垫板长为 40 ~ 60mm。平焊时，钢垫板宽度为钢筋直径加 10mm；立焊时，其宽度等于钢筋直径。钢筋根部间隙，平焊时为 4 ~ 6mm，立焊时为 3 ~ 5mm。最大间隙均不宜超过 10mm。

焊接电流的大小应根据钢筋的直径和焊条的直径进行选择。

帮条焊、搭接焊和坡口焊的焊接接头，除应进行外观质量检查外，也需抽样做拉力试验。如对焊接质量有怀疑或发现异常情况，还应进行非破损方式（X 射线、γ 射线、超声波探伤等）检验。

（2）埋弧压力焊

埋弧压力焊是将钢筋与钢板安放成 T 形，利用焊接电流通过时在焊剂层下产生电弧，形成熔池，加压完成的一种压力焊方法。具有生产效率高、质量好等优点，适用于各种预埋件、T 形接头、钢筋与钢板的焊接。预埋件钢筋压力焊适用于热轧直径 6 ~ 25mm HPB300 级钢筋的焊接，钢板为普通碳素钢，厚度为 6 ~ 20mm。

在埋弧压力焊时，钢筋与钢板之间引燃电弧之后，由于电弧作用使局部用材及部分焊剂熔化和蒸发，蒸发气体形成了一个空腔，空腔被熔化的焊剂所形成的熔渣包围，焊接电弧就在这个空腔内燃烧，在焊接电弧热的作用下，熔化的钢筋端部和钢板金属形成焊接熔池。待钢筋整个截面均匀加热到一定温度，将钢筋向下顶压，随即切断焊接电源，冷却凝固后形成焊接接头。

4. 气压焊接

气压焊是利用氧气和乙炔气，按一定的比例混合燃烧的火焰，将被焊钢筋两端加热，使其达到热塑状态，经施加适当压力，使其接合的固相焊接法。钢筋气压焊适用于 14 ~ 40mm 的热轧钢筋，也能进行不同直径钢筋间的焊接，还可用于钢轨焊接。被焊材料有碳素钢、低合金钢、不锈钢和耐热合金等。钢筋气压焊设备轻便，可进行水平、垂直、倾斜等全方位焊接，具有节省钢材、施工费用低廉等优点。

钢筋气压焊接机由供气装置（氧气瓶、溶解乙炔瓶等）、多嘴环管加热器、加压器（油泵、顶压油缸等）、焊接夹具及压接器等组成。

气压焊接钢筋是利用乙炔 – 氧混合气体燃烧的高温火焰对已有初始压力的两根钢筋端面接合处加热，使钢筋端部产生塑性变形，并促使钢筋端面的金属原子互相扩散，当钢筋加热到 1250 ~ 1350℃（相当于钢材熔点的 0.80 ~ 0.90 倍，此时钢筋加热部位呈橘黄色，有白亮闪光出现）时进行加压顶锻，使钢筋内的原子得以再结晶而焊接在一起。

钢筋气压焊接属于热压焊。在焊接加热过程中，加热温度为钢材熔点的 0.8 ~ 0.9 倍，钢材未呈熔化液态，且加热时间较短，钢筋的热输入量较少，所以不会出现钢筋材质劣化倾向。

加热系统中的加热能源是氧和乙炔。系统中的流量计用来控制氧和乙炔的输入量，焊接不同直径的钢筋要求不同的流量。加热器用来将氧和乙炔混合后，从喷火嘴喷出火焰加热钢筋，要求火焰能均匀加热钢筋，要有足够的温度和功率并且安全可靠。

加压系统中的压力源为电动油泵（也有手动油泵），使加压顶锻时压力平稳。压接器是气压焊的主要设备之一，要求它能准确、方便地将两根钢筋固定在同一轴线上，并将油泵产生的压力均匀地传递给钢筋达到焊接的目的。施工时压接器需反复装拆，要求它重量轻、构造简单和装拆方便。

气压焊接的钢筋要用砂轮切割机断料，不能用钢筋切断机切断，要求端面与钢筋轴线垂直。焊接前应打磨钢筋端面，清除氧化层和污物，使之现出金属光泽，并喷涂一薄层焊接活化剂，保护端面不再氧化。

钢筋加热前先对钢筋施 30 ~ 40MPa 的初始压力，使钢筋端面贴合。当加热到缝隙密合后，上下摆动加热器适当增大钢筋加热范围，促使钢筋端面金属原子互相渗透也便于加压顶锻。加压顶锻的压应力约 34 ~ 40MPa，使焊接部位产生塑性变形。直径小于 22mm 的钢筋可以一次顶锻成型，大直径钢筋可以进行二次顶锻。

气压焊的接头，应按规定的方法检查外观质量和进行拉力试验。

5. 电渣压力焊

现浇钢筋混凝土框架结构中竖向钢筋的连接，宜采用自动或手工电渣压力焊进行焊接（直径 14 ~ 40mm 的 HPB300 级钢筋）。与电弧焊比较，它工效高、节约钢材、成本低，在高层建筑施工中得到广泛应用。

钢筋电渣压力焊是将两根钢筋安放成竖向对接形式，利用焊接电流通过两钢筋端面间隙，在焊剂层下形成电弧过程和电渣过程，产生电弧热和电阻热，熔化钢筋，加压完成的一种焊接方法。钢筋电渣压力焊机操作方便，效率高，适用于竖向或斜向受力钢筋的连接，钢筋级别为 HPB300 级，直径为 14 ~ 40mm。电渣压力焊设备包括电源、控制箱、焊接夹具、焊剂盒。自动电渣压力焊的设备还包括控制系统及操作箱。焊接夹具应具有一定刚度，要求坚固、灵巧、上下钳口同心，上下钢筋的轴线应尽量一致。焊接时，先将钢筋端部约 120mm 范围内的钢筋除尽，将夹具夹牢在下部钢筋上，并将上部钢筋扶直夹牢于活动电极中，上下钢筋间放一小块导电剂（或钢丝小球），装上药盒，装满焊药，接通电路．用手炳使电弧引燃（引弧）。然后稳弧一定时间使之形成渣池并使钢筋熔化（稳弧），随着钢筋的熔化，用手柄使上部钢筋缓缓下送。稳弧时间的长短视电流、电压和钢筋直径而定。当稳弧达到规定时间后，在断电的同时用手柄进行加压顶锻以排除夹渣气泡，形成接头。待冷却一定时间后即拆除药盒，回收焊药，拆除夹具和清除焊渣。引弧、稳弧、顶锻三个过程连续进行。

电渣压力焊的接头，应按规范规定的方法检查外观质量和进行拉力试验。

（二）钢筋机械连接

钢筋机械连接常用挤压连接和锥套管螺纹连接两种形式，是近年来大直径钢筋现场连接的主要方法。

1. 钢筋挤压连接

钢筋挤压连接也称钢筋套筒冷压连接。它是将需连接的变形钢筋插入特制钢套筒内，利用液压驱动的挤压机进行径向或轴向挤压，使钢套筒产生塑性变形，使它紧紧咬住变形钢筋实现连接。它适用于竖向、横向及其他方向的较大直径变形钢筋的连接。与焊接相比，它具有节省电能、不受钢筋可焊性能的影响、不受气候影响、无明火、施工简便和接头可靠度高等特点。

钢筋挤压连接的工艺参数，主要是压接顺序、压接力和压接道数。压接顺序从中间逐道向两端压接。压接力要能保证套筒与钢筋紧密咬合，压接力和压接道数取决于钢筋直径、套筒型号和挤压机型号。

2. 钢筋套管螺纹连接

钢筋套管螺纹连接分锥套管和直套管螺纹两种形式。钢套管内壁用专用机床加工有螺纹，钢筋的对端头也在套丝机上加工和套管匹配的螺纹。连接时，在对螺纹检查无油污和损伤后，先用手旋入钢筋，然后用扭矩扳手紧固至规定的扭矩即完成连接。它施工速度快、不受气候影响、质量稳定、对中性好。

3. 直螺纹钢筋连接

直螺纹钢筋连接是通过滚轮将钢筋端头部分压圆并一次性滚出螺纹和套筒通过螺纹连接形成的钢筋机械接头。直螺纹钢筋连接工艺流程为：确定滚丝机位置→钢筋调直、切割机下料→丝头加工→丝头质量检查（套丝帽保护）→用机械扳手进行套筒与丝头连接→接头连接后质量检查→钢筋直螺纹接头送检。

钢筋丝头加工步骤如下：①按钢筋规格所需的调整试棒调整好滚丝头内孔最小尺寸。②按钢筋规格更换涨刀环，并按规定的丝头加工尺寸调整好剥肋直径尺寸。③调整剥肋挡块及滚压行程开关位置，保证剥肋及滚压螺纹的长度符合丝头加工尺寸的规定。④钢筋丝头长度的确定。确定原则：以钢筋连接套筒长度的一半为钢筋丝扣长度，由于钢筋的开始端和结束端存在不完整丝扣，初步确定钢筋丝扣的有效长度。允许偏差为 0 ~ 2P（P 为螺距），施工中一般按 0 ~ 1P 控制。

第四节 钢筋的冷拉

钢筋的冷加工有冷拉、冷拔、冷轧等三种形式。这里仅介绍钢筋的冷拉。

一、冷拉机械

常用的冷拉机械有阻力轮式、卷扬机式、丝杠式、液压式等钢筋冷拉机。

（一）阻力轮式钢筋冷拉机

阻力轮式冷拉机的构造如图 6-6 所示。它由支承架、阻力轮、电动机、变速箱、绞轮等组成。主要适用于冷拉直径为 6 ~ 8mm 的盘圆钢筋，冷拉率为 6% ~ 8%。若与两台调直机配合使用，可加工出所需长度的冷拉钢筋。阻力轮式冷拉机，是利用一个变速箱，其出头轴装有绞轮，由电动机带动变速箱高速轴，使绞轮随着变速箱低速轴一同旋转，强力使钢筋通过4个（或6个）不在一条直线上的阻力轮，将钢筋拉长。绞轮直径一般为550mm。阻力轮是固定在支承架上的滑轮，直径为100mm，其中一个阻力轮的高度可以调节，以便改变阻力大小，控制冷拉率。

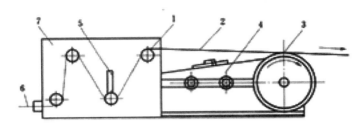

图6-6　阻力轮式钢筋冷拉设备
1—阻力轮；2—钢筋；3—绞轮；4—变速箱，5—调节槽；6—钢筋；7—支承梁

（二）卷扬机式钢筋冷拉机

卷扬机式钢筋冷拉工艺是目前普遍采用的冷拉工艺。它具有适应性强，可按要求调节冷拉率和冷拉控制应力；冷拉行程大，不受设备限制，可适应冷拉不同长度和直径的钢筋；设备简单、效率高、成本低等特点。卷扬机式钢筋冷拉机构造主要由卷扬机、滑轮组、地锚、导向滑轮、夹具和测力装置等组成。工作时，由于卷筒上传动钢丝绳是正、反穿绕在两副动滑轮组上，因此当卷扬机旋转时，夹持钢筋的一副动滑轮组被拉向卷扬机，使钢筋被拉伸；而另一副动滑轮组则被拉向导向滑轮，为下次冷拉时交替使用。钢筋所受的拉力经传力杆、活动横梁传送给测力装置，从而测出拉力的大小。对于拉伸长度，可通过标尺直接测量或用行程开关来控制。

二、冷拉钢筋作业

①钢筋冷拉前，应先检查钢筋冷拉设备的能力和冷拉钢筋所需的吨位值是否相适应，不允许超载冷拉。特别是用旧设备拉粗钢筋时应特别注意。②为确保冷拉钢筋的质量，钢筋冷拉前，应对测力器和各项冷拉数据进行校核，并做好记录。③冷拉钢筋时，操作人员应站在冷拉线的侧向，操作人员应在统一指挥下进行冷拉。④在冷拉过程中，应随时注意限制信号，当看到停车信号或见到有人误入危险区时，应立即停车，并稍微放松钢丝绳。在作业过程中，严禁横向跨越钢丝绳。⑤冷拉钢筋时，无论是拉紧还是放松，均应缓慢和均匀地进行，绝不能时快时慢。⑥冷拉钢筋时，如遇焊接接头被拉断，可重新焊接后再拉，但一般不得超过两次。

第五节 钢筋的绑扎与安装

建基面终验清理完毕或施工缝处理完毕养护一定时间,混凝土强度达到2.5MPa后,即进行钢筋的绑扎与安装作业。

钢筋的安设方法有两种:一种是将钢筋骨架在加工厂制好,再运到现场安装,叫整装法;另一种是将加工好的散钢筋运到现场,再逐根安装,叫散装法。

一、钢筋的绑扎接头

根据施工规范规定:直径在25mm以下的钢筋接头,可采用绑扎接头。轴心受压构件、小偏心受拉构件和承受振动荷载的构件中,钢筋接头不得采用绑扎接头。

采用钢筋绑扎应遵守以下规定:①受拉区域内的光面钢筋绑扎接头的末端,应做弯钩。②梁、柱钢筋的接头,如采用绑扎接头,则在绑扎接头的搭接长度范围内应加密箍筋。当搭接钢筋为受拉钢筋时,箍筋间距不应大于5d(d为两搭接钢筋中较小的直径);当搭接钢筋为受压钢筋时,箍筋间距不应大于10d,孔钢筋接头应分散布置,配置在同一截面内的受力钢筋,其接头的截面积占受力钢筋总截面积的比例应符合下列要求:①绑扎接头在构件的受拉区中不超过25%,在受压区中不超过50%。②焊接与绑扎接头距钢筋弯起点不小于10d,也不位于最大弯矩处。③在施工中如分辨不清受拉、受压区时,其接头设置应按受拉区的规定。④两根钢筋相距在30d或50cm以内,两绑扎接头的中间距离在绑扎搭接长度以内,均作同一截面。

直径不大于12mm的受压HPB300级钢筋的末端,以及轴心受压构件中任意直径的受力钢筋的末端,可不做弯钩,但搭接长度不应小于30d。

二、钢筋的现场绑扎

(一)准备工作

1.熟悉施工图纸

通过熟悉图纸,一方面校核钢筋加工中是否有遗漏或误差;另一方面也可以检查图纸中是否存在与实际情况不符的地方,以便及时改正。

2.核对钢筋加工配料单和料牌

在熟悉施工图纸的过程中,应核对钢筋加工配料单和料牌,并检查已加工成型的成品的规格、形状、数量、间距是否和图纸一致。

3.确定安装顺序

钢筋绑扎与安装的主要工作内容包括放样画线、排筋绑扎、垫撑铁和保护层垫块、检查校正及固定预埋件等。为保证工程顺利进行,在熟悉图纸的基础上,要考虑钢筋绑扎的安装顺序。板类构件排筋顺序一般先排受力钢筋后排分布钢筋;梁类构件一般先排纵筋(摆放有焊接接头和绑扎接头的钢筋应符合规定),再排箍筋,最后固定。

4.做好材料、机具的准备

钢筋绑扎与安装的主要材料、机具包括钢筋钩、吊线垂球、木水平尺、麻线、长钢尺、钢卷尺、扎丝、垫保护层用的砂浆垫块或塑料卡、撬杆、绑扎架等。对于结构较大或形状较复杂的构件，为了固定钢筋还需一些钢筋支架、钢筋支撑等。

5.放线

放线要从中心点开始向两边量距放点，定出纵向钢筋的位置。水平筋的放线可放在纵向钢筋或模板上。

（二）钢筋的绑扎

钢筋的绑扎应顺直均匀、位置正确。钢筋绑扎的操作方法有一面顺扣法、十字花扣法、反十字扣法、兜扣法、缠扣法、兜扣加缠法、套扣法等，较常用的是一面顺扣法。

一面顺扣法的操作步骤是：首先将已切断的扎丝在中间折合成180°弯，然后将扎丝整理整齐。绑扎时，执在左手的扎丝应靠近钢筋绑扎点的底部，右手拿住钢筋钩，食指压在钩前部，用钩尖端钩住扎丝底扣处，并紧靠扎丝开口端，绕扎丝拧转两圈半，在绑扎时扎丝扣伸出钢筋底部要短，并用钩尖将铁丝扣紧。

为防止钢筋网（骨架）发生歪斜变形，相邻绑扎点的绑扣应采用八字形扎法。

第六节　预埋铁件

水工混凝土的预埋铁件主要有：锚固或支承的插筋、地脚螺栓、锚筋，为结构安装支撑用的支座，吊环、锚环等。

一、预埋插筋、地脚螺栓

预埋插筋、地脚螺栓均按设计要求埋设。常用的插筋埋设方法有三种，如图 4-37 所示。对于精度要求较高的地脚螺栓的埋设，常用的方法如图 4-38 所示。预埋螺栓时，可采用样板固定，并用黄油涂满螺牙，用薄膜或纸包裹。

二、预埋锚筋

（一）锚筋一般要求

基础锚筋通常采用 HPB300 级钢筋加工成锚筋，为提高锚固力，其端部均开叉加钢楔，钢筋直径一般不小于 25mm，不大于 32mm，多选用 28mm。锚筋锚固长度应满足设计要求。

（二）锚筋埋设要求和方法

①锚筋的埋设要求：钢筋与砂浆、砂浆与孔壁结合紧密，孔内砂浆应有足够的强度，以适应锚筋和孔壁岩石的强度。②锚筋埋设方法分先插筋后填砂浆和先灌满砂浆而后

插筋两种。采用先插筋后填砂浆方法时，孔位与锚筋直径之差应大于 25mm；采用先灌满砂浆而后插筋法时，孔位与锚筋直径之差应大于 15mm。

三、预埋梁支座

梁支座的埋设误差一般控制标准：支座面的平整度允许误差为 ±0.2mm；两端支座面高差允许误差为 ±5mm；平面位置允许误差为 ±10mm。

当支座面板面积大于 25cm×25cm 时，应在支座上均匀布置 2～6 个排气（水）孔，孔径 20mm 左右，并预先钻好，不应在现场用氧气烧割。

支座的埋设一般采用二期施工方法，即先在一期混凝土中预埋插筋进行支座安装和固定，然后浇筑二期混凝土完成埋设。

四、预埋吊环

（一）吊环埋设形式

吊环的埋设形式根据构件的结构尺寸、重量等因素来确定。

（二）吊环埋设要求

①吊环采用 HPB300 级钢筋加工成型，端部加弯钩，不得使用冷处理钢筋，且尽量不用含碳量较多的钢筋。②吊环埋入部分表面不得有油漆、污物和浮锈。③吊环应居构件中间埋入，并不得歪斜。④露出之环圈不宜太高或太矮，以保证卡环装拆方便为度，一般高度为 15cm 左右或按设计要求预留。⑤构件起吊强度应满足规范要求，否则不得使用吊环，在混凝土浇筑中和浇筑后凝固过程中，不得晃动或使吊环受力。

第七节　钢筋安装的质量控制与施工安全技术

一、钢筋安装质量控制

按现行施工规范，水工钢筋混凝土工程中的钢筋安装，其质量应符合以下规定：①钢筋的安装位置、间距、保护层厚度及各部分钢筋的大小尺寸，均应符合设计要求。检查时先进行宏观检查，没发现有明显不合格处，即可进行抽样检查，对梁、板、柱等小型构件，总检测点数不少于 30 个，其余总检测点数一般不少于 50 个。②现场焊接或绑扎的钢筋网，其钢筋交叉的连接应按设计规定进行。如设计未作规定，且直径在 25mm 以下时，除楼板和墙内靠近外围两行钢筋之交点应逐根扎牢外，其余按50% 的交叉点进行绑扎。③钢筋安装中交叉点的绑扎，对于 HPB300 级钢筋，直径在16mm 以上且不损伤钢筋截面时，可用手工电弧焊进行点焊来代替，但必须采用细焊条、小电流进行焊接，并严加外观检查，钢筋不应有明显的咬边和裂纹出现。④板内双向受力钢筋网，应将钢筋交叉点全部扎牢。柱与梁的钢筋中，主筋与箍筋的交叉点在拐角处应全部扎牢，其中间部分可每隔一个交叉点扎一个。⑤安装后的钢筋应有足够的刚性和稳定性。整装的钢筋网可为钢筋骨架，在运输和安装过程中应采取措施，以免变形、开焊及松脱。安装后的钢筋应避免错动和变形。⑥在混凝土浇筑施工中，严禁为方便浇筑擅自移动或割除钢筋。

二、钢筋施工安全技术

①在高空绑扎和安装钢筋时，须注意不要将钢筋集中堆放在模板或脚手架的某一部位，以确保安全，特别是悬臂构件，更要检查支撑是否牢固。②在脚手架上不要随便放置工具、箍筋或短钢筋，避免这些物件放置不稳或因其他原因滑落伤人。③在高空安装整装钢筋骨架或绑扎钢筋时，不允许站在模板或墙上操作，操作部位应搭设牢固的脚手架。④应尽量避免在高空修整、扳弯钢筋。在不得已必须操作时，一定要系好安全带，选好位置，防止脱板造成人员摔倒。⑤绑扎筒式结构，不准踩在钢筋骨架上操作或上下踩动。⑥要注意在安装钢筋时不要碰撞电线，以免触电。

第七章 混凝土工程

自从波特兰水泥问世，19 世纪 50 年代出现钢筋混凝土以来，混凝土材料已广泛应用于工程建设，如各类建筑工程、构筑物、桥梁、港口码头、水利工程等各个领域。

混凝土是由水泥、石灰、石膏等无机胶结料与水或沥青、树脂等有机胶结料的胶状物与粗细骨料配合而成，必要时掺入矿物质混合材料和外加剂，按适当比例配合，经过均匀搅拌，密实成型及在一定温湿条件下养护硬化而成的一种复合材料。

随工程界对混凝土的特性提出更多和更高的要求，混凝土的种类也更加多样化。如高强度高性能混凝土、流态自密混凝土和泵送混凝土、干贫碾压混凝土等。随着科学技术的进步，混凝土的施工方法和工艺也不断改进，薄层碾压浇筑、预制装配、喷锚支护、滑模施工等新工艺相继出现。在水利水电工程中，混凝土的应用非常广泛，而且用量特别巨大。

混凝土的施工环节主要包括：

（1）钢筋、模板的加工和制作、运输与架设。（2）砂石料的开采、加工、贮存和运输。（3）混凝土的制备、运输、浇筑和养护。

第一节 钢筋工程

一、钢筋的种类、规格及性能要求

（一）钢筋的种类和规格

钢筋种类繁多，按照不同的方法分类如下：

（1）按照钢筋外形分：光面钢筋（圆钢）、变形钢筋（螺纹、人字纹、月牙肋）、钢丝、钢绞线。（2）按照钢筋的化学成分分：碳素钢（常用低碳钢）、合金钢（低合金钢）。（3）按照钢筋的屈服强度分：235、335、400、500 级钢筋。（4）按照钢筋的作用分：受力钢筋（受拉、受压、弯起钢筋），构造钢筋（分布筋、箍筋、架立筋、腰筋及拉筋）。

（二）钢筋的性能

水利工程钢筋混凝土常用的钢筋为热轧钢筋。从外形可分为光圆钢筋和带肋钢筋。与光圆钢筋相比，带肋钢筋与混凝土之间的握裹力大，共同工作的性能较好。

热轧光圆钢筋是指经热轧成型，横截面通常为圆形，表面光滑的成品钢筋。牌号由 HPB 加屈服强度特征值构成。光圆钢筋的种类有 HPB235 和 HPB300。

带肋钢筋（ribbed bars）指横截面通常为圆形，且表面带肋的混凝土结构用的钢材。带肋钢筋按生产工艺分为热轧钢筋和热轧后带有控制冷却并自回火处理的钢筋。普通热轧带肋钢筋牌号由 HRB 加屈服强度特征值构成，如 HRB335、HRB400、HRB500。热轧后带有控制冷却并自回火处理的钢筋牌号由 RRB 加屈服强度特征值构成，如 RRB335、RRB400、RRB500。

二、钢筋的加工

工厂生产的钢筋应有出厂证明和试验报告单，运至工地后应根据不同等级、钢号、规格及生产厂家分批分类堆放，不得混淆，且应立牌号以方便识别。应按施工规范要求，使用前做抗拉和冷弯试验，需要焊接的钢筋应做好焊接工艺试验。

钢筋的加工包括调直、除锈、切断、弯曲和连接等工序。

（一）钢筋调直、除锈

钢筋就其直径而言可分为两大类。直径小于等于 12mm 卷成盘条的叫轻筋，大于 12mm 呈棒状的叫重筋。调直直径 12mm 以下的钢筋，主要采用卷扬机拉直或用调直机调直。对钢筋进行强力拉伸，称为钢筋的冷拉。钢筋在调直机上调直后，其表面伤痕不得使钢筋截面面积减少 5% 以上。对于直径大于 30mm 的钢筋，可用弯筋机进行调直。

钢筋表面的鳞锈，会影响钢筋与混凝土的黏结，可用锤敲或用钢丝刷清除。对于一般浮锈可不必清除。对锈蚀严重的应用风沙枪和除锈机除锈。

（二）钢筋切断

切断钢筋可用钢筋切断机完成。对于直径 22 ~ 40mm 的钢筋，一般采用单根切断；对于直径在 22mm 以下的钢筋，则可一次切断数根。对于直径大于 40mm 的钢筋。要用氧气切割或电弧切割。

（三）钢筋连接

钢筋连接常用的方法有焊接连接、机械连接和绑扎连接。

1. 钢筋焊接连接

钢筋的焊接质量与钢材的可焊性、焊接工艺有关。钢筋焊接分为压焊和熔焊两种形式。压焊包括闪光对焊、电阻点焊等，熔焊有电弧焊、电渣压力焊等。

2. 钢筋机械连接

钢筋机械连接是通过连接件的机械咬合作用或钢筋端面的承压作用，将一根钢筋中的力传递至另一根钢筋的连接方法。在确保钢筋接头质量、改善施工环境、提高工作效率、保证工程进度方面具有明显优势。三峡工程永久船闸输水系统所用钢筋就是采用机械连接技术。常用的钢筋机械连接类型有挤压连接、锥螺纹连接等。

（四）钢筋弯曲成型

弯曲成型的方法分手工弯曲和机械弯曲两种。手工弯筋，可采用板柱铁板的扳手，弯制直径 25mm 以下的钢筋。对于大弧度环形钢筋的弯制，则在方木拼成的工作台上进行。弯制时，先在台面上画出标准弧线，并在弧线内侧钉上内排扒钉（其间距较密，曲率可适当加大，因考虑钢筋弯曲后的回弹变形）。然后在弧线外侧的一端钉上 1 ~ 2 只扒钉。再将钢筋的一端夹在内、外扒钉之间；另一端用绳索试拉，经往返回弹数次，直到钢筋与标准弧线吻合，即为合格。

大量的弯筋工作，除大弧度环形钢筋外，宜采用弯筋机弯制，以提高工效和质量。常用的弯筋机，可弯制直径 6 ~ 40mm 的钢筋。弯筋机上的几个插孔，可根据弯筋需要进行选择，并插入插棍。

三、钢筋的安装

钢筋的安装可采用散装和整装两种方式。散装是将加工成型的单根钢筋运到工作面，按设计图纸绑扎或电焊成型。散装对运输要求相对较低，不受设备条件限制，但功效低，高空作业安全性差，且质量不易保证。对机械化程度较高的大中型工程，已逐步为整装所代替。

整装是将加工成型的钢筋，在焊接车间用点焊焊接交叉结点，用对焊接长，形成钢筋网和钢筋骨架。整装件由运输机械成批运至现场，用起重机具吊运入仓就位，按图拼合成型。整装在运、吊过程中要采取加固措施，合理布置支承点和吊点，以防止过大的变形和破坏。

无论整装还是散装，钢筋应避免油污，安装的位置、间距、保护层及各个部位的型号、规格均应符合设计要求。

四、钢筋的配料与代换

（一）钢筋的配料

钢筋加工前应根据图纸按不同构件先编制配料单，然后进行备料加工。

下料长度计算是配料计算中的关键。钢筋弯曲时，其外壁伸长，内壁缩短，而中心线长度并不改变。但是设计图中注明的尺寸是根据外包尺寸计算的，且不包括端头弯钩长度。很显然，外包尺寸大于中心线长度，它们之间存在一个差值，称为"量度差值"。

因此，钢筋的下料长度应为：

钢筋下料长度 = 外包尺寸 + 端头弯钩长度 − 量度差值

箍筋下料长度 = 箍筋周长 + 箍筋调整值

（二）钢筋的代换

如果在施工中供应的钢筋品种和规格与设计图纸要求不符时，允许进行代换。但代换时应征得设计单位的同意，充分了解设计意图和代换钢材的性能，严格遵守规范的各项规定。

按不同的控制方法，钢筋代换有以下三种：

（1）当结构件按强度控制时，可按强度等同原则代换，称等强代换。（2）当结构件按最小配筋率控制时，可按钢筋面积相等的原则代换，称等面积代换。（3）当结构件按裂缝宽度或挠度控制时，钢筋的代换需进行裂缝宽度或挠度验算。代换后，还应满足构造方面的要求（如钢筋间距、最小直径、最少根数、锚固长度、对称性等）及设计中提出的特殊要求（如冲击韧性、抗腐蚀性等）。

第二节　骨料的生产加工

混凝土由 90% 的砂石料构成，每立方米混凝土需近 $1.5m^3$ 松散砂石料，大中型水利水电工程，不仅对砂石料的需要量相当大、质量要求高，而且往往需要施工单位自行制备。因此，正确组织砂石料生产，是一项十分重要的工作。

水利水电工程中骨料来源分为三种：

（1）天然骨料：天然砂、砾石经筛分、冲洗而制成的混凝土骨料；

（2）人工骨料：开采的石料经过破碎、筛分、冲洗而制成的混凝土骨料；

（3）组合骨料：以天然骨料为主，人工骨料为辅，配合使用的混凝土骨料。当确定骨料来源时，应以就地取材为原则，优先考虑采用天然骨料。只有在当地缺乏天然骨料，或天然骨料中某一级骨料的数量和质量不合要求时，或综合开采加工运输成本高于人工骨料时，才考虑采用人工骨料。

骨料生产的基本过程和作业内容为：沙砾料及块石的开采，场内运输（装卸、运输），骨料加工（破碎、筛分、冲洗），成品堆存（堆料、装卸），成品料运输（装卸、运输）。对于组合骨料，可以分成两条独立的流水线，也可以在天然骨料生产过程中，辅以超径石的破碎和筛分，以补充短缺粒径的不足。

一、料场的规划

料场的规划需考虑料场的分布、高程、骨料的质量、储量、天然级配、开采条件、加工要求、弃料多少、运输方式、运输距离、生产成本等多种因素。骨料料场的规划、优选，应通过全面技术经济论证。

（一）料场选择的原则

（1）满足水工混凝土对骨料的各项质量要求（包括骨料的强度、抗冻性、化学稳定性、颗粒形状、级配、杂质含量等）。（2）储量大、质量好、开采季节长；主、辅料场应兼顾洪枯季节互为备用的要求；场地开阔、高程适宜。（3）选择可采率高，天然级配与设计级配较为接近，用人工骨料调整级配数量少的料场。（4）料场附近有足够的回车场地和堆料场地，且占用农田少。（5）选择开采准备工作量小，施工简便的料场。（6）优先考虑采用天然骨料。

如以上要求难以同时满足时，应满足主要要求，即以满足质量、数量为基础，寻求开采、运输、加工成本费用低的方案，确定采用天然骨料、人工骨料就是组合骨料的用料方案。若是组合骨料，则需确定天然骨科和人工骨料的最佳搭配方案。

大型、高效、耐用的骨料加工机械普遍应用于大中型水利工程，人工骨料的成本接近甚至低于天然骨料。采用人工骨料尚有许多天然骨料生产不具备的优点，如级配可按需调整，质量稳定，管理相对集中，受自然因素影响小，有利于均衡生产，减少设备用量，减少堆料场地，同时尚可利用有效开挖料。因此，采用人工骨料或用机械加工骨料搭配的工程越来越多。

（二）开采量的确定

当采用天然骨料时，应确定沙砾料的开采量。由于沙砾料的天然级配（即各级骨料筛分后的百分比含量，由料场筛分试验测定）与混凝土骨料需要的级配（由配合比设计确定）往往不一致，因此，不仅沙砾料开采总量要满足要求，而且每一级骨料的开采量也要满足相应的要求。

（三）砂石骨料的储存

骨料堆场的任务是储备一定数量的砂石料，以适应骨料生产与需求之间的不平衡，即解决骨料的供求矛盾。

骨料堆存分毛料堆存与成品堆存两种。毛料堆存的作用是调节毛料开采、运输与加工之间的不均衡性；成品堆存的作用是调节成品生产、运输和混凝土拌和之间的不均衡性，保证混凝土生产对骨料的需要。

骨料堆场的种类分为毛料堆存、半成品料堆存和成品料堆存。

骨料储量多少，主要取决于生产强度和管理水平。一般可按高峰月平均值的50%～80%考虑，汛期、冰冻期停采时须按停采期骨料需要量外加20%裕度校核。

成品砂石料应有3d以上的堆存时间，以利于脱水。所以成品堆场的容量，还应满足砂石料自然脱水要求。

1.骨料堆存方式

（1）台阶式料仓

在料仓底部设有出料廊道，骨料通过卸料闸门卸在皮带机上运出。

（2）堆料机料仓

采用双悬臂或动臂堆料机沿土堤上铺设的轨道行驶，有悬臂皮带机送料扩大堆料范围，沿程向两侧卸料。

2.骨料堆存中的质量控制

骨料应堆放在坚硬的地面上，防止料堆下层对骨料的污染。料堆底部的排水设施应保持完好，砂料要有足够（3d以上）的脱水时间，使砂料在进入拌和楼前表面含水率降低在5%以下。

防止跌碎和分离是骨料堆存质量控制的首要任务，为此尽量减少骨料的转运次数和降低自由跌落高度（一般应控制在 2.5m 以内），以防止骨料分离和粒径含量过高。堆料时应分层堆料，逐层上升。

不同粒径的骨料应用适当的墙体分开，或料堆之间留有足够的空间，使料堆之间不至于混淆。

二、骨料加工

从料场开采的混合沙砾料或块石，通过破碎、筛分、冲洗等加工过程，制成符合级配、除去杂质的各级粗、细骨料。

（一）破碎

为了将开采到的石料破碎到规定的粒径，往往需要经过几次破碎才能完成。因此，通常将骨料破碎过程分为粗碎（将原石料破碎到 300 ～ 70mm）、中碎（破碎到 70 ～ 20mm）和细碎（20 ～ 1mm）三种。

水利水电工程工地常用的破碎设备有颚式破碎机、旋回破碎机、圆锥破碎机、反击式破碎机和立轴式冲击破碎机。

1. 颚式破碎机

颚式破碎机的破碎槽由两块颚板（一块固定，另一块可以摆动）构成，颚板上装有可以更换的齿状钢板。工作时，由传动装置带动偏心轮作用，使活动颚板左右摆动，破碎槽即可一开一合，将进入的石料轧碎，从下端出料口漏出。

颚式破碎机是最常用的破碎设备，其优点是结构简单，自重较轻，价格便宜，外形尺寸小，配置高度低，进料尺寸大，排料口开度容易调整；缺点是衬板容易磨损，产品中针片状含量较高，处理能力较低，一般需配置给料设备。

2. 旋回破碎机

旋回破碎机可作为颚破后第二阶段破碎，也可直接用于一破，是常用的破碎设备。其优点是处理能力大，产品粒形较颚式好，可挤满给料，进料无须配给料设备；缺点是结构较颚式破碎机复杂，自重大，机体高，价格贵，维修复杂，土建工程量大。排料要设缓冲仓和专用设备。

3. 圆锥破碎机

（1）传统圆锥破碎机

它是最常用的二破和三破设备，有标准、中型、短头三种腔型，有弹簧和液压两种形式。它的破碎室由内、外锥体之间的空隙构成。活动的内锥体装在偏心主轴上，外锥体固定在机架上。工作时，由传动装置带动主轴旋转，使内锥体作偏心转动，将石料碾压破碎，并从破碎室下端出料槽滑出。

传统锥式破碎机工作可靠，磨损轻，效率高，产品粒径均匀。但其结构和维修较复杂，机体高，价格较高，破碎产品中针片状含量较高。

（2）高性能圆锥破碎机

它与传统圆锥破碎机相比，破碎能力大为提高，可挤满给料，产品粒形很好，有更多的腔型变化，以适应中碎、细碎、制砂等各工序以及各种不同的生产要求，操作更为方便可靠，但价格高。

4.反击式破碎机

反击式破碎机有单转子、双转子、联合式三种形式。我国主要生产和应用前两种形式。

反击式破碎机主要工作部件是转子和反击板。其破碎机理属冲击破碎，主要借固定在转子上的打击板，高速冲击被破碎物料，使其沿薄弱部分（层理、节理等）进行选择性破碎。还通过被冲击料块，从打击处获得的动能，向反击板进行二次主动冲击，以及料块在破碎腔内的互击，经过打击破碎、反弹破碎、互撞破碎、铣削破碎四个主要过程反复进行，直至物料粒度小于打击板与反击板间缝时被卸出。其优点是破碎率大（一般为20%左右，最大达50%～60%），产品好，产量高，能耗低，结构简单，适用于破碎中硬岩石。用于中细碎机制砂。缺点是板锤和衬板容易磨损，更换和维修工作量大，产品级配不易控制，容易产生过粉碎。

（二）骨料筛分

分级方法有水力筛分和机械筛分两种。前者利用骨料颗粒大小不同、水力粗度各异的特点进行分级，适用于细骨料；后者利用机械力作用经不同孔眼尺寸的筛网对骨料进行分级，适用于粗骨料。

1.偏心振动筛

偏心振动筛又称为偏心筛。它主要由固定机架、活动筛架、筛网、偏心轴及电动机等组成。筛网的振动，是利用偏心轴旋转时的惯性作用。偏心轴是安装在固定机架上的一对滚珠轴承中，由电动机通过皮带轮带动，可在轴承中旋转。活动筛架通过另一对滚珠轴承悬装在偏心轴上。筛架上装有两层不同筛孔的筛网，可筛分三级不同粒径的骨料。

当偏心轴旋转时，出于偏心作用，筛架和筛网也就跟着振动，从而使筛网上的石块向前移动，并且向上跳动和向下筛落。

由于筛架与固定机架之间是通过偏心轴刚性相连的，所以将同时发生振动。为了减轻对固定机架的振动，在偏心轴两端还安装有与轴偏心方向成180°的平衡块。

偏心筛的特点是刚件振动，振幅固定（3～6mm），不因来料多少而变化，也不易因来料过多而堵塞筛孔。其振动频率为840～1 200次/min。偏心筛适用于筛分粗、中骨料，常用来完成第一道筛分任务。

2.惯性振动筛

惯性振动筛又称为惯性筛。它的偏心轴（带偏心块的旋转轴）安装在活动筛架上，利用马达带动旋转轴上的偏心块，产生离心力而引起筛网振动。

惯性筛的特点是弹性振动，振幅大小将随来料多少而变化，容易因来料多而堵塞筛孔，所以要求来料均匀。其振幅为1.6～6mm，振动频率为1 200～2 000次/min。适用于中、细颗粒筛分。

3. 高效振动筛分机

目前，国外广泛采用高效、编织网筛面的振动筛进行砂石加工厂的分级处理。其优点是石料在筛网面上可以迅速均匀地散开，而筛网是采用钢丝编织的网，其开孔率较目前国内普遍采用的橡胶网与聚氨酯网高出 30%～50%，因而效率高于普通型振动筛。

（三）洗砂

洗砂常用的设备是螺旋式洗砂机。它是一个倾斜安放的半圆形洗砂槽，槽内装有 1～2 根附有螺旋叶片的旋转主轴。斜槽以 18°～20° 的倾斜角安放，低端进砂，高端进水。由于螺旋叶片的旋转，使被洗的砂受到搅拌，并移向高端出料门。洗涤水则不断从高端通入，污水从低端的溢水口排出。

经水力分级后的砂含水率往往高达 17%～24%，必须经脱水方可使用。根据《水工混凝土施工规范》的要求，成品砂的含水率应稳定在 6% 以下，因此必须在水力分级设备后加机械脱水设备。二滩工程采用的是圆盘式真空脱水筛，高频振动脱水筛通过负压吸水及振动脱水的联合作用，达到脱水效果，可控制砂含水率在 10%～12%。

（四）骨料加工厂

大规模的骨料加工，常将加工机械设备按工艺流程布置成骨料加工工厂。其布置原则是，充分利用地形，减少基建工程量；有利于及时供料，减少弃料；成品获得率高，通常要求达到 85%～90%。当成品获得率低时，应考虑利用弃料二次破碎，构成闭路生产循环。在粗碎时多为开路循环，在中、细碎时采用闭路循环。

以筛分作业为主的加工厂称为筛分楼，其布置常用皮带机送料上楼，经两道振动筛筛分出五种级配骨料，砂料则经沉砂箱和洗砂机清洗为成品砂料，各级骨料由皮带机送至成品料堆堆存。骨料加工厂宜尽可能靠近混凝土系统，以便共用成品堆料场。

第三节　混凝土的制备

一、混凝土配料

混凝土制备的过程包括贮料、供料、配料和拌和，配料是按混凝土配合比要求，称准每次拌和的各种材料用量。配料的精度直接影响混凝土质量。

混凝土配料要求采用重量配料法，即是将砂、石、水泥、掺和料按重量计量，水和外加剂溶液按重量折算成体积计量。施工规范对配料精度（按重量百分比计）的要求是：水泥、掺和料、水、外加剂溶液为 ±1%，砂石料为 ±2%。

设计配合比中的加水量根据水灰比计算来确定，并以饱和面干状态的砂子为标准。由于水灰比对混凝土强度和耐久性影响极其重大，绝不能任意变更。施工采用的砂子，其含水量又往往较高，在配料时采用的加水量，应扣除砂子表面含水量及外加剂中的水量。

（一）给料设备

给料是将混凝土各组分从料仓按要求供到称料料斗。给料设备的工作机构常与称量设备相连，当需要给料时，控制电路开通，进行给料。当计量达到要求时，即断电停止给料。常用的给料设备有：皮带给料机、电磁振动给料机、叶轮给料机和螺旋给料机。

（二）混凝土配料

混凝土配料称量的设备称为配料器，按所称料物的不同，可分为骨料配料器、水泥配料器和量水器等。骨料配料器主要有：简易称量（地磅）、电动磅秤、自动配料杠杆秤、电子秤。

（1）简易称量

当混凝土拌制量不大，可采用简易称量方式。地磅秤量，是将地磅安装在地槽内，用手推车装运材料推到地磅上进行称量。这种方法最简便，但称量速度较慢。台秤称量需配置称料斗、贮料斗等辅助设备。

（2）自动配料杠杆秤

自动配料杠杆秤带有配料装置和自动控制装置。自动化水平高，可作砂、石的称量，精度较高。

（3）电子秤

电子秤是通过传感器承受材料重力拉伸，输出电信号在标尺上指出荷重的大小，当指针与预先给定数据的电接触点接通时，即断电停止给料。其称量更加准确，精度可达 99.5%。

自动配料杠杆秤和电子秤都属于自动化配料器，装料、称量和卸料的全部过程都是自动控制的。自动化配料器动作迅速，称量准确，在混凝土拌合楼中应用很广泛。

（4）配水箱及定量水表

水和外加剂溶液可用配水箱和定量水表计量。配水箱是搅拌机的附属设备，可利用配水箱的浮球刻度尺控制水或外加剂溶液的投放量。定量水表常用于大型搅拌楼，使用时将指针拨至每盘搅拌用水量刻度上，按电钮即可送水，指针也随进水量回移，至零位时电磁阀即断开停水。此后，指针能自动复位至设定的位置。

称量设备一般要求精度较高，而其所处的环境粉尘较大，因此应经常检查调整，及时清除粉尘。一般要求每班检查一次称量精度。

二、混凝土的拌和

（一）混凝土拌和机械

混凝土拌和由混凝土拌和机进行，按照拌和机的工作原理，可分为自落式、强制式和涡流式三种。自落式分为锥形反转出料和锥形倾翻出料两种形式；强制式分为涡桨式、行星式、单卧轴式和双卧轴式。

1. 自落式混凝土搅拌机

自落式混凝土搅拌机是通过筒身旋转，带动搅拌叶片将物料提高，在重力作用下物料自由坠下，反复进行，互相穿插、翻拌、混合使混凝土各组分搅拌均匀。

锥形反转出料搅拌机滚筒两侧开口，一侧开口用于装料，另一侧开口用于卸料。其正转搅拌，反转出料。由于搅拌叶片呈正、反向交叉布置，拌合料一方面被提升后靠自落进行搅拌，另一方面又被迫沿轴向左右窜动，搅拌作用强烈。

锥形反转出料搅拌机，主要由上料装置、搅拌筒、传动机构、配水系统和电气控制系统等组成。当混合料拌好以后，可通过按钮直接改变搅拌筒的旋转方向，拌合料即可经出料叶片排出。

锥形反转出料拌和机构造简单，装拆方便，使用灵活，如装上车轮便成为移动式拌和机。但容量较小（400～800L），生产率不高，多用于中小型工程，或大型工程施工初期。

双锥形倾翻出料搅拌机进出料在同一口，出料时由气动倾翻装置使搅拌筒下旋50°～60°，即可将物料卸出。双锥形倾翻出料搅拌机卸料迅速，拌筒容积利用系数高，拌合物的提升速度低，物料在拌筒内靠滚动自落而搅拌均匀，能耗低，磨损小，能搅拌大粒径骨料混凝土。双锥形拌和机容量较大，有800L、1 000L、1 600L、3 000L等，拌和效果好、间歇时间短、生产率高，主要用于大体积混凝土工程。

2. 强制式混凝土搅拌机

强制式混凝土搅拌机一般筒身固定，搅拌机叶片旋转，对物料施加剪切、挤压、翻滚、滑动、混合使混凝土各组分搅拌均匀。

立轴强制式搅拌机是在圆盘搅拌筒中装一根回转轴，轴上装有拌和铲和刮板，随轴一同旋转。它用旋转着的叶片，将装在搅拌筒内的物料强行搅拌使之均匀。涡桨强制式搅拌机由动力传动系统、上料和卸料装置、搅拌系统、操纵机构和机架等组成。

单卧轴强制式混凝土搅拌机的搅拌轴上装有两组叶片，两组推料方向相反，使物料既有圆周方向运动，又有轴向运动，因而能形成强烈的物料对抗，使混合料能在较短的时间内搅拌均匀。它由搅拌系统、进料系统、卸料系统和供水系统等组成。此外，还有双卧轴式搅拌机。

强制式拌和机的特点是拌和时间短，混凝土拌和质量好，对水灰比和稠度的适应范围广。但当拌和大骨料、多级配、低坍落度碾压混凝土时，搅拌机叶片、衬板磨损快、耗量大、维修困难。

3. 涡流式混凝土搅拌机

涡流式搅拌机具有自落式和强制式搅拌机的优点，靠旋转的涡流搅拌筒，由侧面的搅拌叶片将骨料提升，然后沿着搅拌筒内侧将骨料运送到强搅拌区，中搅拌轴上的叶片在逆向流中，对骨料进行强烈地搅拌，而不至于在筒体内衬上摩擦。这种搅拌机叶片与搅拌筒筒底及筒壁的间距较大，可防卡料，具有能耗低、磨损小、维修方便等优点。但混凝土拌和不够均匀，不适合搅拌大骨料，因此未广泛使用。

（二）混凝土拌合楼和拌和站

混凝土拌合楼的生产率高，设备配套，管理方便，运行可靠，占地少，所以在大中型混凝土工程中应用较普遍；而中小型工程、分散工程或大型工程的零星部位，通常设置拌和站。

1. 拌合楼

拌合楼通常按工艺流程进行分层布置，各层由电子传动系统操作，分为进料、贮料、配料、拌合及出料共五层，其中配料层是全楼的控制中心，设有主操纵台。

水泥、掺和料和骨料，用皮带机和提升机分别送到贮料层的分格料仓内，料仓有 5 ~ 6 格装骨料，有 2 ~ 3 格装水泥和掺和料。每格料仓下装有配料斗和自动秤，称好的各种材料汇入集料斗内，再用回转式给料器送入待料的拌和机内。拌和用水则由自动量水器量好后，直接注入拌和机。拌好的混凝土卸入出料层的料斗，待运输车辆就位后，开启气动弧门出料。

2. 拌和站

拌和站是由数台拌和机联合组成。拌和机数量不多，可在台地上呈一字形排列布置；而数量较多的拌和机，则布置于沟槽路堑两侧，采用双排相向布置。

拌合站的配料可由人工完成也可由机械完成，供料配料设施的布置应考虑进出料方向、堆料场地、运输线路布置。

（三）拌和机的投料顺序

采用一次投料法时，先将外加剂溶入拌和水，再按砂—水泥—石子的顺序投料，并在投料的同时加入全部拌和水进行搅拌。

采用二次投料法时，先将外加剂溶入拌和水中，再将骨料与水泥分二次投料，第一次投料时加入部分拌和水后搅拌，第二次投料时再加入剩余的拌和水一并搅拌。实践表明，用二次投料拌制的混凝土均匀性好，水泥水化反应也充分，因此混凝土强度可提高 10% 以上。"全造壳法"就是二次投料法的一种实例，在同等强度下，采用"全造壳法"拌制混凝土，可节约水泥 15%；在水灰比不变的情况下，可提高强度 10% ~ 30%。

三、混凝土拌和机生产率

拌和机是按照装料、拌和、卸料三个过程循环工作的，每循环工作一次就拌制出一罐新鲜的混凝土料，按拌和实方体积（L 或 m^3）确定拌和机的工作容量（又称出料体积）。

拌和机的装料体积，是指每拌和一次装入拌合筒内各种松散体积之和。拌和机的出料系数是出料体积与装料体积之比，一般为 0.6 ~ 0.7。

单台拌和机的生产率，主要取决于拌和机的工作容量和循环工作一次所需要的时间。

整个混凝土系统的生产率，即每小时生产能力，应满足浇筑强度的要求。一般根据施工组织设计安排的高峰月混凝土浇筑强度计算得到，即：

混凝土拌和站的拌和机工作容量确定后，就可确定拌和机的台数，在确定拌和机工作容量时应满足以下要求：

（1）能满足同时拌制不同标号的混凝土；（2）拌和机的容量与骨料最大粒径相适应；（3）考虑拌合、加冰和掺material，以及生产干硬性或低坍落度混凝土对生产能力的影响；（4）拌和机的容量与运载重量和装料容器的大小相匹配。

第四节　混凝土运输

混凝土运输是整个混凝土施工中的一个重要环节，它运输量大、涉及面广，对施工质·量影响大。混凝土不同于其他建筑材料（如砖石和土料等），拌和后不能久存，而且在运输过程中受外界条件的影响也特别敏感。运输方法不正确或运输过程中的疏忽大意，都会降低混凝土的质量，甚至造成废品。

为保证混凝土质量和浇筑工作的顺利进行，对混凝土运输有以下几点要求：

（1）混凝土拌合物在运输过程中应保持原有的均匀性及和易性，防止发生离析现象。在运输过程中要尽量减少振动和转运次数，不能使混凝土料从2m以上的高度自由跌落。（2）要防止水泥砂浆损失。运输混凝土的工具应严密不漏浆；在运输过程中，要防止浆液外溢，装料不要过满，转弯速度不要过快。（3）要防止外界气温对混凝土的不良影响，使混凝土入仓时仍有原来的坍落度和一定的温度。夏季要遮盖，防止水分蒸发过多和日晒雨淋，冬季要采取保温措施。（4）要尽量缩短运输时间，防止混凝土出现初凝。（5）在同一时间内，浇筑不同强度等级的混凝土，必须特别注意运输工作的组织，以防标号错误。

一、混凝土的水平运输

国内水平运输机械主要有有轨运输、无轨运输和胶带运输等形式。对于大型水利工程，多采用吊罐不摘钩的运输方式。

（一）有轨运输

采用机车运输比较平稳，能保证混凝土质量，且较经济，但要求道路平坦，不适应于高差大的地面。

机车运输一般有机车拖平板车立箱和机车拖侧卸罐车两种。前者在我国水电建设工程中被广泛应用，特别是工程量大、浇筑强度高的工程，这种运输方式运输能力大，运输过程中振动小，管理方便。

机车运输一般拖挂3~5节平台列车，上放混凝土立式吊罐2~4个，直接到拌合楼装料。列车上预留1个罐的空位，以备转运时放置起重机吊回的空罐。这种运输方法有利于提高机车和起重机的效率，缩短混凝土运输时间。

立罐容积有$1m^3$、$3m^3$、$6m^3$、$9m^3$四种，容量大小应与拌和机及起重机的能力相匹配。

混凝土运输车的整个周转过程包括：装料、运往浇筑地点、卸料、把空罐安放在平板车上、混凝土运输车从混凝土浇筑地点驶回混凝土工厂。其生产效率取决于车载混凝土罐的罐数和一个循环的周转时间。

（二）无轨运输

无轨运输主要有混凝土搅拌车、后卸式自卸汽车、汽车运立罐及无轨侧卸料罐车等。

汽车运输机动灵活，载重量较大，卸料迅速，应用广泛。与铁路运输相比，它具有投资少、道路容易修建、适应工地场地狭窄、高差变化大的特点。但汽车运费高，振动大，容易使混凝土料漏浆和离析，质量不如铁路平台列车，事故率较高。进行施工规划时，应尽量考虑运输混凝土的道路与基坑开挖出渣道路相结合，在基坑开挖结束后，利用出渣道路运输混凝土，以缩短混凝土浇筑的准备工期。

（三）架空单轨运输

架空单轨运输于 20 世纪 70 年代后期首次在巴西伊泰普工程成功应用，采用钢桁架和钢柱架设环行的架空运输单轨道。电动小车牵引行驶的混凝土料斗，小车经过拌合楼装料后，驶至卸料点，将混凝土卸入中间转运车，空料斗沿环行单轨驶回拌合楼，如此反复进行。中间转运站将混凝土卸入起重机的吊距内。该运输方式自动化程度高，工作时无噪声，工作安全可靠，轨道系统构造简单，维修方便，效率高。但操作现代化，要求管理水平高，线路布置不适合爬坡，布置上要求尽量少转弯等。

（四）皮带机运输

皮带机运输混凝土可将混凝土直接运送入仓，也可作为转料设备。直接入仓浇筑混凝土主要有固定式和移动式两种。固定式即用钢排架支撑多条胶带通过舱面，每条胶带控制浇筑宽度 5 ~ 6m，每隔几米设置刮板，混凝土经过溜筒垂直下卸。移动式为舱面上的移动梭式胶带布料机与供应混凝土的固定胶带正交布置，混凝土经过梭式胶带布料机分料入仓。

皮带机设备简单，操作方便，成本低，生产率高，但运输流态混凝土时容易分层离析，砂浆损失较为严重，骨料分离严重；薄层运输与大气接触面大，含水量影响混凝土质量。为减少不利影响，一般可采取下列措施：

（1）皮带机运行速度限制在 1 ~ 1.2m/s 以内，上坡角度为 14° ~ 16°，下坡角度为 6° ~ 8°，最大骨料粒径不宜大于 80mm；皮带应张紧，以减小通过滚轴时的跳动；宜选用槽形皮带机，皮带接头宜胶结，在转运或卸料处设置挡板和溜筒，以防止混凝土骨料分离。（2）皮带机头的底部设置 1 ~ 2 道橡皮刮板，以减少砂浆损失；砂浆损失应控制在 1.5% 以内，混凝土配合比设计应适当增加砂率。（3）皮带机搭设盖棚，以免混凝土受日照、水、雨等影响低温季节施工时，应有适当的保温措施。（4）装置冲洗设备，以保证在卸料后及时清洗内带上所黏附的水泥砂浆，并采取措施防止冲洗的水流入新浇的混凝土中。

皮带运输机运输混凝土是一种连续工作，生产效率高，适用于地形高差大的工程。动力消耗小，操作管理人员少。但是，平仓振捣一定要跟上，且一旦发生故障，全线停运，停留在胶带上的大量混凝土难以处理，同时一次只能运送一种品种的混凝土料，夏季使用时预冷混凝土温度回升大，满足设计要求难度大。

二、混凝土的垂直运输

（一）门式起重机

门式起重机（门机）是一种大型移动式起重设备。它的下部为一钢结构门架，门架底部装有车轮，可沿轨道移动。门架下有足够的净空间，能并列通行两辆运输混凝土的平台列车。门架上面的机身包括起重臂、回转工作台、滑轮组（或臂架连杆）、支架及平衡重等。整个机身可通过转盘的齿轮作用，水平回转 360°。该机运行灵活、移动方便，起重臂能在负荷下水平转动，但不能在负荷下变幅。变幅是在非工作时，利用钢索滑轮组使起重臂改变倾角来完成。

（二）塔式起重机

塔式起重机（简称塔机）是在门架上装置高达数十米的钢架塔身，用以增加起吊高度。其起重臂多是水平的，起重小车钩可沿起重臂水平移动，用以改变起重幅度。

（三）缆式起重机

缆式起重机（简称缆机）有一套凌空架设的缆索系统、起重小车、主塔架、副塔架等组成。主塔内设有机房和操纵室，并用对讲机和工业电视与现场联系，以保证缆机的运行。

缆索系统为缆机的主要组成部分，它包括承重索、起重索、牵引索和各种辅助索。承重索两端在主塔和副塔的顶部，承受很大的拉力，通常用高强钢丝束制成，是缆索系统中的主索，起重索用于垂直方向升降起重钩，牵引索用于牵引起重小车沿承重索移动。

缆机的类型，一般按主、副塔的移动情况划分，有固定式、平移式和辐射式三种。主、副塔都固定者，称固定式缆机。主、副塔都可移动的称平移式缆机。副塔固定，主塔沿弧形轨道移动者，称辐射式缆机。

缆机适用于狭窄河床的混凝土坝浇筑，它不仅有具有控制范围大、起重量大、生产率高的特点，而且能提前安装和使用，使用期长，不受河流水文条件和坝体升高的影响，对加快主体工程施工具有明显的作用。

（四）履带式起重机

履带式起重机多由开挖石方的挖掘机改装而成，直接在地面上开行，无须轨道。它的提升高度不大，控制范围比门机小。但起重量大、转移灵活、适应工地狭窄的地形，在开工初期能及早投入使用，生产率高。该机适用于浇筑高程较低的部位。

三、混凝土连续运输

（一）泵送混凝土

在工作面狭窄的地方施工，如隧洞衬砌、导流底孔封堵等，常采用混凝土泵及其导管输送混凝土。

常用混凝土泵的类型有电动活塞式和风动输送式混凝土泵两种。

1. 活塞式混凝土泵

其工作原理是柱塞在活塞缸内做往返运动，将承料斗中的混凝土吸入并压出，经管道送至浇筑仓内。

活塞式混凝土泵的输送能力有 $15m^3/h$，$20 m^3/h$，$40 m^3/h$ 等三种。其最大水平运距可达 300m，或垂直升高 40m，导管管径 150～200mm，输送混凝土骨料最大粒径为 50～70mm。

目前，在使用活塞式混凝土泵的过程中，要注意防止导管堵塞和泵送混凝土料的特殊要求。一般在泵开始工作时，应先压送适量的水泥砂浆以润滑管壁；当工作中断时，应每隔5min将泵转动2～3圈；如停工0.5～1h以上，应及时清除泵和导管内的混凝土，并用水清洗。

泵送混凝土最大骨料粒径不大于导管内径的1/3. 不允许有超径骨料，坍落度以 8～14cm 为宜，含砂率应控制在 40% 左右，每 $1m^2$ 混凝土的水泥用量不少于 250～300kg。

2. 风动输送混凝土泵

以泵为主要设备的整套风动输送装置，泵的压送器是由钢板焊成的梨形罐，可承受 1500kPa 的气压。工作时，利用压缩空气（气压为 640～800kPa）将密闭在罐内的混凝土料压入输送管内，并沿管道吹送到终端的减压器，降低速度和压力、改变运动方向后喷出管口。

风动输送是一种间歇性作业，每次装入罐内的混凝土量约为罐容积的80%。其水平运距可达350m，或垂直运距60m，生产率可达 $50m^3/h$。整套风动装置可安装在固定的机架上或移动的车架上。风动输送泵对混凝土配合比的要求，基本上与活塞式混凝土泵相同。

（二）塔带机

皮带机浇筑混凝土往往在运输和卸料时容易产生分离及严重的砂浆损失现象，而难以满足混凝土质量要求，使其应用受到很大限制，过去一般多用来运输碾压混凝土。近年，美国罗泰克公司对皮带机进行了较大改革，特别是墨西哥惠特斯大坝第一次成功地应用3台罗泰克塔带机为主浇筑混凝土，使皮带机浇筑混凝土进入了一个新阶段。

塔带机是集水平运输与垂直运输于一体，将塔机与皮带输送机有机结合的专用皮带机，要求混凝土拌和、水平供料、垂直运输及舱面作业一条龙配套，以提高效率。塔带机布置在坝内，要求大坝坝基开挖完成后快速进行塔带机系统的安装、调试和运行，使其尽早投入正常生产。

塔带机分为固定式和移动式，移动式又有轮胎式和履带式两种，以轮胎式应用较广。

塔带机是一种新型混凝土浇筑设备，它具有连续浇筑、生产率高、运行灵活等明显优势。但由于生产能力大、运行速度快、高速入仓，对舱面铺料、平仓的振捣也带来不利影响。在大坝浇筑四级配混凝土时，塔带机运送的混凝土高速入仓，下料点平仓机和振捣机往往无法跟上。另外，布料皮带移动缓慢，入仓混凝土易形成较高料堆，大骨料分离滚至坡脚集中，待停止下料后才能将表面集中的大骨料清走，而内部集中的大骨料往往难以清除，从而造成局部架空隐患。因此，采用塔带机浇筑四级配混凝土对运输和浇筑工艺需作进一步改进，以待完善。

四、运输混凝土的辅助设备

运输混凝土的辅助设备有吊罐、骨料斗、溜槽、溜管等。用于混凝土装料、卸料和转运入仓，对于保证混凝土质量和运输工作顺利进行起着相当大的作用。

（一）溜槽与振动溜槽

溜槽为钢制格子（钢模），可从皮带机、自卸汽车、斗车等受料，将混凝土转送入仓。其坡度可由试验来确定，常采用45°左右。当卸料高度过大时，可采用振动溜槽。振动溜槽装有振动器，单节长4～6m，拼装总长可达30m，其输送坡度由于振动器的作用可放缓至15°～20°。采用溜槽时，应在溜槽末端加设1～2节溜管或挡板，以防止混凝土料在下滑过程中分离。利用溜槽转运入仓，是大型机械设备难以控制的有效入仓手段。

（二）溜管与振动溜管

溜管（溜筒）由多节铁皮管串挂而成。每节长0.8～1.0m，上大下小，相邻管节钩挂在一起，可以拖动。采用溜管卸料可起到缓冲消能作用，以防止混凝土料分离和破碎。

溜管卸料时，其出口离浇筑面的高差应不大于1.5m。并利用拉索拖动均匀卸料，但应使溜管出口段约2m长与浇筑面保持垂直，以避免混凝土料分离。随着混凝土浇筑面的上升，可逐节拆卸溜管下端的管节。

溜管卸料多用于断面小、钢筋密的浇筑部位。其卸料半径为1～1.5m，卸料高度不大于10m。

振动溜管与普通溜管相似，但每隔4～8m的距离装有一个振动器，以防止混凝土料中途堵塞。其卸料高度可达10～20m。

（三）料罐（吊罐）

吊罐有卧罐和立罐之分。卧罐通过自卸汽车受料，立罐置于平台列车直接在搅拌楼出料口受料。

五、混凝土运输浇筑方案

大坝及其他建筑物的混凝土运输浇筑方案常见的有以下几种：

（一）门、塔机运输浇筑方案

采用门、塔机浇筑混凝土可分为有栈桥和无栈桥方案。所谓栈桥就是行驶起重运输机械，直接为施工服务的临时桥梁。

设栈桥的目的在于扩大起重机的工作范围，增加浇筑高度，为起重、运输机械提供行驶线路，避免干扰，以利于安全高效施工。根据建筑物的外形，断面尺寸，栈桥可以平行坝轴线布置一条、二条或三条，可设于同一高程，也可分设于不同高程；栈桥桥墩可设于坝内，也可设在坝外；可以是贯通两岸的全线栈桥，也可以是只通一岸的栈桥。

栈桥布置有以几种方式：

1. 单线栈桥

对宽度不太大的建筑物，将栈桥布置在建筑物轮廓中部，以控制大部分浇筑部位，边角部位由辅助浇筑机械完成。单线栈桥可一次到顶，也可分层加高。后者有利于简化桥墩结构，使栈桥及早投入运行，避免料罐下放过深，有利于提高起重机的生产率。但分层加高时，要移动运输路线，对施工进度有一定影响。

2. 双线栈桥

通常是一主一辅，主栈桥承担主要的浇筑任务，辅助栈桥主要承担水平运输任务，所以辅助栈桥应与拌和楼的出料高程协调一致。辅助栈桥也可布置少量起重机，配合主栈桥全面控制较宽的浇筑部位。

3. 多线多高程栈桥

对于高坝，轮廓尺寸特别大的建筑物，采用门、塔机浇筑方案时，常需设多高程栈桥才能完成任务。很显然，这样布置栈桥工作量很大，必然会对运输浇筑造成一定影响。利用高架门机和巨型塔机可减少栈桥的层次和条数。

（二）缆机运输浇筑方案

缆机的塔架常安设于河谷两岸，通常布置在所浇筑建筑物之外，所以可提前安装，一次架设，在整个施工期间长期发挥作用。有时为了缩小跨度，可将坝肩岸边块提前浇好，然后敷设缆机轨道。在施工中因无须架设栈桥，所以与主体工程各个部位的施工均不发生干扰。

缆机运输浇筑布置以下几种情况：

1. 缆机同其他起重机组合的浇筑系统

当河谷较宽、河岸较平缓，可让缆机控制建筑物的主要部位，用辅助机械浇筑坝顶和边角地带。

2. 立体交叉缆机浇筑系统

在深山峡谷筑高坝，且要求兼顾枢纽的其他工程，则可分高程设置缆机轨道，组成立体交叉浇筑系统，根据枢纽布置设置不同类型的缆机。

3. 辐射式缆机浇筑系统

根据 50 个缆机浇筑的工程统计，采用辐射式缆机约占 60%。国内也有不少工程采用辐射式缆机，特别是修筑拱坝。

混凝土运输浇筑方案的选择通常应考虑以下原则：

（1）运输效率高，成本低，转运次数少，不易分离，质量容易保证。（2）起重设备能够控制整个建筑物的浇筑部位。（3）主要设备型号单一，性能良好，配套设备能使主要设备的生产能力充分发挥。（4）在保证工程质量前提下能满足高峰浇筑强度的要求。（5）在工作范围内能连续工作，设备利用率高，不压浇筑块，或不因压块而延误浇筑工期。

在整个施工过程中，运输浇筑方案不是一成不变的，而是随工程进度的变化而变化。因此，应根据不同的部位，不同的施工时段采用不同的运输浇筑方案。

第五节　预制混凝土施工

水利工程中混凝土预制块的应用之一为水库围坝、河道及渠道护坡。主要用以防止水流冲刷、波浪淘刷、漂浮物和冰层的撞击及冻冰的挤压等，保护土质及风化岩质边坡。其预制块形式主要有垂直连锁和水平连锁。可工厂化施工，强度较高，质量有保证且可控，但其抗冻性不及天然石材。

对护坡混凝土块的设计主要依据《水工混凝土结构设计规范》《碾压土石坝设计规范》《堤防设计规范》等规范。主要包括耐久性设计和抗浮厚度设计等，同时在设计时，应考虑单块体的重量，以方便块体的预制、运输与安装。

一、耐久性设计

对护坡混凝土预制块耐久性设计，主要是块体强度、抗冻及化学侵蚀设计。

（一）混凝土强度等级

应根据其所处的环境类别控制其最低强度等级，具体可按《水工混凝土结构设计规范》选用，并满足水灰比要求。

（二）混凝土抗冻等级

按 28d 龄期的试件用快冻试验方法测定，分为 F400、F300、F250、F200、F150、F100、F50 七级。抗冻要求应根据气候分区、冻融循环次数、表面局部小气候条件、水分饱和程度、结构构件重要性和检修条件等选定抗冻等级。在不利因素较多时，可选用提高一级的抗冻等级。具体可按《水工混凝土结构设计规范》选用。

抗冻混凝土应掺加引气剂。其水泥、掺和料、外加剂的品种和数量，水灰比、配比及含气量等应通过试验确定。海洋环境中的混凝土即使没有抗冻要求也宜适当掺加引气剂。

处于三类、四类环境条件且受冻严重的结构构件，混凝土的最大水灰比应按《水工建筑物抗冻设计规范》的规定执行。

（三）化学侵蚀要求

对处于化学性环境中的混凝土，应采用抗侵蚀水泥，掺用优质活性掺和料，必要时可同时采用特殊的表面涂层等防护措施。

二、抗浮厚度设计

在波浪作用下，块体厚度直接决定护坡的抗浮稳定性。对于连锁形式的混凝土块体厚度的计算，目前没有专门的计算公式，主要依据《碾压式土石坝设计规范》相关公式计算，同时结合已有工程的运行经验数据分析确定。

（一）砌石护坡在最大局部波浪压力作用下的厚度，按下式计算

$$D = 1.018 K_t \frac{\rho_w}{\rho_k - \rho_w} \cdot \frac{\sqrt{m^2+1}}{m(m+2)} h_p$$

当 $L_m / h_p \leq 15$ 时，$t = \frac{1.67}{K_t} D$；

当 $L_m / h_p > 15$ 时，$t = \frac{1.82}{K_t} D$ 。

式中 D——石块的换算球形直径，m；

ρ_k——石块的密度，取 $2.5 t/m^3$；

ρ_w——水的密度，取 $1.0 t/m^3$；

L_m——平均波长；

h_p——累计频率为 5% 的波高，m；

K_t——随波率变化的系数；

m——坝坡系数；

t——护坡厚度，m。

（二）对在明缝的现浇板或预制板护坡，当坡度系数 m=2 ～ 5 时，板在浮力作用下稳定的面板厚度可按下式计算：

$$t = 0.07 \eta_p \sqrt{\frac{L_m}{b}} \frac{\rho_u}{\rho_c - \rho_w} \frac{\sqrt{m^2+1}}{m}$$

式中 t——板在浮力作用下稳定的面板厚度，m；

η——系数，对整体式大块护面板取 1.0，对装配式护面板取 1.1；

ρ_c——板块密度，kN/m^3；

h_p——累积频率为 1% 的波高，m。

b——沿坝坡向板长，m。

装配式护面板的厚度受沿坝坡方向板体长度形成的整体性因素影响较大，在设计

时，应合理确定沿坝坡方向的板体长度，确定合理的护坡厚度。

（三）预制混凝土板施工时，注意企口的完整性。

连锁混凝土砌块铺设，垫层验收合格后即可进行面层铺砌。砌块以单层直立方式铺砌，可分段多工作面自下而上进行。要求平直部位缝宽不宜大于 5mm，其他部位缝宽不宜大于 8mm，表面平整度不宜大于 $8mm/m^2$，坡度符合设计要求，砌块底部应平实，严禁架空，块间自锁联合，紧密嵌合，以确保稳定严禁污染坡面。

三、安装施工要点

测量放样：首先测放出坡脚起坡线及起坡线高程，其次确定坡顶线高程。每一纵坡线、横坡线均应挂线铺设，使铺设部位形成纵横控制线，便于质量控制。

砌块作业面运输：砌块运至坝顶，堆放在坝顶道路靠近迎水坡面的地方。砌块往作业面上的运输，采用人工运输。为方便运输，可采用槽钢加工成滑槽，使砌块从滑槽上往工作面下滑。

砌块铺设：在垫层验收合格后，进行砌块铺设；第一行砌块砌筑时砌块底边线对其下边水平线，砌块上边线对齐上边水平线；铺砌前要拉线确定铺设顶面及缝面，保证表面平整、砌缝紧密、整齐有序；预制块底部应垫平填实，严禁架空；块间自锁联结，紧密嵌合，确保稳定；砌块若偶尔有生产毛刺，需用铁钎及手锤配合将其修正后铺砌。每块砌块由垂直方向放到砌筑位置后应上下移动，以保证砌块下碎石垫层平整密实，并借助木槌进行水平和高度调整。

砌筑辅助工具：砌块施工中使用合理恰当的工具，是高效施工的保证。

镐：人工清坡时，由于坝体原土填筑密实，有必要使用镐进行刨除多余土。

铁锹：用平头铁锹对坡面精确整平；

抬筐：抬除坝坡精确整平后多余土；

滑板：拴有绳索的铁皮斗（$0.5m \times 1.0m \times 0.3m$），将碎石装入斗内由 1～2 人拉往摊铺位置；

钢筋钩：移动、砌筑的重要工具，两人各持一把钢筋钩，将弯钩伸入砌块开孔，抬动、移动砌块，使其到达砌筑位置。钢筋钩另一端可当作撬棍使用，用来调整砌块之间缝隙，使其达到设计要求；

铁锹：与手锤配合，砌块由于生产模具在设计时单侧留有生产缝隙，需用铁钎与手锤配合将其修整后铺砌；

木槌：砌块砌筑中进行水平和高度调整的工具。

第六节 特殊混凝土施工

一、碾压混凝土

碾压混凝土施工技术是混凝土重力坝与碾压土石坝长期"竞争"的结果。碾压混凝土施工技术就是用土石坝的施工方法（分层铺填、碾压）施工一种特殊的混凝土——碾压混凝土（干贫混凝土）。近年来，碾压混凝土施工技术在工程中得到了广泛应用。

（一）碾压混凝土的拌和料特点

碾压混凝土单位水泥用量（30～150kg）和用水量较少，水胶（灰）比宜小于0.70，掺和材料（粉煤灰、火山灰质材料等）掺量较大，掺和料的掺量宜取30%～65%，碾压混凝土粗骨料的粒径不宜大于80mm，并一般不采用间断级配，碾压混凝土的坍落度等于零。其特点主要表现在：

1.由于坍落度为零

混凝土浆量又少，对振动碾压机械既有足够的承载力，又不至于像普通塑性混凝土那样受振液化而失去支持力。

2.由于水泥用量少

水化热总量小，而且薄层（25～70cm）浇筑，有利于散热，可有效地降低大面积混凝土的水化热温升，温控措施简单，能节省大量投资。

采用碾压施工法可以大大地提高施工速度，特别适用于大体积结构如重力坝的施工。过去国内普遍采用"金包银式碾压混凝土重力坝"。所谓的"金包银"就是在重力坝的上下游一定范围内和孔洞及其他重要结构的周围采用常态混凝土（普通混凝土），是为"金"，重力坝的内部采用碾压混凝土，是为"银"随着碾压混凝土施工技术的提高，也有许多工程全部采用碾压混凝土。

振动压实指标（工作度或％值）是碾压混凝土的一个重要指标。它是通过改良型维勃实验，在规定频率的振动台上达到合乎标准的时间值，一般以秒（s）计。通过大量的试验实践证明：Vc值小于40s时，碾压混凝土的强度随Vc的升高而增大，Vc值大于40s时，碾压混凝土的强度随Vc的升高而降低。实际工程中，Vc值多采用5～35s。

（二）碾压混凝土的施工工艺

碾压混凝土通常用自卸汽车、皮带输送机等运输，在舱面可用薄层连续铺筑或间歇铺筑，铺筑方法宜采用平层通仓法。采用吊罐入仓时，卸料高度不宜大于1.5m。平仓机或推土机应平行坝轴线平仓，也可用铲运机运输、铺料和平仓，平仓厚度应控制在17～34cm。

振动压实机械往往采用振动平碾，碾压方式可采用"无振—有振—无振"的方法，振动碾压的行进速度控制在1.0～1.5km/h。坝体迎水面3～5m，碾压方向应垂

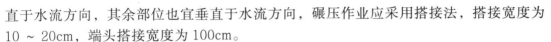

直于水流方向，其余部位也宜垂直于水流方向，碾压作业应采用搭接法，搭接宽度为10～20cm，端头搭接宽度为100cm。

连续上升铺筑的碾压混凝土，层间允许间隔时间应控制在混凝土初凝之前，且混凝土拌合物从拌和到碾压完毕的时间不应大于2h。碾压混凝土施工不设纵缝，横缝可采用切缝机切割。

（三）碾压层面结合施工

碾压混凝土层面一般有两种：一种是连续碾压的临时施工层面，一般不需要处理；另一种是正常的间歇面，层面处理采用刷毛或冲毛清除乳皮，露出无浆膜的骨料，铺设一层10～15mm厚的垫层。垫层材料可选择水泥砂浆、粉煤灰水泥砂浆或水泥净浆、水泥粉煤灰净浆等。

为改善碾压层面结合的状况，可采用下列措施：

（1）在铺筑面积确定情况下提高碾压混凝土的铺筑强度；（2）配料时采用高效缓凝减水剂，以延长碾压混凝土的初凝时间；（3）气温较高时，采用斜层摊铺法铺料，以缩短层间间隔时间；（4）提高碾压混凝土拌合料的抗分离性，防止骨料分离及混入软弱颗粒；（5）防止外来水流入层面，做好防雨工作；（6）冬季注意防冻，夏秋季注意防晒。

（四）碾压混凝土施工的质量控制

碾压混凝土施工时，主要有原材料、新拌和碾压混凝土、现场质量检测与控制等。铺筑时 Vc 值检测每 2h 一次，现场 Vc 值允许偏差 5s。压实容重检测采用核子水分密度仪或压实密度计。具体可按水工碾压混凝土施工规范和要求进行质量控制。施工时须特别注意以下几点：

（1）碾压混凝土含水量较少，在运输及碾压过程中，易失水（尤其表层）而产生表面裂缝或造成层间结合薄弱而形成层间渗漏。（2）立模与不立模的选择技术。立模板容易保证建筑物的外形平整，但限制了施工进度；不立模不易控制建筑物的外形尺寸和表面质量。（3）采用"金包银式碾压混凝土重力坝"坝型时，常态混凝土与碾压混凝土的结合部位，因不易施工而成为薄弱环节。

二、变态混凝土

（一）施工原理

在碾压混凝土拌合物摊铺层中铺洒水泥净浆或水泥粉煤灰净浆，使该处的碾压混凝土具有坍落度，再用插入式振捣器振实，拆模后得到内部密实、外观理想的混凝土结构物。此法不仅能有效解决靠近模板部位的碾压混凝土碾压操作不便的问题，而且具有良好的防渗效果。

（二）施工特点

近年来，变态混凝土已越来越多地替代了原来采用常态混凝土的部位，应用范围从大坝上、下游模板内侧，上、下游止水材料埋设处，推广到电梯井和廊道周边、大坝岸坡基础等部位。其施工特点为：

（1）在碾压混凝土坝施工过程中，可减少拌合楼变换所拌制混凝土的品种，提高生产效率。（2）避免原来碾压混凝土与常态混凝土施工所产生的时间间隔，有利于保证混凝土浇筑同步上升，较好解决了异种混凝土结合处产生薄弱面的问题。（3）简化施工工艺和减少施工干扰，加快碾压混凝土施工进度。

（三）施工工艺

水泥浆一般采取集中拌制法，如在坝头设置制浆站等。用装载车或改装的运浆车运送到施工部位。加浆量应根据试验来确定，通常为施工部位碾压混凝土体积的4% ~ 10%。

加浆方式主要有底部加浆和顶部加浆。工程多采用顶部加浆，即在摊铺好的碾压混凝土面上铺洒水泥浆，然后用插入式振捣器（或平仓振捣机）进行振捣，使浆液向下渗透。

一些工程对加浆工艺进行改进，设计插孔器及加浆系统，有效控制施工质量。

在变态混凝土的注浆前，先将其相邻部位的碾压混凝土压实。变态混凝土振捣完成后，用大型振动碾将变态混凝土与碾压混凝土搭接部位碾平。碾压时可采用条带搭接法，条带长15 ~ 20m，条带端部搭接长度为100cm左右。

三、预填骨料压浆混凝土

预填骨料压浆混凝土也称为压浆混凝土，是将级配后洗净的粗骨料填放在待浇体内，用配制好的砂浆通过输浆管压入氟骨料空隙，胶结硬化而成的混凝土。压浆混凝土适用于结构钢筋密布、预埋件复杂的部位；不便采用导管法的水下混凝土浇筑；用于修补加固混凝土、钢筋混凝土结构物以及其他不易浇筑和捣实的部位。

压浆混凝土对材料有一定的要求：所用的粗骨料，其最小粒径应不小于2cm，以免空隙过小，影响砂浆压入；粗骨料应按设计级配填放密实，尽量减少空隙率以节省砂浆；所用细骨料，其粒径超过2.5mm者应予以筛除，以免砂浆压入困难；砂浆中应掺入混合材料及有关外加剂，使其具有良好的流动性，以期在较低压力下能压入粗骨料空隙中；砂浆中应掺入适量的膨胀剂，在初凝前略微膨胀，使混凝土更加密实。

压浆管一般竖向布置，距模板不宜小于1.0m，以免对模板造成过大侧压力，管距一般为1.5 ~ 2.0m，模板应接缝严密，防止漏浆。

砂浆用柱塞式或隔膜式砂浆泵压送，灌浆压力一般为0.2 ~ 0.5MPa，压浆应自下而上，且不得间断，浆体上升速度应保持在每小时50 ~ 100cm。压浆部位应埋设观测管、排气管，以检查压浆效果。

第七节 混凝土工程质量保证措施

一、保证混凝土外观质量的措施

（一）确保建筑物外部尺寸符合设计要求

用全站仪、DS1精密水准仪和有经验的测量工程师施测，并严格执行测量复核制度；模板支撑根据力学计算来确定，支撑牢固；混凝土浇筑中要检查维修，防止跑模变形，确保泵站建筑物尤其是流道、水泵层、电机层高度等几何尺寸符合设计要求，并在规范和质检标准允许偏差范围内。

（二）混凝土构筑物轮廓线顺直，大角方正

施工中做到边角部位插密实；严格掌握拆模时间，严禁镐打；拆模后用钢管搭支架保护。

（三）混凝土表面平整度和立面垂直度及曲面与平面联结平顺

结构物外露面采用大钢模立模，联结部位放样加工异形模；中高级技工立模；混凝土浇筑前按三检制度认真检查；混凝土浇筑中及时检查加固模板。

（四）混凝土表面无缺陷

通过优化混凝土配合比，提高平仓振施工工艺；充分养护等措施提高了混凝土表面的外观质量。

1.混凝土外露面全部采用新覆膜板和定型大钢模，保证模板的平整度，模板拼缝用海绵嵌缝以防漏浆。浇筑过程中，加强检查，防止跑模，严格撑握拆模时间，防止损坏混凝土棱角。

2.在模板安装前涂刷不污染钢筋、混凝土的脱模隔离剂。

3.中、高级混凝土技术工人主持振捣，防止蜂窝麻面发生。

4.混凝土收面时，采用人工原浆收面压光。

5.严格遵守混凝土操作规程，对混凝土拌和、运输、入仓浇筑、振捣均严格按照规范要求，以保证混凝土的连续性，使之不出现冷缝。

6.加强混凝土养护工作，防止发生温度缝、干缩缝。

7.及时进行混凝土缺陷修补及整饰，加强成型混凝土的覆盖和保护，保证混凝土外观面清洁美观。立模浇筑的混凝土表面的轻微缺陷经监理同意在拆模后24小时内完成修补，并详细记录。

（五）混凝土表面清洁

用同厂家水泥，防止色差；混凝土成品保护措施：

1.混凝土浇筑达到一定强度后采用麻袋片进行覆盖养护,并保持混凝土表面潮湿。

2.混凝土浇筑结束后达到一定强度方可进行下道工序施工。

3.在混凝土表面施工时,要轻拿轻放,防止破坏混凝土的表面。

4.底板混凝土周围采用钢管搭设保护措施,防止破坏混凝土的棱角。

（六）伸缩缝顺直、止水无窨潮

伸缩缝和止水由专业技工负责,从立模、浇筑、止水试水、止水保护等各环节确保外观质量。

二、大体积及薄壁结构混凝土施工裂缝预防措施

根据我公司在多年水工建筑物工程的成功经验,大体积混凝土和隔墙、面板等薄壁结构,在浇筑后的养护阶段会发生温度变形和体积收缩现象,从而容易产生裂缝。为保证混凝土结构在浇筑后不产生裂缝现象,我公司将在该工程中采取以下预防措施:

（一）控制混凝土施工工艺

对于混凝土的拌和、运输、平仓振捣等施工工序,施工中严格按照施工工艺操作规程施工,确保配料准确、拌和均匀,保证混凝土良好的和易性;做到混凝土浇筑连续性,防止出现冷缝;仓面混凝土采用平面分层法浇筑,做好平仓、振捣等操作,做到振捣密实,严格防止混凝土下料过厚和离析骨料堆集,以保证混凝土的均匀性,通过工艺控制,混凝土品质达到优良品质标准,以提高混凝土抗裂能力。

（二）针对混凝土裂缝产生的原因

采取相应技术控制混凝土裂缝产生。

1.温度缝的控制措施

（1）选用级配良好的骨料,严格控制砂、石子含泥量,保证混凝土品质,提高混凝土抗拉强度。

（2）混凝土中掺入优质减水剂,通过试验确定其掺入量,以降低水灰比和水泥用量,达到提高混凝土的密实性,减少发热量增强混凝土抗拉强度。

（3）混凝土中掺入缓凝剂、抗裂防渗剂,降低发热峰值,增强抗裂性能。

（4）加强早期保温养护,提高抗拉强度。等结构混凝土浇筑完成后,混凝土表面及时用聚乙稀薄膜覆盖,覆盖草袋保温,并洒水养护。墩墙等结构拆模后外侧挂草帘薄膜等保温。控制结构混凝土内外温差不大于 25℃,以防止急剧冷却,造成混凝土结构表面温差裂缝。冬夏季施工严格按上述措施施工,以防止产生裂缝。

2.干缩缝的控制措施

（1）在混凝土配比的选择上,在满足强度的前提下,掺用外加剂、减水剂,减少水泥用量,降低水灰比,适当减小砂率,提高粗骨料含量,以降低干缩量。

（2）严格控制砂石原材料的含泥量,避免使用过量粉砂。

（3）混凝土浇筑前,将基层和模板浇水湿透,避免吸收混凝土中的水分。

（4）混凝土振捣密实。混凝土浇筑结束后,清除多余灰浆,排除泌水,待定浆

后进行二次复振、二次抹压，防止产生松顶和表面干缩裂缝。

（5）加强混凝土早期养护，采用聚乙烯膜包裹、草帘覆盖养护，保持混凝土表面湿润，养护时间按规范要求进行。

3.沉降收缩裂缝的控制措施

（1）加强混凝土配制和施工操作控制，控制水灰比、砂率、坍落度，振捣充分但避免过振。

（2）在构件截面变化处，截面变化以下断面浇筑后静停 1~2 小时（必须控制在上下层混凝土允许间隔时间以内），并采取复振措施。待沉降稳定后，再浇筑上部混凝土，以避免混凝土沉降不均导致裂缝。

4.约束裂缝的控制措施

即底板先期浇筑的混凝土与墩墙混凝土接界面以及其他混凝土结构所有立面分期施工的界面上，由于先期施工混凝土约束了后期施工混凝土的收缩应变，可能在二次施工混凝土临界面上一定范围产生的因收缩等因素产生的裂缝，这些裂缝发生在混凝土拆模后相当一段时间内。预防措施是：加强二期施工混凝土界面接缝处理，确保接缝联结质量。尽量缩短二次混凝土施工间隔时间；掺用混凝土微膨胀剂，减少混凝土收缩应变；在二次施工混凝土临界面上一定范围增设一定数量的抗拉纵向钢筋。

5.薄壁结构防裂措施

除上述有关措施外，根据薄壁结构的特点，拟采取以下措施：

（1）适当减小水灰比。

（2）加强养护，防止干缩裂缝和约束产生的裂缝。

三、砼表面质量控制措施

（一）水平面砼表面质量控制措施

砼表面观感质量主要包括水平表面及垂直表面，本工程水平表面主要有泵站底板、消力池、护坡、边墩等，我单位为了保证本工程外表美观，对水平表面质量容易产生的质量问题及原因进行了综合分析，并提出针对性工艺措施：

1.单块板表面平整度超差、不光滑、表面出现干缩裂缝

产生原因：

①浇筑时高程及平整度控制措施简单，控制点偏少，不能提前预控；②面积较大时，人工收光抹面不能及时完成；③砼浇筑中水灰比控制不严，泌水不能及时有效排除；④没有采取措施及时养护。

2.块与块之间接缝不平直，接缝处相邻板块不平整，有偏差

产生原因：

①接缝处填缝板厚度不一致；②填缝板安装不牢固，局部变形翘曲；③填缝板安装时高于先浇板顶表面；④砼浇筑后找平不细心。

根据以上分析及我单位在以往的施工工程等有关项目的施工经验，在本工程中采用以下措施：

①为防止表面干缩裂缝，并使其光滑，主要措施为在砼浇筑压辊找平后，采用真空吸水将表面水分排出，然后用圆盘式抹光机磨光，最后再用叶片式磨光机收光。②控制接缝平直度及平整度的措施为：先浇块施工后，进行填缝板安装时，必须板厚一致，安装牢固，填缝板顶稍低于先浇砼板顶3～5mm；在后浇板砼施工时，最后找平周边，以先浇板为准，必须接缝平整。③按规定进行养护。养护工作安排专人进行。④做好砼表面成品保护工作。在下部结构底板施工后，进行墩墙施工搭设、拆除架子、对销螺栓时，钢管、扣件、对销螺栓必须用绳索吊运，在底板上铺两层草袋进行保护。

（二）砼垂直表面质量控制措施

在船闸墩墙、节制闸墩墙、翼墙、涵洞墩墙等主要外露面迎水面采用定型大钢模和覆膜板，接缝相对减少，模板表面光滑平整，从而使砼表面光滑。

为保证砼表面色泽一致，减少色差，我们将从原材料上把关，所有上部结构墩墙必须选用同一批水泥、同一批黄砂，不同部位墙身所用原材料也应尽可能消除色差，水泥选用同一厂家、同一品种，黄砂、石子选用同一产地。脱膜剂选用新鲜机油，不采用废机油，以免污染砼表面。

钢筋绑扎时，钢筋弯钩必须向内，所有绑扎铅丝折向里边，防止外露污染表面。

严格控制水灰比，拌和站必须根据经监理工程师批准后的配比施工，由于砂的含水量变化易引起水灰比及坍落度变化，所以必须增加黄砂的含水量测定，每工作班增加1次，据此控制好水灰比。

采取挂串筒的砼入仓措施，限制落料高度不超过1.5m。以免砼浆飞溅至模板表面。时间过长硬化引起麻面。在浇筑闸边墩、闸室墙、导航墙等部位时，每班派专人对模板表面进行检查，及时清除飞溅砼。

模板接缝处填加密封条，不能凸出模板内侧，避免因接缝处漏浆使表面出现麻面，对拉螺栓外套无缝钢管，防止螺栓处产生麻面。

合理布点，确保下料均匀，对于布料死角区，采用人工二次倒运，严禁用振动棒平仓，必须按规定均匀插点振捣，不得漏振，不得过振。

若浇筑中砼产生泌水，则在下一层砼浇筑前，及时清除。每班派专人进行此项工作。

拆除模板时，砼必须达到规定强度，侧模板拆模不低于3.5MPa，拆除模板时，要小心仔细，不损伤表面及棱角。

派专人进行预留螺栓洞孔的表面修补，确保修补后做到与砼表面颜色基本一致，表面光滑，不收缩开裂，达到观感美观的效果。

（三）防止砼表面错台措施

1.加强模板的刚度及整体性。闸室墙全部用槽钢围檩，靠船墩用圆头钢模与钢框竹胶大模采用螺栓连接。

2.墩墙以及上下游挡土墙等主要工程均采用一次立模到顶，一次浇筑砼施工措施，可避免砼错台产生。

四、高温暑季施工、冬季施工、雨天施工

（一）冬季低温时施工控制

本工程船闸闸首、船闸闸室底板、船闸墩墙、立交地涵底板及立交地涵墩墙等均属大体积混凝土，船闸箱式墩墙内部顶板、墙身为薄壁结构，根据计划安排又为冬季施工作业为主。冬季施工时，若室外日平均气温连续5天低于5℃时或当日最低气温降至0℃时，混凝土施工时我部将采取低温季节施工技术措施，以保证混凝土施工质量。

1.混凝土的材料要求

水泥：选用硅酸盐水泥或普通硅酸水泥。

骨料：要求没有冰块、雪团，应清洁、级配良好、质地坚硬，不应含有易被冻坏的矿物。采用覆盖黑色薄膜保温。做好料场的排水措施。

拌合水：使用深井水及采用锅炉烧水加温，温度控制在不高于60℃。

外加剂：选用通过技术鉴定、符合质量标准的防冻早强型外加剂。

2.混凝土配合比

根据试验室提供的混凝土配合比配制，尽量使用较小水灰比。

3.混凝土搅拌控制

冬季施工期混凝土的搅拌时间应比常温时延长50%。

4.混凝土的运输

混凝土拌和物出机后，应及时运到浇筑地点。在运输过程中，砼搅拌车、混凝土泵管采取覆盖和包裹等保温措施，注意防止混凝土热量散失、表层冻结、混凝土离稀、水泥砂浆流失、坍落度变化等现象。

5.混凝土的浇筑

（1）一般要求

在浇筑前，应清除模板和钢筋上的冰雪和污垢。浇筑时，拌合物由拌板、料斗、漏斗或各类运输工具中卸除时，砂浆容易与容器冻结，所以在浇筑前应采取防风、冻结保护措施，一旦发现混凝土遭冻结进行二次加热搅拌，使搅拌物具有适应的施工和易性再浇筑。

在施工缝处接着浇筑混凝土时，应先除掉水泥薄膜和松动石子，湿润后冲洗干净，并使接缝处原混凝土的温度高于2℃，然后铺抹水泥浆或与混凝土砂浆成分相同的砂浆一层，待浇筑的混凝土强度高于1.2mpa时，允许继续浇筑。

（2）混凝土浇筑

混凝土拌和物入模浇筑，必须经过振捣，使其内部密实，并能充分填满模板各个角落，制成符合设计要求的构件。冬季施工期振捣混凝土采用机械振捣，振捣要快速，浇筑前做好必要的准备工作，如模板、钢筋和预埋件检查、清除冰雪冻块、浇筑使所用脚手架的搭设和防滑措施检查、振捣机械和工具的准备等。

6.混凝土的养护

在平均气温高于+5℃条件下，用适当的材料把砼覆盖并适当浇水，使砼在规定时间内有足够的湿润状态，并符合下列规定：

（1）开始养护时间

由温度决定，当最高气温低于 25℃时，浇捣完毕 12 小时内加盖浇水养护。当最高气温高于 25℃时，浇捣完毕 6 小时内加盖浇水养护。

（2）浇水养护时间的长短

对于普通水泥或矿渣水泥拌制的砼，应不少于 7 昼夜。对掺有缓凝型外加剂或有抗渗要求的砼，不少于 14 昼夜。

（3）浇水次数

应能保持足够的湿润状态，养护初期水泥水化作用较快，浇水次数要多。气温高时，也应增加浇水次数。

（4）覆盖材料

大面积结构可采用塑料薄膜或保温挤塑板覆盖养护，小面积结构，可用草帘覆盖养护。

（5）砼必须养护至强度达到 12kg/cm² 以上，始准在其上行人然后组织下一工序施工。

7. 混凝土拆模

混凝土模板拆除的时间，按结构特点、自然气温和混凝土所达到的强度来确定，一般以缓拆为宜。

拆除模板，混凝土强度也必须满足要求。

冬期拆除模板时，混凝土表面温度和自然气温之差不应超过 20℃。

对已拆除模板的混凝土，应采取保温材料予以保护。结构混凝土达到规定强度后才允许承受荷载。施工中不得超载使用，严禁在其上堆放过量的建筑材料或机具、

8. 混凝土温度的测定

气温、原材料和混凝土温度的测量工作应按以下规定执行：

气温的测量，每昼夜 8 时、12 时、14 时、20 时、凌晨 4 时共测 6 次。

对拌和材料和防冻剂温度的测量，每工作班不少于 3 次。

对出搅拌机时混凝土拌和物的温度，至少每 2h 测量一次。

对灌筑前和振捣完毕的温度，至少每 2h 测量一次。

对养护期间混凝土温度的测量：在终凝前，每 2h 测一次，以后每昼夜进行 2～4 次。在超过养护期后，混凝土温度可以在气温发生大变化时抽测。

为了测量混凝土内部的温度，应在浇灌混凝土时预埋一些测温计。

测温孔设在混凝土温度较低和有代表性的地方。

所有测温孔编号，绘制测温孔布置图。测温人员同时检查覆盖保温情况，并了解结构的灌筑日期、养护期限，以及混凝土的允许最低温度。如发现问题，立即通知有关人员，以便及时采取措施，加强保温或局部进行短时加热。

9. 混凝土试件和强度检验

试件的取样率或一组试块最多能代表的混凝土容量，按照《钢筋混凝土工程施工及验收规范》第 4.6.4 条规定：

每一工作班不少于一组。

每浇筑 100m³ 混凝土不少于一组。

此外，冬期施工尚须制作同结构条件养护试件。每批试件至少2组，控制拆模、后续施工的时间验证28d混凝土强度。强度试件在浇筑仓面取样制作，并与结构、构件在同条件下养护。

10.冬期成品保护

冬季冷空气活动频繁，温度骤降极易形成结构物内外温差过大产生裂缝，施工过程中加强天气预报收听和气温监测，在冷空气来临前做好保温措施。

（二）夏季高温时施工温度控制

根据计划安排，本工程部分混凝土施工在夏季。为了降低混凝土的内外温差，防止因温差过大而引起混凝土表面裂缝，从以下几个方面加以控制：

1.预冷原材料，骨料适当堆高，采用喷洒井水法措施降温；骨料堆场使用反光膜覆盖，防止日光暴晒。使用时由底部取料。混凝土配料与拌和系统搭设凉棚。

2.混凝土拌和用水使用低温深井水。

3.缩短混凝土的运输时间，加快混凝土的入仓覆盖速度，缩短混凝土的暴晒时间。

4.混凝土浇筑仓面搭设凉棚，喷洒水雾降低仓面周围的温度。

5.混凝土浇筑尽量安排在早晚和夜间进行。

6.为防止高温季节浇筑混凝土出现早凝现象，混凝土通过试验确定掺用适量缓凝剂。

7.根据结构特点和混凝土生产能力，选择适宜的混凝土浇筑方案，如结构混凝土厚度超过1.5m使用水平分层法浇筑。

8.混凝土初凝后，立即覆盖湿麻布袋或薄膜，防止混凝土水分蒸发。终凝后喷水养护，始终保持混凝土面潮湿，连续时间不少于25天。

（三）混凝土工程雨季施工安排及技术措施

1.由项目经理统一指挥，各部门明确职责、分工，保证在雨季施工时各项工作的协调。

2.了解当地出现雨季的时间，合理组织施工。并避免在大雨、暴雨或台风过境时浇筑混凝土。

3.雨季时减少大面积、大体积混凝土工程的现浇工作。如果混凝土浇筑过程中遇大雨或暴雨，则立即停止浇筑，并将仓内混凝土振捣好，规整仓面后覆盖。雨后排除仓内积水，清理表面软弱层。继续浇筑时，先铺一层水泥砂浆；如间歇时间超过规定，则按施工缝处理。

4.与当地气象部门签订服务合同，掌握天气预报和气象趋势，提前做好预防准备工作。

5.施工现场做好排水设施，使排水通畅并不得造成水土流失和环境污染；加强道路养护，保障运输畅通无阻；做好物资、设备的防湿防潮工作。

6.混凝土和砂浆砌体工程，施工完毕及时覆盖养护，终凝前避免受雨水冲刷。

7.基坑开挖，先做好截水、排水沟；开挖后及时浇筑避免雨水浸泡基底。

8.备好防雨用品和施工人员的雨衣、雨靴。

9.汛期成立防洪组织，备足防洪抢险特资和设备，服从地方防汛总体安排，积极抗洪抢险。

第八章 水闸工程施工

第一节 概述

一、引言

水闸是应用最广、功能最全的控制水流建筑物，也是施工工序较复杂的水工建筑物。现浇混凝土水闸施工与大体积混凝土坝施工的不同，主要表现在精细的钢筋加工、高瘦的模板架构、复杂的接缝止水、繁多的精准预埋件和窄深空间内的浇筑等方面。

水闸工程一般由闸室段、上游连接段和下游连接段组成。建造内容包括：闸室段下部（底板及基础、防渗及止水设施、下置启闭闸门设施），闸室段中部（闸墩、胸墙和岸墙）；闸室段上部（工作桥及上置启闭闸门设施、检修桥、交通桥、启闭机房等）；上游连接段（上游翼墙、铺盖、护底和护岸）和下游连接段（泄槽护坦及消力池、防冲设施、下游翼墙和护岸）。其中每段都有与两岸的连接问题，而且是按先下部、后上部的施工程序进行的。水闸施工应以闸室为主，岸墙、翼墙为辅，穿插进行上、下游连接段施工。水闸工程的分部工程验收，可按地基开挖、基础处理、闸室土建工程、上下游连接段工程、闸门和启闭机安装、电气设备安装工程、自动化控制工程、管理设施工程等分部进行。

闸室的下部结构大多是"板状"结构底板，虽然工作面较大，但断面规则，施工以水平运输为主。整体式结构的闸底板有平底板或反拱底板，作为墩墙基础的平底板其施工总是先于墩墙；而反拱底板的施工一般是先浇墩墙，预留联结钢筋，待沉陷稳定后再浇反拱底板；分离式结构的闸底板为小底板，应该先浇墩墙，待沉降稳定后再浇小底板。

闸墩和岸墙是闸室的中部结构，系墙体结构，高瘦的模板架构和窄深空间内的浇筑施工，弧形闸门的牛腿结构是闸墩施工的重要节点，还包括一定数量的门槽二期混凝土和预埋件安装等工作。

闸室的上部结构大都为装配式构件。选择吊装机械应与墩墙施工的竖直运输统一考虑，力求做到一机多用，经济合理；液压启闭式的闸墩结构不设机架桥、机房，结构形式更加合理。

上下游翼墙及护岸，大多为曲面，用砌石或预制块砌筑，也有混凝土现浇；铺盖、护坦及消力池多为钢筋混凝土现浇；下游护底、防冲设施多采用块石笼铺砌、宾格网块石笼等。

水闸施工应做到优质、安全、经济，保证工期。所以水闸施工组织设计要充分考虑施工的现场条件和合同要求，结合工期计划进行合理安排。水闸施工前，应根据批准的设计文件编制施工组织设计。对地基差、技术复杂、涉及面广的大型水闸，应根据需要编制专项施工组织设计。

遇到松软地基、严重的承压水、复杂的施工导流（如拦河截流、开挖导流）、特大构件的制作与安装、混凝土温控等重要问题时，应提请设计方做出专门研究。

必须按设计图纸施工。如需修改，应有设计单位的修改补充图和设计变更通知书。施工组织设计的重大修改，必须经原审批单位批准。水闸施工应积极采用经过试验和鉴定的新技术、新工法。施工过程中施工单位可以根据实际情况提出合理的设计变更建议，由建设单位组织设计，监理、施工单位现场论证通过后实施。该变更增加的费用由建设单位承担。

水闸施工必须建立完整的施工技术档案。工程质量评定与工程验收，应按《水利水电基本建设工程单元工程质量等级评定标准》与《水利基本建设工程验收规程》有关规定执行。

二、内容提要

本章主要以精细的钢筋加工、高瘦的模板架构、复杂的接缝止水、繁多的精准预埋件和窄深的空间浇筑为主线，围绕现浇混凝土水闸工程的施工程序，分别介绍了地基开挖与排水设施施工、防渗设施施工、模板与钢筋加工，水闸主体部位（底板和墩墙）施工的技术要点等内容。此版作为全国应用本科教材，为进一步突出务实特色，适应社会需要、结合生产实际，充实了一些过去不讲的内容，如"金属结构及机电设备的安装、校验和试运转"；"观测设施和施工期观测"；"砌石的施工要点"等。还特别增加了经过水利部门和中国水利工程协会评审，于2012年公布的由山东临沂水利工程总公司申报的"内丝对拉螺栓加固墩墙模板新工艺"和"充水式橡胶坝螺栓压板锚固一次浇筑施工工法"。

三、学习要求

掌握现浇钢筋混凝土水闸的施工技法的施工机械与工艺；
学会现浇钢筋混凝土水闸的施工程序及施工方案与要求。

第二节 施工测量

要实现水闸最全的控制水流功能，施工精度是关键，测量工作是基础，测量控制是手段，测量贯穿全过程。

一、一般规定

施工单位应建立专业组织或指定专人负责施工测量工作，并及时、准确地提供各施工阶段所需的测量资料。

施工测量前，建设单位应向施工单位提交施工图、闸址中心线标志和附近平面、高程控制等资料。建设单位应安排设计单位专业测量人员会同监理、施工单位进行交桩和控制点测设，施工单位的测量控制网应通过监理或专业测量机构复核后进行施工测量工作。

施工平面控制网的坐标系统，应与设计阶段的坐标系统相一致，也可根据施工需要建立与设计阶段的坐标系统有明确换算关系的独立坐标系统。施工高程控制系统必须与设计阶段的高程系统相一致，施工时，应经过详细复核。

各主要测量标志应统一编号，并绘于施工总平面图上，注明各有关标志相互之间的距离、高程及角度等，以免发生差错。施工期内，对测量标志必须妥善保护并定期检测。

二、施工测量

施工中，应进行以下测量工作：

①开工前，应对原设控制点、中心线复测，布设施工控制网，并定期检测；②建筑物及附属工程的点位放样；③建筑物的外部变形观测点的埋设和定期观测；④竣工测量。

平面控制网的布置，以轴线网为宜，如采用三角网时，水闸轴线宜作为三角网的一边。根据现场闸址中心线标志测设轴线控制的标点（简称轴线点），其相邻标点位置的中间误差不应大于 15 mm。平面控制测量等级宜按一、二级小三角及一、二线导线测量有关技术要求进行。

施工水准网的布设应按照由高到低逐等控制的原则进行。接测国家水准点时，必须两点以上，检测高差符合要求后，才能正式布网。工地永久水准基点宜设地面明标和地下暗标各一座。大型水闸应设置明标、暗标各两座。基点的位置应在不受施工影响、地基坚实、便于保存的地点，埋设深度应在冰冻层以下 0.5m，并浇灌混凝土基础。

放样前，对已有数据、资料和施工图中的几何尺寸，必须检核。严禁凭口头通知或无签字的草图放样。发现控制点有位移迹象时，应进行检测，其精度应不低于测设时的精度。

闸室底板上部立模的点位放样，直接以轴线控制点测放出底板中心线（垂直水流方向）和闸孔中心线（顺水流方向），其中误差要求为±2 mm；而后用钢带尺直接丈量弹出闸墩、门槽、门轴、岸墙、胸墙、工作桥、公路桥等平面立模线和检查控制线，据此进行上部施工。

立模、砌（填）筑高程点放样，应遵守下列规定：

①供混凝土立模使用的高程点、混凝土抹面层、金属结构预埋及混凝土预制构件安装时，均应采用有闭合条件的几何水准法测设；②对软土地基的高程测量是否要考虑沉陷因素，应与设计单位联系确定。③对闸门预埋件、安装高程和闸身上部结构高程的测量，应在闸底板上建立初始观测基点，采用相对高差进行测量。④对牛腿、门槽等精度要求高的部位，在混凝土浇筑过程中必须现场安设经纬仪进行平面位移观测，发现问题及时处理，防止模板变形过大影响闸室结构尺寸，以及金属结构安装。

竣工测量内容及归档资料应包括下列项目：

①施工控制网（平面、高程）的计算成果；②建筑物基础底面和引河的平面断面图；③建筑物过流部位测量的图表和说明；④外部变形观测设施的竣工图表及观测成果资料；⑤有特殊要求部位的测量资料。

第三节　施工导流与地基开挖

水闸的施工导流与地基开挖，一般包括引河段的开挖与筑堤、导流建筑物的开挖、填筑以及施工围堰的修筑与拆除、基坑开挖与回填等项目，工程量大，需要认真进行施工组织与计划。为此在施工前应对土石方进行综合平衡，做到次序合理，挖填结合。方量计算时，基坑边坡可根据《水利水电枢纽工程等级划分及设计标准》规定，基坑边坡稳定的安全系数一般不小于1.05的要求来确定。同时，还应考虑施工方法（采用人工开挖还是机械开挖）、渗流、降雨等实际因素。比如，为减轻对砂性土边坡的冲蚀，可放缓边坡。在粉细砂、砂壤土地层中，若将集水坑降水改为井点降水，有效降低了地下水位，可取消垄沟，改陡边坡。

施工导流与地基开挖，首先应根据实际工程条件和施工条件，通过技术经济分析比较，选择合理的施工方案。

一、制定导流施工方案

水闸的要点如下：

（1）施工导流、截流及度汛应制定专项的施工措施设计，重要的或技术难度较大的须报上级审批。（2）导流建筑物的等级划分及设计标准应按《水利水电枢纽工程等级划分及设计标准》有关规定执行。（3）当按规定导流标准导流有困难时，经充分论证并报主管部门批准，可适当降低标准；但汛期前，工程应达到安全度汛的要求。在感潮河口和滨海地区建闸时，其导流挡潮标准不应降低。（4）在引水河、渠上的导流工程应满足下游用水的最低水位和最小流量的要求。（5）在原河床上用分期围堰导流时，不宜过分束窄河面宽度，通航河道尚需满足航运的流速要求。（6）截流方法、龙口位置及宽度应根据水位、流量、河床冲刷性能及施工条件等因素确定。（7）

截流时间应根据施工进度，尽可能选择在枯水、低潮和非冰凌期。（8）对土质河床的截流段，应在足够范围内抛筑排列严密的防冲护底工程，并随龙口缩小及流速增大及时投料加固。（9）合龙过程中，应随时测定龙口的水力特征值，适时更换投料种类、抛投强度和改进抛投技术。截流后，应立即加筑前后戗，然后才能有计划地降低堰内水位，并完善导渗、防浪等措施。（10）在导流期内，必须对导流工程定期进行观测、检查，并及时维护。（11）拆除围堰前，应根据上下游水位、土质等情况，确定充水、闸门开度等放水程序。（12）围堰拆除应符合设计要求，筑堰的块石、杂物等应拆除干净。

二、基坑排水和降低地下水位

水闸工程施工中注意以下要点：

场区排水系统的规划和设置，应根据地形、施工期的径流量和基坑渗水量等情况来确定，并应与场区外的排水系统相适应。基坑的排水设施.应根据坑内的积水量、地下渗流量、围堰渗流量、降雨量等计算确定。抽水时，应适当限制水位下降速率。基坑的外围应设置截水沟与围埝，防止地表水流入。降低地下水位（简称降水，下同）可根据工程地质和水文地质情况，选用集水坑降水或井点降水。必要时，可配合采用截渗措施。集水坑降水适用于无承压水的土层。井点降水适用于砂壤土、粉细砂或有承压水的土层。

集水坑降水应符合下列规定：

①抽水设备能力宜为基坑渗透流量和施工期最大 H 降雨径流量总和的 1.5~2.0 倍；②基坑底、排水沟底、集水坑底应保持一定深差；③集水坑和排水沟应设置在建筑物底部轮廓线以外的一定距离；④挖深较大时，应分级设置平台和排水设施；⑤流沙、管涌部位应采取反滤导渗措施。

井点降水措施设计应包括：

①井点降水计算（必要时，可做现场抽水试验.确定计算参数）；②井点平面布置、井深、井的结构、井点管路与施工道路交叉处的保护措施；③抽水设备的型号和数量（包括备用量）；④水位观测孔的位置和数量；⑤降水范围内已有建筑物的安全措施。

管井井点的设置应符合下列要求：

①成孔宜采用清水护壁。采用泥浆护壁时，泥浆应符合有关规定；②井管应经清洗，检查合格后方能使用，各段井管的连接应牢固；③滤布、滤料应符合设计要求，滤布应紧固；井底滤料应分层铺填，井侧滤料应均匀连续填入，不得猛倒；④成井后，应采用分段自上而下和抽停相间的程序抽水洗井；⑤试抽时，应检查地下水位下降情况，调整水泵使抽水量与渗水量相适应，并达到预定降水过程。

轻型井点设置应符合下列规定：

①安装顺序宜为敷设集水总管，沉放井点管，灌填滤料，连接管路，安装抽水机组；②各部件均应安装严密，不漏气。集水总管与井点管宜用软管连接；③冲孔孔径不应小于 30 cm，孔底应比管底深 0.5 m 以上，管距宜为 0.8~1.6 m；④每根井点管沉放后，应检查渗水性能；井点管与孔壁之间填砂滤料时，管口应有泥浆水冒出；或向管内灌

水时，能很快下渗，方为合格；⑤整个系统安装完毕后，应及时试抽，合格后将孔口下 0.5m 深度范围用黏性土填塞。

井点抽水时，应监视出水情况，如发现水质浑浊，应分析原因及时处理。降水期间，应按时观测、记录水位和流量，对轻型井点并应观测真空度。井点管拔除后，应按设计要求填塞。

具体来说，基坑水位与周围的地下水位密切相关。基坑水位的允许下降速率，视围堰型式、地基特性及基坑内外水位确定，对土质围堰一般为 0.5 m/d 左右。

对砂壤土、粉细砂土或有承压水的土层，应根据水头、水量分别选用不同类型的井点降水。

在进行井点降水措施的施工设计时，需要准确掌握降水区域工程地质和水文地质资料，所采用的土层渗透系数必须可靠。当工程规模较大或土层情况较复杂时，应做校核抽水试验。

布置井点时，一般要求将地下水降至基坑底以下 0.5~1.0 m，井点系统应布置成封闭型。当采用管井井点降水时，形成的降水漏斗较大，可能会引起附近建筑物的沉降，应制定观测计划和相应措施。

三、地基开挖

地基开挖的原理、做法和要求，可参见第 3 章"地基处理与基础工程施工"的有关内容。

1. 土方开挖和填筑一般规定

（1）土方开挖和填筑，应优化施工方案，正确选定降、排水措施，并进行挖填平衡计算，合理调配。（2）弃土或取土宜与其他建设相结合，并注意环境保护与恢复。（3）当地质情况与设计不符合时，应会同有关单位及时研究处理。（4）发现文物古迹、化石以及测绘、地质、地震、通信等部门设置的地下设施和永久性标志时，均应妥善保护，及时报请有关部门处理。

2. 基坑开挖的一般要求

（1）基坑边坡应根据工程地质、降低地下水位和施工条件等情况，经稳定验算后确定。（2）开挖前，应降低地下水位，使其低于开挖面 0.5 m。（3）采用机械施工时，对进场道路和桥涵应进行调查和必要的加宽、加固。合理布置施工现场道路和作业场地，并加强维护。必要时加铺路面。（4）基坑开挖宜分层分段依次进行，逐层设置排水沟，层层下挖。（5）根据土质、气候和施工机具等情况，基坑底部应留有一定厚度的保护层，在底部工程施工前，分块依次挖除。（6）水力冲挖适用于粉砂、细砂、砂壤土、中轻粉质壤土、淤土和易崩解的黏性土。（7）在负温下，挖除保护层后，应立即采取可靠的防冻措施。（8）陡边坡及强风化岩石深基坑开挖时，应结合实际情况采取必要的支护措施。

第四节 防渗导渗设施和地基处理

水闸的防渗设施一般有铺盖、板桩和齿墙；导渗设施一般是平铺式排水及其反滤层；应该与地基处理措施一并考虑。

一、铺盖

铺盖布置在闸室上游侧，用相对不透水的材料做成，常用的有黏性土、混凝土、钢筋混凝土、沥青混凝土，在小型水闸中也有采用浆砌块石的。近年来，随着土工合成材料的推广应用，也有采用土工膜防渗的。

1. 黏性土铺盖

黏性土铺盖的填筑应符合下列规定：

填筑时，应尽量减少施工接缝，如分段填筑，其接缝的坡度不应陡于 1：3；

填筑达到高程后，应立即保护，防止晒裂或受冻；

填筑到止水设施时，应防止止水遭受破坏，并与止水妥善联结。

为了保证黏性土铺盖碾压施工质量，要严格控制黏性土的含水量，分层压实。每层厚度一般 25~30 cm。黏性土铺盖的平面尺寸无论多大，都不分缝，分段施工的交接处应取缓于 1：3 的缓坡，以利于结合防渗。表面铺设的干砌块石、浆砌块石或混凝土保护层与黏性土铺盖之间，应铺设中粗砂类的过渡层。

2. 混凝土及钢筋混凝土铺盖

钢筋混凝土铺盖长度一般采用 3~5 倍的上、下游水位差，但不宜超过 20 m。因长度超过 20 m 后，为了减小地基不均匀沉降及温度变化的影响，就要设置永久缝及其止水。同理，闸室较宽的情况下，也需设置纵向（顺水流方向）伸缩缝。根据已建工程经验，在地基土质较好时，缝距不宜超过 15~20 m，土质中等时，不宜超过 10~15 m，土质较差时不宜超过 8~12 m。为了减轻翼墙及墙后填土对铺盖不利的影响，靠近翼墙的铺盖，缝距宜采用小值。铺盖与周边建筑物之间也需设置沉降缝。边缘接触处设增厚齿墙，缝内设置止水。

混凝土或钢筋混凝土铺盖的厚度根据构造要求确定，为了保证防渗效果及满足施工要求，厚度不宜小于 0.4 m，通常做成等厚度。一般采用 C15 或 C20 混凝土，并可利用它作为上游的防冲护坦，也可作为增加闸室抗滑稳定性的阻滑板。

钢筋混凝土铺盖，一般配置的是适量的构造钢筋，一般在面层配置直径 12~14 mm，间距 25~30 cm 的钢筋网。在靠近闸室及两侧翼墙的部位，有时又根据边荷载的影响配置的受力钢筋。如果要利用铺盖作为闸室的阻滑板，必须配置轴向受拉钢筋。这种钢筋在与闸室连接的接缝中，应采用铰接的构造形式（见图 6-2）。考虑到接缝中的钢筋有可能锈蚀，截面积应适当加大，一般按铺盖受拉钢筋配筋量的 1.5 倍取用。

钢筋混凝土铺盖应按分块间隔浇筑。在荷载相差过大的邻近部位，应等沉降基本稳定后，再浇筑交接处的分块或预留的二次浇筑带。

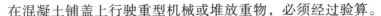

在混凝土铺盖上行驶重型机械或堆放重物，必须经过验算。

3. 沥青混凝土铺盖

沥青混凝土铺盖的施工，应按照《土石坝碾压式沥青混凝土防渗墙施工规范》执行。

沥青混凝土铺盖是用沥青、砂、砾石、矿物粉按一定的配合比例，加热拌合，分层铺筑压实，沥青混凝土铺盖的厚度一般为 5~10 cm，通常选用 60 号石油沥青。柔性虽不如黏土铺盖，但亦有一定的适应地基变形的能力，也可兼作上游护底之用。沥青混凝土铺盖像黏土铺盖一样，中间不分缝，分层铺筑和压实，各层的铺筑缝须错开。铺盖与闸室或翼墙底板混凝土的连接处，铺盖厚度应适当加厚。

二、板桩

板桩是采用最多的铅直防渗措施。一般设在闸室底板高水位一侧或设在铺盖起端。而设在低水位一侧的短板桩，主要是为了减少出口的渗透坡降，但同时也增加了底板渗透压力。板桩长度一般采用 0.8~1.0 倍上、下游最大水位差。板桩的种类，按材料不同可分为钢板桩、木板桩、钢筋混凝土板桩等。近年来，随着先进设备的出现及施工技术水平的提高，目前多采用施工方便、造价低廉的铅直锯槽敷设土工膜（铺塑）或多头小直径深层搅拌桩形成的水泥土截渗墙、机械成槽塑混凝土防渗墙等新技术来进行铅直防渗。

角桩或始桩应加长 1~2 m，其横截面宜放大，制成凹榫，桩尖应对称。打入桩宜凹榫套凸榫。自角桩或始桩接出的第一根板桩制成两面凸榫，两向合拢桩制成两面凹榫。

木板桩的凹凸榫应平整光滑，桩身宜超长 10 cm。制成的板桩应试拼编号，并套榫叠放。钢筋混凝土板桩应根据土质情况和施工条件，浇制一定数量的备用桩。施打前，应复检查，并清除附着杂污。

打入板桩应符合下列要求：

（1）封闭型的板桩应先打角桩；多套桩架施打时，应分别设始桩；角桩和始桩应保持垂直；（2）应设置有足够强度和刚度的导向围囹，以保持桩位正确；（3）板桩顶部宜加卡箍或桩帽，钢筋混凝土板桩顶部应加弹性衬垫；（4）随时观测板桩的垂直度，并及时纠正，两向合拢时，按实际打入板桩的偏斜度，用大小头木板桩封闭之；（5）在砂土或砂壤土中，可用水冲法，冲一根打一根，最后 1~2 m 必须用锤击至规定高程，每根板桩宜连续施打；（6）木板桩打完后，桩顶宜用马钉或螺栓与围囹木联成一体，防止挤压变位，并按桩顶设计高程锯平；（7）做好施工记录。

三、齿墙

齿墙主要起阻滑作用，同时可增加地下轮廓线的防渗长度。一般用混凝土和钢筋混凝土做成，深度一般为 0.5~1 m，为浅齿墙。如果出现以下两种情况，一般采用深齿墙：

①水闸在闸室底板后面紧接斜坡段，并与原河道连接时，在与斜坡连接处的底板下游侧，采用深齿墙（墙深大于 1.5 m），主要是防止斜坡段冲坏，会危及闸室安全，能保护闸基土不被破坏；②当闸基透水层较浅时，可用深齿墙截断透水层，齿墙底部

深入不透水层 0.5~1.0 m。深齿墙配置的钢筋很重要。

四、反滤层

铺筑砂石料级配反滤层应在地基检验合格后进行，并应符合下列规定：

①反滤层厚度、滤料的粒径、级配和含泥量等，均应符合要求；②铺筑时，应使滤料处于湿润状态，以免颗粒分离，并防止杂物或不同规格的料物混入；③相邻层面必须拍打平整，保证层次清楚，互不混杂；每层厚度不得小于设计厚度的85%；④分段铺筑时，应将接头处各层铺成阶梯状，防止层间错位、间断、混杂。

铺筑土工织物滤层应符合下列规定：

①铺设应平整、松紧度均匀，端部锚着应牢固；②连接可用搭接、缝接，搭接长度根据受力和基土条件决定；③存放和铺设，不宜长时间暴晒。

滤层与混凝土或浆砌石的交界面应加以隔离，防止砂浆流入。放水前，排水孔应清理，并灌水检查，孔道畅通后，用小石子填满。

五、地基处理

这里具体明确水闸工程中常用的几种地基处理方法的施工要求。

施工规范要求，对已确定的地基处理方法应作现场试验，并编制专项施工措施设计。在处理过程中，如遇地质情况与设计不符时，应及时与设计方沟通并修改施工措施设计。

1.换土（砂）地基

砂垫层的砂料应符合设计要求并通过试验确定。如用混合砂料应按优选的比例拌和均匀。砂料的含泥量不应大于5%。黏性土垫层的土料应符合设计要求。取用前料场表面覆盖层应清理干净，并作好排水系统。土料的含水量应在控制范围内，否则应在料场处理。挖土和铺料时，不宜直接践踏基坑底面，可边挖除保护层边回填。回填料应按规定分层铺填，密实度应符合设计要求。下层的密实度经检验合格后，方可铺填上一层，竖向接缝应相互错开。砂垫层选用水撼、振动等方法密实时，宜在饱和状态下进行。黏性土垫层宜用碾压或夯实法压实。填筑时，应控制地下水位低于基坑底面。黏性土垫层的填筑应作好防雨措施。填土面宜中部高四周低，以利于排水。雨前，应将已铺的松土迅速压实或加以覆盖。雨后，对不合格的土料应晾晒或清除，经检查合格后，方可继续施工。

负温下填筑应符合下列规定：

①铺土、压实、取样检验等工序应快速连续作业；②压实时，砂料的温度应在0℃以上，黏性土的温度应在 -1℃以上；③已压实的土层应防冻保温，避免冻胀；④已冻结的土层应加以清除，然后才能继续填筑。

2.振冲地基

振冲法适用于砂土或砂壤土地基的加固；软弱黏性土地基必须经论证方可使用。振冲置换所用的填料宜用碎石、角砾、砾砂或粗砂，不得使用砂石混合料。填料最大粒径不应大于 50 mm，含泥量不应大于 5%，且不得含黏土块。

振冲法的施工设备应满足下列要求：

①振冲器的功率、振动力和振动频率应按土质情况和工程要求选用；②起重设备的吊重能力和提升高度，应满足施工和安全要求，一般起重能力为 80~150kN；③振冲器的出口水压宜为 0.4~0.8MPa，供水量宜控制在 200~400 L/min 之间；④应有控制质量的装置。

施工前，应进行现场试验，确定反映密实程度的电流值、留振时间及填料量等施工参数。造孔时，振冲器贯入速度宜为 1~2 m/min，且每贯入 0.5~1.0 m 宜悬挂留振。留振时间应根据试验确定，一般为 5~10 s。制桩宜保持小水量补给，每次填料应均匀对称，且厚度不宜大于 50 cm。填料的密实度以振冲器留振时的工作电流达到规定值为控制标准。振冲桩宜采用由里向外或从一边向另一边的顺序制桩。孔位偏差不宜大于 100 mm，完成后的桩顶中心偏差不应大于 0.3 倍的桩孔直径。振冲时应检查填料量、反映密实程度的电流值和留振时间是否达到规定要求。制桩完毕后应复查，防止漏桩。桩顶不密实部分应挖除或采取其他补救措施。砂土、砂壤土地基的加固效果检验，分别在加固七天及半个月后，对桩间土采用标准贯入、静力触探等方法进行。对复合地基可采用荷载试验检验。

3. 钻孔灌注桩基础

钻孔灌注桩成孔可根据地质条件选用回转、冲击、冲抓或潜水等钻机。

护筒埋设应符合下列规定：

①用回转钻机时，护筒内径宜大于钻头直径 20 cm；用冲击、冲抓钻机时，宜大于 30 cm；②护筒埋置应稳定，其中心线与桩位中心的允许偏差不应大于 50 mm；③护筒顶端应高出地面 30 cm 以上；当有承压水时，应高出承压水位 1.5~2.0 m；④护筒的埋设深度：在地面黏性土中不宜小于 1.0 m，在软土或砂土中不宜小于 2.0 m；护筒四周应分层回填黏性土，对称夯实。

采用泥浆护壁和排渣时，应符合下列规定：

①在黏土和壤土中成孔时，可注入清水，以原土造浆护壁。排渣泥浆的比重应控制在 1.1~1.2；②在砂土和夹砂土层中成孔时，孔中泥浆比重应控制在 1.1~1.3；在砂卵石或易坍孔的土层中成孔时，孔中泥浆比重应控制在 1.3~1.5；③泥浆宜选用塑性指数 >17 的黏土调制。泥浆控制指标：黏度 18~22 s，含砂率不大于 4%~8%，胶体率不小于 90%；④施工中，应经常在孔内取样，测定泥浆的比重。

钻机安置应平稳，不得产生沉陷或位移。钻进时，应注意土层变化情况并做好记录。

终孔检查后，应立即清孔。清孔应符合下列规定：

①孔壁土质较好且不易坍孔时，可用空气吸泥机清孔；②用原土造浆的孔，清孔后泥浆比重应控制在 1.1 左右；③孔壁土质较差时，宜用泥浆循环清孔，清孔后的泥浆比重应控制在 1.15~1.25，泥浆含砂率控制在 8% 以内；④清孔过程中，必须保持浆面稳定；⑤清孔标准。摩擦桩的沉渣厚度应小于 30 cm。端承桩的沉渣厚度应小于 10 cm。

钢筋骨架的焊接、固定以及保护层的控制应符合下列规定：

①分段制作钢筋骨架时，应对各段进行预拼接，作好标志；放入孔中后，两侧钢

筋对称施焊，以保持其垂度；②钢筋骨架的顶端必须固定，以保持其位置稳定，避免上浮；③控制钢筋的混凝土保护层的环形垫块宜分层穿在加强箍筋上，加强箍筋应与主筋焊接。

灌注水下混凝土的导管应符合下列要求：

①每节导管长一般为 2 m，最下端一节为 4 m，导管底口不设法兰盘，并应配有部分调节用的短管；②导管应做压水试验，并编号排列；③拼装前，应检查导管是否有缺损或污垢。拼接时，应按编号连接严密；④每拆一节，应立即将其内外壁清洗干净；⑤隔水栓宜用预制混凝土球塞。

配制水下混凝土应符合下列规定：

①水泥标号不应低于 325 号，水泥性能除应符合现行标准的要求外，其初凝时间不宜早于 2.5 h；②粗骨料最大粒径应不大于导管内径的 1/6 和钢筋最小间距的 1/3，并不大于 40 mm；③砂率一般为 40%~50%，应掺用外加剂，水灰比不宜大于 0.6；④坍落度和扩散度分别以 18~22 cm 和 34~38 cm 为宜，水泥用量一般不宜少于 350 kg/m^3。

灌注水下混凝土应符合下列要求：

①导管下口至孔底间距宜为 30~50 cm；②初灌混凝土时，宜先灌少量水泥砂浆；导管和储料斗的混凝土储料量应使导管初次埋深不小于 1 m；③灌注应连续进行；导管埋入深度应不小于 2.0 m，并不应大于 5.0 m；混凝土进入钢筋骨架下端时，导管宜深埋，并放慢灌注速度；④终灌时，混凝土的最小灌注高度应能使泥浆顺利排出，以保证桩的上段质量；⑤桩顶灌注高度应比设计高程加高 50~80 cm；⑥随时测定坍落度，每根桩留取试块不得少于一组；当配合比有变化时，均应留试块检验。

桩的质量可用无破损检验法进行初验，必要时，可对桩体钻芯取样检验。

4.沉井

沉井施工前，应根据地质资料编制沉井施工措施设计。选定下沉方式，计算沉井各阶段的下沉系数，再确定制作下沉等施工方案。从沉井制作至沉井下沉前，应保持地下水位低于基坑底面 0.5 m。采用承垫木方法制作沉井时，砂垫层应分层密实，其厚度应根据沉井的重力、地基土的承载力等因素确定。根据沉井的重力和垫层的容许承载力确定承垫木的数量、尺寸，并核算其强度。承垫木之间应用砂填实。

采用无承垫木方法制作沉井时，可铺垫适当厚度的素混凝土或砂垫层，其厚度由计算确定。沉井刃脚采用砖模或土模时，应保证其设计尺寸，并采取有效的防水、排水措施。分节沉井制作的高度应保证其稳定性和顺利下沉，沉井制作总高度不宜超过沉井的短边，也不宜超过 12m。接高沉井的各节竖向中心线应重合。

沉井的刃脚模板应在混凝土达到设计强度的 70% 后，方可拆除。沉井外壁应平滑。浆砌块石沉井的外侧面应用水泥砂浆抹平。沉井的混凝土或砌筑砂浆达到设计强度，其余各节达到设计强度的 70% 后，方可下沉。封底的沉井，在下沉前，对封底、底板与井壁结合部应凿毛处理；井壁上的穿墙孔洞或对穿螺栓等应进行防渗处理。抽承垫木应分组、依次、对称、同步地进行，每抽出一组即用砂填实。定位支垫木应最后同时抽出。在抽承垫木过程中，应进行观测，发现倾斜及时纠正。

挖土应符合下列规定：

①挖土应有计划地分层、均匀、对称地进行，先挖中部后挖边部，从中间向两端伸展；每层挖深不宜大于 0.5 m；分格沉井的井格间土面高差不应超过 1.0m；②排水挖土时，地下水位应降低至开挖面下 0.5 m；不排水挖土时，沉井内外水位要保持接近，防止翻砂，并备有向井内补水的设备；③沉井近旁不得堆放弃土、建筑材料等，避免偏压；④沉井下沉至距设计高程 2 m 左右时，应放缓下沉速率，及时纠偏，并防止超沉。

沉井施工的全过程应按时观测。下沉时，每班至少观测两次，及时掌握和纠正沉井的位移和倾斜。并列群井宜同时下沉。如受条件限制，可分组、间隔、对称均衡下沉。沉井下沉至设计高程，应待井体稳定后，方可封底。

干封底应符合下列要求：

①沉井基底挖至设计高程后应清除浮泥，排干积水；②多格沉井应分格对称地浇筑，以防止不均匀下沉；③在封底和底板混凝土未达到设计强度时应控制地下水位；停止抽水时，应验算沉井的抗浮稳定性。

采用导管法进行水下混凝土封底时，除参照《水工混凝土施工规范》的有关规定外，尚应符合下列要求：

①对井底基面、接缝及止水等应进行清理；②水下封底混凝土应连续浇筑，导管的数量和间距应使混凝土能相互覆盖；③混凝土达到设计强度后，方可从沉井内抽水；如提前抽水，应经验算。

无底沉井内的填料应按设计要求分层压实。沉井与沉井间的连接和接缝处理应保证防渗性能，并在各沉井全部封底或回填后进行。

沉井下沉完毕后的允许偏差应符合下列规定：

①刃脚平均高程与设计高程的偏差不得超过 100 mm；②沉井四角中任何两个角的刃脚底面高差不得超过该两个角间水平距离的 0.5%，且不得超过 150 mm；如其间的水平距离小于 10 m，其高差可为 100 mm；③沉井顶面中心的水平位移不得超过下沉总深度（下沉前后刃脚高差）的 1%；下沉总深度小于 10 m 时，不宜大于 100 mm。上述偏差应在沉井封顶时，根据水闸上部尺寸的要求，予以调整补救。

沉井施工完毕后应进行中间验收，并应提供下列资料：

①沉井制作、下沉、封底、接缝、回填等过程的施工记录；②沉井到位相对稳定后的位移、扭转、沉降、高程及高差等测量记录；③穿过的土层和基底检验资料；④如沉井出现裂缝，应有观察及处理情况的资料。

5. 高压喷射灌浆

高压喷射灌浆的单管法用于制作直径 0.3~0.8 m 的旋喷桩，二管法用于制作直径 1 m 左右的旋喷桩，三管法用于制作直径 1~2 m 的旋喷桩或修筑防渗板墙。高压喷射灌浆孔孔深应满足设计要求，成孔孔径一般比喷射管径大 3~4 cm。钻机、管架应定位正确，安装平稳。孔位误差不大于 10 cm，孔的倾斜率应小于 1.5%。水泥浆液宜采用 325 号或 425 号硅酸盐水泥或普通硅酸水泥．浆液的比重为 1.5~1.8，并按需要加入外加剂，但不宜使用引气型外加剂。水泥浆液的配合比和外加剂的用量应通过试验确定。水泥浆液应搅拌均匀，随拌随用。余浆存放时间不得超过 4 h。喷射前，应检查喷射管是否畅通，各管路系统应不堵、不漏、不串。严格按规定喷射和提升，如有异常应将喷射灌浆装置下落到原位置，重新喷射。施工完毕后，所有机具设备应立即清洗干净。筑造防渗板墙时，冒出地面的浆液经水沉淀处理后，可重复使用。喷射灌浆终了后，顶部出现稀浆层、凹槽、凹穴时，可将灌浆软管下至孔口以下 2~3 m 处，用灌浆压力为 0.2~0.3MPa、比重为 1.7~1.8 的水泥浆液，由下而上进行二次灌浆。

在喷射过程中，应随时进行监测，并记录有关施工参数。可采用钻孔取芯、试坑等方法，检查灌浆体的深度、直径（厚度）、抗压强度、抗渗性能及板墙接缝等。

此外，还有强夯地基、粉喷桩地基、回填胶凝砂砾料地基等地基处理技术。

六、土方填筑

水利工程严格控制超挖，不得不开挖部分的回填土方，也应严格控制填筑质量：

填筑前，必须清除基坑底部的积水、杂物等。填筑的土料，应符合设计要求。控制土料含水量；每次铺土厚度宜为 25~30 cm，并应使密实至规定值。

岸墙翼墙后的填土，应符合下列要求：

①墙背及伸缩缝经清理整修合格后，方可回填，填土应均衡上升；②靠近岸墙、翼墙、岸坡的回填土宜用人工和小型机具夯压密实，每次铺土厚度宜适当减薄；③分段处应留有坡度，错缝搭接，并注意密实度。

墙后填土和筑堤应考虑预加沉降量。墙后排渗设施的施工程序，应先回填再开挖槽坑，然后依次铺设滤料等。

第五节 浇筑混凝土的分块与接缝

一、筑块划分

设计常利用结构缝（包括沉降缝与温度缝）将闸分为许多结构块。为了施工方便，当结构块较大时，又须用施工缝分为若干筑块。分块时应避免在弯矩及剪力较大处分缝，并应考虑建筑物的断面变化及模板的架立等因素。筑块的尺寸和体积要同结构块相协调，并同时考虑设备的生产能力和运输能力，以及浇筑的连续性。

二、接缝止水设施的施工

为了适应地基的不均匀沉降和伸缩变形，在水闸设计中均设置温度缝与沉陷缝，经常用沉陷缝兼温度缝作用。缝有铅直和水平两种，缝宽一般为 1.0~2.5 cm。缝中填料及止水设施，在施工中应按设计要求确保质量。

1.缝中填料的施工

缝中的填充材料，常用的有沥青油毛毡、沥青杉木板、闭孔泡沫板和沥青芦席等多种，现有膨胀止水条定型产品。其安装方法有以下两种。

（1）将填充材料用铁钉固定在模板内侧后，再浇混凝土，这样拆模后填充材料即可贴在混凝土上，然后立沉陷缝的另一侧模板并浇筑混凝土。如果沉陷缝两侧的结构需要同时浇灌，则沉陷缝的填充材料在安装时要竖立得平直，浇筑时沉陷缝两侧混凝土的上升高度要一致。

（2）先在缝的一侧立模，并在模板内侧预先钉好安装填充材料的长铁钉数排，能使铁钉的1/3露出浇筑的混凝土外面。然后安装填料、敲弯铁钉尖使填料固定在已浇筑的混凝土面上。再立另一侧模板并浇筑混凝土。

若闸墩接缝两侧的混凝土要同时浇筑，可借固定模板用的预制混凝土块和对销螺栓夹紧，使填充材料竖立平直，浇筑时混凝土上升要均衡。

2.缝中止水的施工

凡是位于防渗范围内的缝，都有止水设施。止水设施分铅直止水和水平止水两种。

①水平止水

水平止水大都采用橡塑止水带，其安装与沉降缝填料的安装方法一样。

水平止水紫铜片的凹槽应向上，以便于用沥青灌填密实。水平止水片下的混凝土难以浇捣密实，因此，止水片翼缘不应在浇筑层的界面处，而应将止水片翼缘置于浇筑层的中间。在浇筑前，应将止水片上的水泥渣等污物清理干净，以免造成渗漏。

②铅直止水

止水的金属片，重要的部位用紫铜片，一般部位用铝片、镀锌铁皮或镀铜铁皮等。

预制混凝土槽板，每节长度可为0.3~0.5 m左右，与浇筑混凝土的接触面应凿毛，以利于结合。安装时需用水泥砂浆胶结，随缝的上升分段接高。沥青井的沥青可一次灌注，也可分段灌注。止水片接头要进行牢固的焊接或包（黏）接。

③止水交叉的连接

止水的交叉有两类。一类是铅直缝与水平缝的交叉，称为"铅直交叉"；另一类是水平缝与水平缝的交叉，称为"水平交叉"。交叉处止水片的连接方式，有柔性连接与刚性连接两种。前者是在交叉止水片就位后，外包以沥青块体；后者是将金属止水片适当裁剪，然后再用气焊焊接。工程中多根据交叉类型及施工条件来决定止水片的连接方法。"铅直交叉"一般用于柔性连接；"水平交叉"则多采用刚性连接。

3.永久缝的施工规范要求

紫铜止水片的制作应符合下列规定：

①清除表面的油渍、浮皮和污垢；②宜用压模压制成型，转角和交叉处接头，应在内场制作，并留有适当长度的直线段，以利于外场搭接；接缝必须焊接牢固，焊前宜用紫铜铆钉铆定，焊后应检验是否漏水；③搭接长度不得小于20 mm。

塑料和橡胶止水片应避免油污和长期暴晒。塑料止水片的接头宜用电热熔接牢固。橡胶止水片的接头可用氯丁橡胶黏接，重要部位应热压黏接。止水片的安设可用模板嵌固，不得留有钉孔。紫铜止水片的沉降槽，应用沥青灌填密实。

油毡板的制作和安设应符合下列规定：

①根据气温情况，选用30号或10号的建筑石油沥青，防止高温流淌；②预制时，要求场地平整，层毡层油，涂刷均匀；③油毡板宜安设在先浇筑部位的模板上，使其与两次浇筑的混凝土都能紧密结合；④止水片的沉降槽和油毡片应在同一立面上。

浇筑止水缝部位的混凝土时，应注意下列事项：

①水平止水片应在浇筑层的中间，在止水片高程处，不得设置施工缝；②浇筑混凝土时，不得冲撞止水片，当混凝土将掩埋止水片时，应再次清除其表面污垢；③振捣器不得触及止水片；④嵌固止水片的模板应适当推迟拆模时间。

预留沥青孔的安装，应符合下列规定：

①孔柱混凝土预制件的外壁必须凿毛，接头封堵密实；②预制件宜逐节安设，逐节灌注热沥青，如一次灌注沥青孔，应在孔内设置热元件。

第六节 混凝土现浇施工要点

一、一般规定

水闸混凝土工程的施工宜掌握以闸室为中心，按照"先深后浅、先重后轻、先高后矮、先主后次"的原则进行。

混凝土浇筑是主要环节，闸室又是水闸的主体部位，恰当安排各部分的施工程序，对提高混凝土质量、保证安全、缩短工期、降低造价，有着十分重要的影响。一般原则是：

①应先浇深基础，后浇浅基础，以免扰动已浇部位的基土，导致混凝土沉降、走动或断裂。②应先浇荷重较大的部位，使地基达到沉陷相对稳定，以减轻对邻近部位混凝土产生的不良影响。③作为闸墩基础的闸底板及其上部的闸墩、胸墙和桥梁，高度较大、层次较多、工作量较集中，需要的施工时间也较长，在混凝土浇完后，接着就要进行闸门、启闭机安装等工序，为了平衡施工力量，加快施工进度，必须集中力量优先进行。④其他如铺盖、消力池、翼墙等部位的混凝土，则可穿插其中施工，以利于施工力量的平衡。

水闸混凝土必须根据其所在部位的工作条件，分别满足强度、抗冻、抗渗、抗侵蚀、抗冲刷、抗磨损等性能及施工和易性的要求。水闸混凝土的施工，应从材料选择、配合比设计、温度控制、施工安排和质量控制等方面，采取综合措施，防止产生裂缝和钢筋锈蚀。

当选用商品混凝土浇筑水闸闸墩时，应严格控制水灰比和进行必要的论证。

二、模板

模板工程是混凝土浇筑前准备工作的主要项目之一。正确选择模板形式和架设方法，对于保证工程质量，降低工程造价，加快施工速度，有着十分重要的意义。在混凝土工程施工中，模板工程费用所占的比例相当大，据国内外的统计资料分析表明，一般约占混凝土工程费用的 15%~20%。

（一）对模板的基本要求

模板结构应具备下列基本要求：

（1）具有足够的刚度、强度和稳定性；（2）能承受新浇混凝土的重力、侧压力以及施工过程中可能产生的其他各种荷载。其变形在允许范围内，模板的允许挠度，对于建筑物外表面模板为其计算跨度的1/400；内表面或隐蔽部位为1/250；（3）保证结构物的形状、尺寸和各部位相互位置的正确，符合设计要求；（4）拼接缝紧密不漏浆，并能保证混凝土施工质量，达到平整光滑；（5）制作简单，装拆方便，周转次数高，有利于快速、经济施工；（6）选型选材，应根据结构物的特点、质量要求及使用次数决定，但应尽可能选用钢、混凝土及钢筋混凝土等材料，少用或不用木材；（7）力求考虑模板结构构件和尺寸的标准化和系列化，即使用一定规格品种的通用模板。模板设计除上述基本要求外，还应提出对材料、制作、安装和拆除工艺的具体要求，设计图纸应标明设计荷载及控制条件，如混凝土浇筑上升速度、施工荷载等。

（二）模板的分类

水利水电工程的混凝土浇筑所用模板的类型，因建筑物结构形状和部位而异，一般有如下种类：

（1）按制作材料

可分为木模、钢模、混凝土模板和混合模板。木模加工方便，隔热性能好．有利于混凝土表面保护，但易变形，重复使用次数少。钢模重复使用次数多；但加工不易，隔热性能差，变形后不易修补，宜制成标准模板。混凝土模板常作为镶面板使用，一般不用拆除。混合模板是综合两种以上模板材料的优点，形成的一种大型模板。

（2）按受力条件

可分为承重模板与非承重模板，后者仅受混凝土侧压力作用，一般称为侧面模板或立面模板。立面模板按支承受力方式，又可分为简支模板、半悬臂模板和悬臂模板。简支模板在我国混凝土坝施工中．曾广泛使用。它的缺点是仓面拉条过多，且不能回收，既妨碍机械化浇筑又浪费钢材，所以逐渐为悬臂模板所取代。悬臂模板仓面没有拉条，便于采用机械化浇筑。立面模板按模板平面尺寸大小，又可分为小型模板和大型模板。国内过去一直沿用小型标准木模板，其尺寸大多为 50 cm×150 cm、50 cm×200 cm。这类模板，制作简单，运输安装方便，占用机械较少，目前一些小型工程仍在使用。但由于耗材量多，劳动强度大，拆装工效低，所以大型工程现在逐渐使用大型钢木混合模板和定型钢模板。

（3）按模板形状

可分为平面模板和曲面模板。前者一般是立面模板，数量较大。后者指廊道、竖井、胸墙、溢流面、水管等部位所用的模板数量较少。

（4）按模板板面作用

可分为普通模板和特殊模板。特殊模板主要指真空模板和吸水模板，它们使用于特殊部位，能提高混凝土强度。例如，溢流面混凝土要求抗冲耐磨能力强，为了提高混凝土强度，常用真空模板。

（5）按模板移动或提升方式

可分为固定式、拆移式和滑动式模板。固定式模板用于特定部位，例如进水口扭曲面，模板使用一次后不再使用。拆移式模板则是在形状一致的各浇筑部位通用的和多次重复使用的模板（包括拆散移动或整体移动）。滑动式模板是在混凝土浇筑过程中，随浇筑而移动（提升或平移）的模板。

三、钢筋加工与安装定位

钢筋的加工包括调直（或冷拉）、除锈、配料、切断成型和焊接、弯曲等工序。

（一）钢筋调直和除锈

大中型钢筋混凝土工程通常需建钢筋加工厂，以承担钢筋的冷处理、加工及预制钢筋骨架等任务。其规模大小一般按高峰月的日平均需用量确定。运至加工厂的钢筋应有出厂证明和试验报告单。加工前，应作抗拉和冷弯试验；加工时，按设计要求加工成结构物所需要的规格料。钢筋加工，应首先将运输过程中弯曲的棒状钢筋调直，并将盘圆钢筋拉伸。棒状钢筋，如弯度不大，可在方木拼成的工作台上用大锤敲直；如弯度较大、但直径小于30 mm的钢筋，可用手动调直器调直；直径大于30 mm的钢筋，可用弯筋机调直。盘圆钢筋，主要采用卷扬机冷拉调直或调直机调直，但钢筋的冷拉率不得大于1%（1级钢筋不得大于2%）。钢筋表面的鳞锈，用除锈机或钢丝刷清除。一般浮锈不必清除。

（二）钢筋的冷拉处理

钢筋冷加工的方法有冷拉、冷拔和冷压三种。其中冷拉应用最多。钢筋冷拉是在常温下，以超过钢筋屈服强度的拉应力拉伸钢筋，使其发生塑性变形，改变内部晶体排列。与冷拉调直不同，经过冷拉后的钢筋，长度约增加 4%~6%，截面稍许减小，屈服强度约提高 20%~25%，从而达到节约钢材的目的。但冷拉后的钢筋，塑性降低，材质变脆。规范规定，水工结构的非预应力钢筋混凝土中，不应采用冷拉钢筋。钢筋冷拉的机具主要是千斤顶、拉伸机、卷扬机及夹具等。冷拉的方法有两种：一种是单控制冷拉法，仅控制钢筋的拉长率；另一种是双控制冷拉法，要同时控制拉长率和冷拉应力。控制的目的，是使钢筋冷拉后有一定的塑性和强度储备。拉长率一般控制在 4%~6%，冷拉应力一般控制在 440~520MPa 范围内。

（三）钢筋的配料

钢筋配料包括阅读设计图纸、下料长度计算和编制钢筋配料单。由于设计图中，同一结构物同一编号的钢筋长度有时相当长，需要通过几个浇筑块，需要分几次安装并计划各段钢筋的接头。即使在同一浇筑块内，长度过大的钢筋也需要考虑接头问题。所以，在钢筋配料时，除了详细阅读设计图纸和修改通知外，还应仔细考虑混凝土浇筑分块图、月浇筑计划、入仓方式和钢筋加工、运输、安装方法、接头形式等问题。如工地到货的钢筋品种和材质与设计图纸不符，进行钢筋代换时，应符合现行水工钢筋混凝土结构设计规范的规定，并征得设计单位的同意。

（四）钢筋的切断、焊接

钢筋画线后切断，主要用切断机完成。对于直径 22~40 mm 的钢筋，一般采取单根切断；直径 22 mm 以下的，可一次切断数根。工作时，切口上的两个刀片（一个固定，一个作往返运动）互相配合而切断钢筋。对于直径大于 40 mm 的钢筋，要用气切割或电弧切割。

钢筋的焊接方法有闪光对焊、电弧焊、电渣压力焊和电阻点焊等。

1. 闪光对焊

钢筋的闪光对焊是利用对焊机使两段钢筋接触，通以低电压的强电流，把电能转化为热能，当钢筋加热到接近熔点时，施加压力顶锻，使两根钢筋焊接在一起，形成对焊接头。

1）连续闪光对焊

将钢筋夹紧在电极的两钳口上后，闭合电路，然后使两钢筋端面轻微接触。闪光一开始，就徐徐移动钢筋使其全面接触。如对焊机容量较大，足以将整个端面加热到熔化形成金属蒸汽的温度，则可以形成连续闪光，待钢筋端头一定范围内处于熔融的白热状态时，随即轴向加压顶锻形成焊接接头。连续闪光焊可获得较好的焊接质量，但对焊机的容量不能太小。如果采用中等容量（如 75kV·A）的对焊机，连续闪光焊只能焊接直径 25 mm 以内的 I ~ Ⅲ 级钢筋及 16 mm 直径以内的 Ⅳ 级钢筋。

2）预热闪光焊

预热闪光焊是在连续闪光焊前，增加一个钢筋预热过程，即使两根钢筋端面交替地轻微接触和断开，发出连续闪光使钢筋预热，然后再进行闪光和顶锻。预热闪光焊适宜焊接直径大于 25 mm 并且端面比较平整的钢筋。

3）闪光—预热一闪光焊

其是指在预热闪光焊之前再增加一次闪光过程，使不平整的钢筋端面闪成较平整的端面。此法适宜焊接直径大于 25 mm，并且端面不够平整的钢筋。

4）对焊注意事项

①对焊钢筋端头如有弯曲，应予以调直或切除，端头约150 mm 内如有铁锈、污泥、油污等，应清除干净。②夹紧钢筋时，应使两钢筋端面的凸出部分相接触，以利于均匀加热和保证焊缝与钢筋轴线相垂直。③钢筋焊接完毕后，应待接头处由白红色变为黑红色才能松开夹具，平稳地取出钢筋，以免引起接头弯曲。当焊接后张法的预应力钢筋时，应在焊后趁热将焊缝周围毛刺打掉，以便钢筋穿入预留孔道。④焊接场地应有防风、防雨雪措施，以免焊接接头骤然冷却发生脆裂。当气温较低时，接头部位可适当用保温材料予以保温。

2. 电弧焊

电弧焊包括手工电弧焊、自动埋弧焊、半自动埋弧焊。这里主要介绍手工电弧焊。

手工电弧焊的设备由夹有焊条的焊把、电焊机、焊件和导线等组成。打火引弧后，在涂有药皮的焊条端和焊件间产生电弧，使焊条中的焊丝熔化，滴落在被电弧吹成的焊件熔池中，同时在熔池周围形成保护气体，在熔化的焊缝金属表面形成熔渣，使空气中的氧、氮等气体与熔池中的液体金属隔绝，避免形成易裂的脆性化合物，焊缝冷却后即把焊件连成一体。电弧焊广泛应用于钢筋搭接接长、焊接钢筋骨架、钢筋与钢板的联结，以及装配式结构接头焊接等处。

电弧焊的主要设备是弧焊机，工地上常用的主要是交流弧焊机。

1）电弧焊接头的主要形式

（1）搭接焊

主要适用于直径 10~40 mm 的 Ⅰ～Ⅳ 级钢筋及 5 号钢筋。

（2）帮条焊

适用范围同搭接焊。

（3）坡口焊

坡口焊接头多用于装配式框架结构现浇接头、直径 16~40 mm 的 Ⅰ～Ⅲ 级钢筋及 5 号钢钢筋中。

2）电弧焊注意事项

①帮条尺寸、坡口角度、钢筋端头间隙以及钢筋轴线等均应符合有关规定；②焊接接地线应与钢筋接触良好，防止因起弧而烧伤钢筋；③带有垫板或帮条的接头，引弧应在钢板或帮条上进行；无钢板或无帮条的接头，引弧应在形成焊缝部位，防止烧伤主筋；④根据钢筋级别、直径、接头形式和焊接位置，选择适宜的焊条直径和焊接电流，保证焊缝与钢筋熔合良好；⑤焊接过程中及时清渣，保证焊缝表面光滑平整，加强焊缝时应平缓过渡，弧坑应填满。

3. 电渣压力焊

1）工作原理

电渣压力焊是利用电流通过渣池的电阻热，将钢筋端部熔化后施加压力使钢筋焊接。电渣压力焊适用于现浇钢筋混凝土结构中竖向或斜向（倾斜度在 4：1 的范围内）钢筋的连接。

2）操作要点

①施焊前先将钢筋端部 150 mm 范围内的铁锈、杂质刷净，然后用焊接夹具的上钳口（活动电极）、下钳口（固定电极）分别将上、下钢筋夹牢。②钢筋接头处放一铁丝小球（钢筋端面较平整而焊机功率又较小时）或导电剂（钢筋较长、直径较大，且钢筋端部较平整时）或电弧（钢筋直径较小，而焊机功率较大，但钢筋端部较为粗糙时）。然后在焊剂盒内装满焊剂。注意钢筋端头应在焊剂盒中部，上、下钢筋的轴线应处于一直线上。③施焊时，接通电源使铁丝小球（或导电焊剂或电弧）、钢筋的端部及焊剂相继熔化，形成渣池，维持数秒后，方可用操纵压杆使钢筋缓缓下降，以免接头偏斜或接合不良，熔化量达到规定数值（用标尺控制）后，切断电路，用力迅速顶压，挤出金属熔渣和熔化金属，形成坚实的焊接接头。待冷却 1~3mm 后打开熔剂盒，卸下夹具。

4. 电阻点焊

电阻点焊适用于 Ⅰ、Ⅱ 级钢筋和冷拔低碳钢丝，可以采用点焊的方法加工钢筋网片和钢筋骨架。当焊接不同直径的钢筋，其较小钢筋的直径小于 10 mm 时，大小钢筋直径之比不宜大于 3；若较小钢筋的直径为 12~14 mm 时，大小钢筋直径之比不宜大于 2。

点焊机整个工作过程为：接通电源，踏下脚踏板，带动压紧机构使上电极压紧焊接钢筋，同时断路器接通电流，电流经变压器次级线圈引到电极，产生点焊作用。放松脚踏板，松开电极，断路器随着杠杆下降，断开电流，点焊焊接过程即结束。

此外，钢筋连接除焊接外还有机械连接：钢筋套筒挤压连接、钢筋锥螺纹套筒连接、钢筋镦粗直螺纹套筒连接、钢筋滚压直螺纹套筒连接等质量稳定可靠的连接形式。

（五）钢筋的安装定位

钢筋安装方法有整装法和散装法两种。整装法是在工厂内将钢筋骨架焊好，再运到现场安装。此法有利于提高工效和质量，但吊运过程中要防止钢筋骨架过大变形和破坏。散装法使用较多，是将加工成型的单根钢筋，成批运到工地逐根安装。

准备工作包括熟悉图纸、测量点线高程、清理仓面和清理钢筋、机具准备等。还要考虑施工顺序、劳动组合、安全措施和有关工序的配合。其中熟悉图纸的工作应首先进行，结合结构图和配料单，逐号核对安装部位所需钢筋的位置、间距、保护层及形状、尺寸等。必要时，可绘制各片钢筋网的安装草图。

水闸工程中使用的钢筋直径一般在30 mm以内，均可采用整装法安装。现场钢筋的交叉连接，目前还是采用绑扎为主，少数采用电弧焊。现场竖向或斜向粗钢筋的焊接，也应尽可能采用整装法安装，虽然增加了架立和支撑难度，但节省了现场焊接的工作量，焊接质量有保证。为了防止钢筋锈蚀，增加钢筋混凝土耐久性，在绑扎底板的下层钢筋时，要用垫块控制混凝土保护层厚度。垫块制作质量，要保证尺寸、强度和密实性，防止成为钢筋锈蚀的突破点。层面钢筋固定在混凝土撑柱上（其高度比底板厚度小3~5 cm），可避免在浇筑混凝土时面层钢筋沉降。

钢筋安装时，应严格控制保护层厚度。钢筋下面或钢筋与模板间，应设置数量足够、强度高于构件设计强度、质量合格的混凝土或砂浆垫块；侧面使用的垫块应埋设铁丝，并与钢筋扎紧．所有垫块互相错开，分散布置。在双层或多层钢筋之间，应用短钢筋支撑或采取其他有效措施，以保证钢筋位置的准确。绑扎钢筋的铁丝和垫块上的铁丝均应按倒，不得伸入混凝土保护层内。

四、现浇混凝土通用技术要求

混凝土所用水泥品质应符合国家标准，并应按设计要求和使用条件选用适宜的品种。其原则如下：

①水位变化区或有抗冻、抗冲刷、抗磨损等要求的混凝土，应优先选用硅酸盐水泥、普通硅酸盐水泥；②水下不受冲刷部位或厚大构件内部混凝土，宜选用矿渣硅酸盐水泥、粉煤灰硅酸盐水泥或火山灰质硅酸盐水泥；③水上部位的混凝土，宜选用普通硅酸盐水泥；④受海水、盐雾作用的混凝土，应选用硅酸盐水泥、普通硅酸盐水泥或矿渣硅酸盐水泥；受硫酸盐侵蚀的混凝土，宜选用抗硫酸盐水泥、粉煤灰硅酸盐水泥；（对有钢筋的部位，宜添加钢筋阻锈剂）⑤受其他侵蚀性介质影响或有特殊要求的混凝土，应按有关规定或通过试验选用。

水泥标号应与混凝土设计强度相适应，且不应低于325号。水位变化区的混凝土和有抗冻、抗渗、抗冲刷、抗磨损等要求的混凝土，标号不宜低于 425 号。每一分部工程所用水泥品种不宜太多。未经试验论证，不同品种的水泥不得混合使用。粗骨料宜用质地坚硬，粒形、级配良好的碎石、卵石。不得使用未经分级的混合石子。

粗骨料最大粒径的选定，应符合下列规定：

①不应大于结构截面最小尺寸的 1/4；②不应大于钢筋最小净距的 3/4；对双层或多层钢筋结构，不应大于钢筋最小净距的 1/2；③不宜大于 80 mm；④经常受海水、盐雾作用或其他侵蚀性介质影响的钢筋混凝土构件面层，粗骨料最大粒径不宜大于钢筋保护层厚度。

细骨料宜采用质地坚硬、颗粒洁净、级配良好的天然砂。砂的细度模数宜在 2.3~3.0 范围内。为改善砂料级配，可将粗、细不同的砂料分别堆放，配合使用。

拌制和养护混凝土用水应符合下列规定：

①凡适宜饮用的水均可使用，未经处理的工业废水不得使用；②水中不得含有影响水泥正常凝结与硬化的有害杂质，氯离子含量不超过 200 mg/L，硫酸盐含量（以硫酸根离子计）不大于 2200 mg/L，pH 值不小于 4。

在采用硅酸盐水泥、普通硅酸盐水泥配制的厚大构件内部混凝土中，宜掺入适量粉煤灰。粉煤灰的品质应符合 GB 1590《用于水泥和混凝土中的粉煤灰》的规定。其掺量和掺加方法应符合《粉煤灰在混凝土和砂浆中应用技术规程》（KSGJ 28）及《水工混凝土掺用粉煤灰技术暂行规定》有关规定，并应经过试验确定。

在配制混凝土时，宜掺用外加剂。其品种应按照建筑物所处环境条件、混凝土性能要求和施工需要合理选用。有抗冻要求的混凝土必须掺用引气剂或引气减水剂。含气量宜为 4%~6%。

外加剂的技术标准应符合《水工混凝土外加剂技术标准》（SD 108）的规定，其掺量应通过试验确定，并应严格按照操作规程掺用，防止产生沉淀、分层等不均匀现象。对未经正式鉴定的产品，在无充分的试验论证时，不得在工程中使用。

混凝土的配合比应通过计算和试验选定，除应满足设计强度、耐久性及施工要求外，还应做到经济、合理。

拌制混凝土时，应严格按照工地试验室签发的配料单配料，不得擅自更改。水泥、砂、石子、混合材均以重量计，水及外加剂溶液可按重量折算成体积。各种衡器应定期校验。计量设备较好的混凝土中心搅拌站，水、外加剂溶液的称量允许偏差不宜超过 1%。混凝土应搅拌至组成材料混合均匀，颜色一致。

运输混凝土应符合下列要求：

①运输设备和运输能力的选定，应与结构特点、仓面布置、拌和及浇筑能力相适应。②以最少的转运次数，将拌成的混凝土送至浇筑仓内；在常温下运输的延续时间，不宜超过半小时；如混凝土产生初凝，应专作处理。③运输道路力求平坦，避免发生离析、漏浆及坍落度损失过大的现象。运至浇筑地点后，如有离析现象，应进行二次拌和。④混凝土的自由下落高度，不宜大于 2 m；超过时，应采用溜管、串筒或其他缓降措施。⑤采用不漏浆、不吸水的盛器。盛器在使用前应用水润湿，但不得留有积水，使用后应刷洗干净。

浇筑前，应详细检查仓内清理、模板、钢筋、预埋件、永久缝及浇筑准备工作等，并做好记录，经验收后方可浇筑。混凝土应按一定厚度、顺序和方向，分层浇筑，浇筑面应大致水平。上下相邻两层同时浇筑时，前后距离不宜小于 1.5 m。在斜面上浇筑混凝土，应从低处开始，逐层升高，并保持水平分层，及采取措施不使混凝土向低处流动。

混凝土应随浇随平，不得使用振捣器平仓。有粗骨料堆叠时，应将其均匀地分布于砂浆较多处，严禁用砂浆覆盖。混凝土浇筑层厚度，应根据搅拌、运输和浇筑能力、振捣器性能及气温因素确定。混凝土浇筑应连续进行。如因故中断，且超过允许的间歇时间，应按施工缝处理，若能重塑者，仍可继续浇筑上层混凝土。施工缝的位置和形式，应在无害于结构的强度及外观的原则下设置。

施工缝的处理应符合下列要求：

①按混凝土的硬化程度，采用凿毛、冲毛或刷毛等方法，清除老混凝土表层的水泥浆膜和松弱层，并冲洗干净，排除积水。②混凝土强度达到 2.5MPa 后，方可进行浇筑上层混凝土的准备工作；临浇筑前，水平缝应铺一层厚 1~2 cm 的水泥砂浆，垂直缝应刷一层净水泥浆，其水灰比，应较混凝土减少 0.03~0.05。③新老接合面的混凝土应细致捣实。

捣固混凝土应以使用振捣器为主，并应符合下列要求：

①振捣器应按一定顺序振捣，防止漏振、重振；移动间距应不大于振捣器有效半径的 1.5 倍；当使用表面振捣器时，其振捣边缘应适当搭接；②振捣器机头宜垂直插入并深入下层混凝土中 5 cm 左右，振捣至混凝土无显著下沉、不出现气泡、表面泛浆并不产生离析后徐徐提出，不留空洞；③振捣器头至模板的距离应约等于其有效半径的 1/2，并不得触动钢筋、止水片及预埋件等；④在无法使用振捣器或浇筑困难的部位，可采用或辅以人工捣实。

混凝土浇筑过程中，如表面泌水过多，应设法减少。仓内泌水应及时排除，但不得带走灰浆。浇筑过程中，应随时检查模板、支架等稳固情况，如有漏浆、变形或沉陷，应立即处理。相应检查钢筋、止水片及预埋件的位置，如发现移动时，应及时校正。浇筑过程中，应及时清除黏附在模板、钢筋、止水片和预埋件表面的灰浆。浇筑到顶时，应即抹平，排除泌水，待定浆后再抹一遍，防止产生松顶和表面干缩裂缝。

在土基上浇筑底部混凝土时，应做好排水，尽量避免扰动地基土。必要时，在征得设计单位同意后，可增浇同标号的混凝土封底。在老混凝土或岩基上浇筑混凝土时，基面应避免有过大的起伏。厚大的底板、消力池混凝土宜分层浇筑，中间层宜采用较大粒径的粗骨料，选用水化热较低的水泥。

使用混凝土撑柱，应符合下列要求：

①撑柱尺寸、间距应根据构件厚度、脚手架布置和钢筋架立等因素，通过计算确定。②撑柱的混凝土标号应与浇筑部位相同，在达到设计强度后使用；断裂、残缺者不得使用。③撑柱表面应凿毛并刷洗干净。④撑柱应支承稳实；若支承面积不足时，可加垫混凝土垫板；撑柱所用临时撑拉杆，应随着浇筑面上升依次拆除干净。⑤浇筑时应特别注意撑柱周边混凝土的振捣；结束后，应即拔除柱顶部的连接撑杆，并捣实杆孔。

浇筑反拱底板，应按照设计要求进行，并应注意下列事项：

①底板的浇筑可适当推迟，使墩、墙有更长的预沉时间；②边端的一孔或两孔的底板预留缝，宜在墙后填土基本完成后封填；③墩、墙与底板接合处，应按施工缝规定处理。

在同一块底板上浇筑数个闸墩时，各墩的混凝土浇筑面应均衡上升。浇筑细薄结构混凝土时，可在两侧模板的适当位置均匀布置一些扁平窗口，以利浇捣。随着浇筑面上升，窗口应及时封堵，并注意表面平整。砂石料宜先在料场取样，通过试验选择。到工地的砂石料必须检验，每批至少一次。水泥、外加剂和混合材等应有质量保证书，并应取样检验。袋装水泥储运时间超过3个月，散装水泥超过6个月时，使用前应重新检验。袋装水泥进库前应抽样检查。混凝土拌和及养护用水应经检验。如水源改变或对水质有怀疑时，应重新检验。

混凝土浇筑时的质量检验应符合下列规定：

①砂、小石子的含水量每班至少检验1次，气温变化较大或雨天应增加检验次数，根据实测含水量随时调整配料单。②混凝土各种原材料的配合量，每班至少检验3次，衡器随时抽查，定期校正。③混凝土拌和时间每班至少检验2次。④现场混凝土坍落度，每班在机口至少检验4次，在仓面至少检验2次；在制取试件时，应同时测定坍落度。⑤外加剂溶液的浓度，每班至少检验2次，引气剂还应检验含气量，其变化范围应控制在 ±0.8% 以内。

固化后混凝土的质量检验以在标准条件下养护的试件的抗压强度为主。必要时，尚需作抗拉、抗冻、抗渗等试验。抗压试件的组数应按下列规定制取：

①不同标号、不同配合比的混凝土，应分别制取试件；②厚大结构物，28 d 龄期每 100~200 m³ 成型试件 1 组；③非厚大结构物，28 d 龄期每 50~100 m³ 成型试件 1 组，每一分部工程至少成型试件 1 组；④每一工作班至少成型试件 1 组。

为掌握结构物或构件的拆模、吊运时的强度情况，应成型一定数量试件，与结构物或构件同条件进行养护。混凝土试件应在机口随机取样、成型，不得任意挑选，并宜在浇筑地点取一定组数的试件。一组 3 个试件应取自同一盘混凝土中。

混凝土强度评定的原始资料，应按下列规定统计：

①现场混凝土试件 28 d 抗压强度按标号以配合比相同的一批混凝土作为一个统计单位；工程验收时，可按部位以同标号的混凝土作为一个统计单位；

②除非查明原因，确系操作失误，不得任意抛弃一个数据；

③每组 3 个试件的平均值为一个统计数据。

若已建的混凝土构筑物有质量问题，应采取无损检测、钻孔取样、压水试验等方法查明情况及原因。

混凝土施工期间，应及时做好以下记录：

①每一构件、块体的混凝土数量，原材料的质量，混凝土标号、配合比；②各构件、块体的浇筑顺序、浇筑起讫时间，发生的质量事故以及处理情况，养护及表面保护时间、方式等；③浇筑地点的气温，原材料和混凝土的浇筑温度，各部位模板拆除日期；④混凝土试件的试验结果及其分析；⑤混凝土缺陷的部位、范围、发生的日期

及发展情况；⑥其他有关事项。

当混凝土出现缺陷后应加强检查观测，分析成因、性质、危害程度，作为制定修补加固方案的依据。

五、不同部位的混凝土浇筑技法

1. 水闸底板混凝土的浇筑

水闸平底板的混凝土浇筑，一般采用逐层浇筑法。但当底板厚度不大，拌和站的生产能力受到限制时可以采用斜层浇筑法。底板混凝土的浇筑，一般均先浇上下游齿墙，然后再从一端向另一端浇筑。当底板混凝土方量较大，且底板顺水流向长度在 12 m 以内时，可安排两个作业组分层浇筑。首先两组同时浇筑下游齿墙，待齿墙浇平后，将第二组调至上游齿墙，第一组则从下游向上游浇第一坯混凝土，浇到底板中间时，第二组上游齿墙基本浇平，并立即转入自下游向上游的第二坯混凝土浇筑，当第一组浇到上游底板边缘时，第二组浇到底板中间，这样第一组又转入自下游往上游的第三坯混凝土浇筑。如此连续浇筑，可缩短浇筑时间，避免产生冷缝，保证施工质量。当底板浇筑接近完成时，可将脚手架拆除，并立即把混凝土表面抹平，混凝土柱则埋入浇筑块内作为底板的一部分。

反拱底板的浇筑程序，多是先浇闸墩及岸墙，后浇底板。为减少闸室各部分在自重作用下的不均匀沉陷，改善底板的受力状态，在基底不产生塑性变形的条件下，将自重较大的闸墩、岸墙等先行浇筑，岸墙后的还土尽量回填到一定高程，使墩、墙地基预压沉实，然后再浇反拱底板。在不影响施工总进度的前提下，将预沉的墩、墙与底板之间的预留接缝的时间尽可能延长。

水闸闸底板、消力池等厚大构件，从节约水泥、减少水化热温升考虑，可沿深度方向划分为几个层次，分别采用不同配合比和使用不同品种的水泥。面层、底层可选用抗侵蚀、抗冲磨性能好的普通水泥、硅酸盐水泥；中间层可选用水化热较低的普通水泥、粉煤灰水泥等。

2. 水闸闸墩混凝土的浇筑

闸墩模板立好后，随即进行清仓工作。用压力水冲洗模板内侧和闸墩底面，污水由底层模板上的预留孔排出。清仓完毕，堵塞排水孔后，即可进行混凝土浇筑。

闸墩混凝土的浇筑，主要是解决好两个问题：一是每块底板上闸墩混凝土的均衡上升；二是流态混凝土的入仓及仓内混凝土的铺筑。为了保证混凝土的均衡上升，运送混凝土入仓时应很好地组织，使在同一时间运到同一底块各闸墩的混凝土量大致相同。为防止流态混凝土在 8~10 m 高度下落时产生离析，应在仓内设置溜管，可每隔 2~3 m 设置一组。由于仓内工作面窄，浇捣人员走动困难，可把仓内浇筑面分划成几个区段，每区段内固定浇捣工人，这样可提高工效。每坯混凝土厚度可控制在 30 cm 左右。小型水闸闸墩浇筑时，工人一般在模板外侧，施工组织较为简单。

3. 闸门槽二期混凝土的浇筑

采用平面闸门水闸，在闸墩部位都设有门槽。为了减小启闭门力及闸门漏水，门槽部分的混凝土中埋有导轨等铁件，如滑动导轨、主轮、侧轮及反轮导轨、止水座等。

这些铁件的埋设可采取预埋及留槽后浇两种办法。小型闸门的导轨铁件较小，可在闸墩立模时将其预先固定在模板的内侧，闸墩混凝土浇筑时，导轨等铁件即浇入混凝土中。由于中型闸门的导轨较大、较重，在模板上固定较为困难，宜采用预留凹槽，再浇二期混凝土的施工方法。在闸墩立模时，于门槽部位留出较门槽尺寸大的凹槽。闸墩浇筑时，预先将导轨基础螺栓按设计要求固定于凹槽的侧壁及正壁模板，模板拆除后露出埋入混凝土中基础螺栓供导轨安装使用，导轨安装前，要对基础螺栓进行校正，安装过程中必须随时用铅垂进行校正，使其铅直无误。导轨就位后即可立模浇筑二期混凝土。

闸门底槛设在闸底板上，在施工初期浇筑底板时，若铁件不能完成，亦可在闸底板上留槽以后浇二期混凝土。浇筑二期混凝土时，应采用较细骨料混凝土，并细心捣固，不要振动已装好的金属构件。门槽较高时，浇筑混凝土的落料高度不要过大，可以分段安装和浇筑。二期混凝土拆模后，应对埋件进行复测，并作好记录，同时检查混凝土表面尺寸，清除遗留的杂物、钢筋头，以免影响闸门启闭。

弧形闸门不设门槽，但为了减小启闭力，在闸门两侧亦设置转轮或滑块，因此也有导轨的安装及二期混凝土施工。为了便于导轨的安装，在浇筑闸墩时，根据导轨的设计位置预留 20 cm×80 cm 的凹槽，槽内埋设两排钢筋，以便用焊接方法固定导轨。安装前应对预埋钢筋进行校正，并在预留凹槽两侧，设立垂直闸墩侧面并能控制导轨安装垂直度的若干对称控制点。安装时，先将校正好的导轨分段与预埋的钢筋临时点焊结数点，待按设计坐标位置逐一校正无误，并根据垂直平面控制点，用样尺检验调整导轨垂直度后，再电焊牢固，再浇筑二期混凝土。

六、特殊季节混凝土现浇

1. 雨天、热天施工

雨天施工应做好下列工作：

①掌握天气预报，避免在大雨、暴雨或台风过境时浇筑混凝土；②砂石堆料场应排水通畅并防止泥污；③运输工具及运输道路宜采取防雨、防滑措施；④水泥仓库要加强检查，做好防漏、防潮工作；⑤墩、墙、桥梁混凝土的浇筑仓面上，宜设临时防雨棚；⑥采取必要的防台风和防雷击措施；⑦加强骨料含水量的检验工作。

无防雨棚仓面，在小雨中浇筑，应采取下列措施：

①通过试验，调减混凝土的用水量；②防止外水入仓，仓内及时排水，但不得带走灰浆；③及时做好新混凝土面的保护及顶面的抹面工作。

无防雨棚仓面，在浇筑混凝土过程中，如遇大雨或暴雨，应立即停止浇筑，并将仓内的混凝土振捣好，使仓面规整后遮盖。雨后须先排除仓内积水，清理表面软弱层。继续浇筑时，应先铺一层水泥砂浆。如间歇时间超过规定，应按施工缝处理。

在日最高气温达到30℃以上的热天施工，应严格控制混凝土浇筑温度。混凝土在出机口的温度应符合温控设计要求，并不得超过30℃。

热天施工，为降低混凝土浇筑温度，减少温度回升，宜采取下列措施：

①预冷原材料，骨料适当堆高，堆放时间适当延长，使用时由底部取料；采用地

下水喷洒粗骨料；采用地下水或掺冰的低温水拌制混凝土。②尽量安排在早晚或夜间浇筑。③缩短混凝土运输时间，加快混凝土入仓覆盖速度。④混凝土运输工具设置必要的隔热遮阳措施。⑤仓面采取遮阳措施，喷洒水雾降低周围温度。

热天施工，适当加大砂率、坍落度，并掺用缓凝减水剂。热天施工，混凝土浇筑完毕后，及早覆盖养护。

2. 冷天施工

当室外连续五天日平均气温低于5℃时，混凝土的施工尚应符合以下规定。当日最低气温降至0℃时，应即采取防护措施。施工前，应制定专门的措施计划，备足加热、保温和防冻材料。骨料宜在进入冷天前筛洗完毕。

冷天施工应密切注意天气预报，防止遭受寒流、风雪和霜冻袭击。混凝土浇筑宜安排在寒流前后气温较高的时间进行。小体积混凝土的浇筑部位宜安排在白天气温较高时浇筑。基底保护层土方挖除后，应立即采取保温措施，并尽早浇筑混凝土。在老混凝土或岩基上浇筑混凝土，如有冰冻现象，必须加热处理，经检验合格后方可浇筑。配制冷天施工的混凝土，应优先选用硅酸盐水泥或普通硅酸水泥。

冷天浇筑的混凝土，宜使用引气型减水剂，含气量宜为4%~6%；有早强要求者，可使用早强剂，但在钢筋混凝土中不得用氯盐作为早强剂。未掺抗冻剂的混凝土，其允许受冻强度不得低于10MPa。当室外日最低气温低于-10℃时，闸底板、消力池等开敞部位的混凝土，不宜露天浇筑。混凝土的浇筑入仓温度不宜低于10℃。浇筑大面积的混凝土时，在覆盖上层混凝土以前，底层混凝土的温度不宜低于3℃。施工时，应综合考虑气候条件、材料温度、保温方法、运输过程的热量损失等因素，通过计算和试验，合理确定混凝土的出机温度。

为提高混凝土的出机温度，应首先考虑用热水拌制。不能满足要求时，再考虑加热骨料。水泥不得直接加热。水及骨料的加热温度应根据热工计算确定。拌制混凝土时，应先将热水与骨料混合，然后再加水泥，控制拌和物的温度不超过35℃。浇筑前，应清除模板、钢筋和预埋件上的冰雪和污垢。运输和浇筑混凝土用的容器应有保温措施。当室外最低气温高于-15℃；时，表面系数不大于5的结构宜首先采用蓄热法或蓄热和掺外加剂并用的方法。当蓄热法不能满足强度增长的要求时，可选用蒸气加热、电流加热或暖棚保温的方法。

采用蓄热法养护时，应注意下列事项：

①随浇筑、随捣固、随覆盖，减少热量失散；②保温、保湿材料必须紧密覆盖模板或混凝土表面，迎风面宜增设挡风措施，形成不透风的围护层；③对细薄结构的棱角部分，应加强保温；④结构上的孔洞应暂时封堵。

避免在寒流袭击、气温陡降时拆模；当混凝土与外界气温相差20℃以上时，拆模后的混凝土表面，应加以覆盖。

冷天施工时，必须做好下列各项温度的观测和记录：

①室外气温和暖棚内气温每个工作班测量2次；②水温和骨料温度每个工作班测量4次；③混凝土出机温度和浇筑温度每个工作班至少测量4次；④在混凝土浇筑后3~5 d内尤须加强观测其养护温度，并注意边角最易降温的部位。用蓄热法养护时，

每昼夜测量 4 次；用蒸气或电流加热时，在升、降温期间每小时测量 1 次，在恒温期间每两小时测量 1 次。室外气温及周围环境温度每昼夜至少定时定点测量 4 次。

七、混凝土养护与拆模和缺陷处理

混凝土的养护工作，尤其是早期湿养护．对提高混凝土的密实性，增加混凝土的抗蚀、抗裂能力至关重要。

混凝土浇筑至顶面时，应随即抹平并排出泌水，定浆之后再次抹面，以防止出现松顶和表面干缩裂缝现象。要及时覆盖，在面层凝结后随即洒水养护，使混凝土面和模板经常保持湿润状态。

湿养护的时间，与结构特点、性能要求、水泥品种、气温高低及施工条件等因素有关，混凝土要保持连续湿润养护时间。有温控防裂要求的部位，养护时间宜适当延长。

当受施工条件限制时，难以完全保证连续养护时，应考虑采用养护剂或其他养护措施。养护剂的选择、使用方法和涂刷时间应按产品说明并通过试验确定。混凝土表面不得使用有色养护剂。

模板拆除的早晚，影响着混凝土质量和模板的周转率。模板及支架的拆除期限与构件的种类、混凝土的配合比、水泥品种，以及浇筑养护期间的温度等因素有关。拆模时间应根据设计要求、气温和混凝土强度增长情况而定。

混凝土出现缺陷后应加强检查观测，分析成因、性质、危害程度，作为制定修补加固方案的依据。

修补混凝土缺陷所用材料的强度应高于原混凝土，其变形性能宜与混凝土接近。活动性裂缝应采用柔性材料修补。混凝土裂缝应在基本稳定后修补，并宜在开度较大的低温季节进行。

第九章 隧洞施工技术

第一节 隧洞开挖

一、开挖方式

隧洞开挖方式有全断面开挖法和导洞开挖法两种。开挖方式的选择主要取决于隧洞围岩的类别、断面尺寸、机械设备和施工技术水平。合理选择开挖方式，对加快施工进度，节约工程投资，保证施工质量和施工安全意义重大。

（一）全断面开挖法

全断面开挖法是将整个断面一次开挖成洞，待全洞贯通后或待掘进相当距离以后，根据围岩允许暴露的时间和具体施工安排再进行衬砌和支护。这种施工方法适用于围岩坚固完整的场合。全断面开挖，洞内工作面较大，工序作业干扰相对较小，施工组织工作比较容易安排，掘进速度快。例如云南省鲁布革水电站引水隧洞的 D 段，开挖直径 8.8m，围岩完整性好，节理断层较不发育，地下水位线位于洞底高程以下。采用全断面开挖，施工速度月进尺达 243.7m，日平均进尺 9.36m，最高日进尺曾达 14.6m。

全断面开挖可根据隧洞断面面积大小和设备能力采用垂直掌子掘进或台阶掌子掘进，如图 9-1 所示。

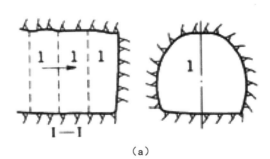

（a）

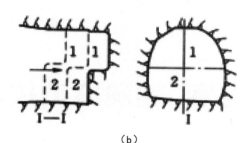

(b)

图 9-1　全断面开挖的基本型式

1、2—开挖顺序

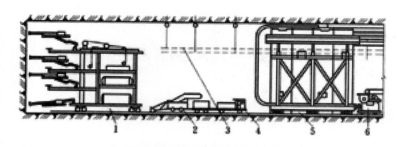

图 9-2　全断面开挖机械化程序

1—钻孔台车；2—装渣机；3—通风管；4—电瓶车；5—钢模台车；6—混凝土泵

垂直掌子掘进因开挖面直立，作业空间大，当具有大型施工机械设备时，作业效率高，施工进度快。图 9-2 为垂直掌子掘进机械化施工示意图。

台阶掌子掘进是将整个断面分为上、下两层，上层超前于下层一定距离掘进。为了方便出渣，上层超前距离不宜超过 2 ~ 3.5m，且上、下层应同时爆破，通风散烟后，迅速清理上台阶并向下台阶扒渣，下台阶出渣的同时，上台阶可以进行钻孔作业。由于下台阶爆破是在两个临空面情况下进行的，可以节省炸药。当隧洞断面面积较大，但又缺乏钻孔台车等大型施工机械时，可以采用这种开挖方式。例如龙羊峡水电站右岸导流隧洞、云南省漫湾水电站左岸导流隧洞的开挖。

（二）导洞开挖法

导洞开挖法就是在开挖断面上先开挖一个小断面洞（即导洞）作为先导，开挖至设计要求的断面尺寸和形状。这种开挖方式，可以利用导洞探明地质情况、水问题，导洞贯通后还有利于改善洞内通风条件，扩大断面时导洞可以起到增加临空面的作用，从而提高爆破效果。

根据导洞与扩大部分的开挖顺序，有导洞专进和导洞并进两种方法。导洞专进法是将导洞全部贯通后，再进行扩大部分开挖，有利于通风和全面了解地质情况。但洞内施工设施一般要进行二次铺设，费工费时。除地质情况复杂外，一般不采用。导洞并进法是将导洞开挖一段距离（一般为 10 ~ 15m）后，导洞与断面扩大同时并进。导洞开挖法一般是在工程地质条件恶劣、断面尺寸较大、不利于全断面开挖时才采用的开挖方法。

导洞开挖，根据导洞位置不同，有上导洞、下导洞、中间导洞和双导洞等不同方式。

1. 上导洞开挖法

导洞布置在隧洞的顶部，断面开挖对称进行，开挖与衬砌程序如图 11-3 所示。这种方法适用于地质条件较差，地下水不多，机械化程度不高的情况。其优点是先开挖顶部，安全问题比较容易解决，如顶部围岩破碎，开挖后可先行衬砌，以策安全。缺点是出渣线路需二次铺设，施工排水不方便，顶拱衬砌和开挖相互干扰，施工速度较慢。

图 9-3（b）是上导洞开挖的先墙后拱法，主要特点是将隧洞全断面挖好后，再进行衬砌。此法适用于地质条件较好的情况。图 9-3（a）是上导洞开挖的先拱后墙法，主要特点是上部（1、2）开挖后，立即进行顶拱衬砌，以后其他部分的开挖与衬砌均在混凝土顶拱的保护下进行，施工安全，但施工干扰大，衬砌整体性差，还需要解决马口（即隧洞边墙处支承混凝土顶拱的岩石）的开挖问题。马口开挖分对开马口和错开马口两种，如图 9-4 所示。

对开马口是将同一衬砌段的左右两个马口同时开挖，随即进行衬砌，如图 9-4（a）所示。为安全起见，每次开挖马口不应过长，一般以 4 ~ 8m 为宜。在地质条件较好，围岩与拱圈黏结较牢的条件下，采用对开马口，可以减少施工干扰，避免爆破打坏对面边墙。当围岩较松散破碎时，应采用错开马口方法，如图 9-4（b）所示。即每个衬砌段的两个马口的开挖不同时进行，一个马口开挖后立即进行衬砌混凝土浇筑，待其强度达到设计强度的 70% 时，再开挖和浇筑另一个马口。各段马口的开挖可交叉进行。也有把隧洞顶拱挖得大一些，使顶拱衬砌混凝土直接支承在围岩上，而不需要再挖马口。

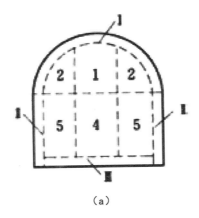

（a）

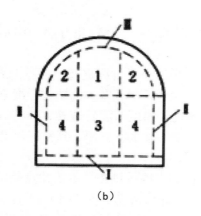

（b）

图 9-3　上导洞开挖与衬砌施工顺序

1、2、3、4、5—开挖顺序；Ⅰ、Ⅱ、Ⅲ—衬砌顺序

（a）对开马口

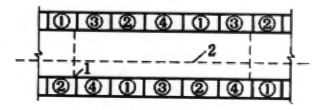

（b）错开马口

图 9-4　马口开挖顺序（单位：cm）

1—拱圈施工缝；2—隧洞中心线；①～④—开挖顺序

2.下导洞开挖法

导洞布置在断面的下部。这种开挖方法适用于围岩稳定、洞线较长、断面不大、地下水比较多的情况。其优点是：洞内施工设施只铺设一次，断面扩大时可以利用上部岩石的自重提高爆破效果，出渣方便，排水容易，施工速度快。缺点是：顶部扩大时钻孔比较困难，石块依自重爆落，岩石块度不易控制。如遇不良地质条件，施工不够安全。

3.中间导洞开挖法

导洞在断面的中部，导洞开挖后向四周扩大。这种方法适用于围岩坚硬，不需临时支撑，洞径大于5m，且具有柱架式钻机的场合。柱架式钻机可以向四周钻辐射炮眼，断面扩大快，但导洞与扩大部分同时并进，导洞出渣困难。

4.双导洞开挖法

双导洞开挖法又分为两侧导洞法和上下导洞法两种。两侧导洞开挖法是在设计开挖断面的边墙内侧底部分别设置导洞，这种开挖方法适用于围岩松软破碎、地下水严重、断面较大，需边开挖边衬砌的情况。上下导洞法是在设计开挖断面的顶部和底部分别设置两个导洞，这种方法适用于开挖断面很大、缺少大型设备、地下水较多的情况，其上导洞用来扩大，下导洞用于出渣和排水，上下导洞之间用竖井连通。

导洞一般采用上窄下宽的梯形断面，这样的断面受力条件较好，并且可以利用断面的两个底角布置风、水、电等管线。导洞的断面尺寸应根据开挖、支撑、出渣运输工具的大小和人行道布置的要求确定。在方便施工的前提下，导洞尺寸应尽可能小一些，以便加快施工进度，节省炸药用量。导洞高度一般为2.2～3.5m，宽度为2.5～4.5m（其中人行道宽度可取0.7m）。

二、炮孔布置及装药量计算

隧洞的开挖目前广泛采用钻孔爆破法。应根据设计要求、地质情况、爆破材料及钻孔设备等条件，确定开挖断面的炮孔布置、炮孔的装药量、装药结构及堵孔方式，确定各类炮孔的起爆方法和起爆顺序。

（一）炮孔布置

开挖断面上的炮孔，按其作用不同分为掏槽孔、崩落孔和周边孔等三种。

1.掏槽孔

用于掏槽的炮孔即为掏槽孔。掏槽就是在开挖断面中间先挖出一个小的槽穴来，利用这个槽穴为断面扩大爆破增加临空面，以提高爆破效果。常见的掏槽孔的布置方式有楔形掏槽、锥形掏槽和垂直掏槽等。掏槽布置方式的选择应根据岩石性质、岩层构造、断面大小和钻爆方法等因素确定。

在满足掏槽要求的前提下，掏槽孔的数目应尽可能少，但不宜少于2个。掏槽孔的深度应比崩落孔深15～20cm，以提高崩落孔的利用率。有时为了增强掏槽效果，在极其坚硬的岩层中或一次掘进深度较大的情况下，还可以在掏槽孔中心布置2～4个直径为75～100mm不装药的空孔，其深度与掏槽孔相同。

2.崩落孔

崩落孔的主要作用是爆落岩体，所以应大致均匀地布置在掏槽孔的四周。崩落孔通常与开挖断面垂直，为了保证一次掘进的深度和掘进后工作面比较平整，其孔底应落在同一平面上。

为了使爆后的石渣大小适中，便于装车，应注意掌握炮孔间距。如用国产2号岩石硝铵炸药，炮孔间距为软岩100～120cm、中硬岩80～100cm、坚硬岩60～80cm、特硬岩50～60cm。

3.周边孔

周边孔的主要作用是控制开挖轮廓，它布置在开挖断面的四周。周边孔的孔口距离开挖边线 10 ~ 20cm，以利于钻孔。钻孔时应略向外倾斜，孔底应落在同一平面上。孔底与设计边线的距离，视岩石强度而定。对于中硬岩石（坚固系数 $f > 4$），孔底可达到设计边线；对于软岩（f, 2 ~ 4），孔底不必达到设计边线；对于极坚硬岩石，孔底应超出设计边线 10 ~ 15cm。

（二）炮孔数目和深度

隧洞开挖断面上的炮孔总数 $N >$ 与岩石性质、炸药品种、临空面数目、炮孔大小和装药方式等因素有关。对炮孔数目，由于影响因素多，精确计算尚有困难，施工前可采用下面经验公式估算，在爆破过程中再加以检验和修正：

$$N = K\sqrt{fS}$$

式中：

K——临空面影响系数，一个临空面取 2.7，两个临空面取 2.0；

f——岩石的坚固系数；

S——开挖断面面积，m^2。

炮孔深度应考虑开挖断面尺寸、围岩类别、钻孔机具、出渣能力和掘进循环作业时间等因素确定。一般情况下，加大炮孔深度后，装药、放炮、通风等工序所占用的时间将相对减少，单位进尺的速度可以加快。但是钻孔深度加大后，钻机凿岩速度会有所降低，炮孔利用率将相对减少，炸药消耗量会随之增加，一次爆落的岩石数量增加，出渣时间也相应增加。所以加大炮孔深度的多少，应进行综合分析后确定。为简单起见，一个工作循环进尺深度可参照下列原则确定：当围岩为 I ~ IV 类时，风钻钻孔可取 1.2m，钻孔台车钻孔可取 2.5 ~ 4m；当围岩为 IV ~ V 类时，钻孔不宜超过 1.5m。

掏槽孔和周边孔的深度可根据崩落孔的深度确定。

（三）装药量

隧洞开挖，装药量的多少直接影响开挖断面的轮廓、掘进速度、爆落岩体的块度、围岩稳定和爆破安全。施工前可按下式估算炸药用量，并在施工中加以修正：

$$Q = KSL$$

式中：

Q——次爆破的炸药用量，kg；

K——单位耗药量，kg/m^3；

S——开挖断面面积，m^2；

L——崩落炮孔深度，m。

三、钻爆循环作业

（一）钻孔作业

钻孔作业工作强度很大，所花时间占循环时间的 1/4 ～ 1/2，因此应尽可能采用高效钻机完成钻孔作业，以提高工程进度。常用的钻孔机有风钻和钻孔台车。风钻钻孔适用于开挖面积不大、机械化程度不高的情况。钻孔台车一般由底盘、钻臂、推进器、凿岩机、气动或液压操纵系统等部分组成，其钻臂有时多达 15 台，是一种高效钻孔机械。按行走装置不同分为轮胎式、轨道式和履带式三种。钻孔台车适用于开挖断面较大的情况。

为了保证开挖质量，钻孔时应严格控制孔位、孔深和孔斜。掏槽孔和周边孔的孔位偏差要小于 50mm，其他炮孔则不得超过 100mm。所有炮孔的孔底均应落在设计规定的平面上，以保证循环进尺的掘进深度。

（二）装药和起爆

炮孔应严格按设计要求的装药方式进行装药，炮孔的装药深度随炮孔类型而异。通常掏槽孔的装药深度为炮孔孔深的 60% ～ 67%，药卷直径为炮孔直径的 3/4；崩落孔和周边孔的装药深度为炮孔深度的 40% ～ 55%，崩落孔药卷直径为孔径的 3/4，周边孔为 1/2。炮孔其余长度用黏土和砂的混合物（比例为 1∶3）堵塞。爆破顺序依次为掏槽孔、崩落孔、周边孔。起爆一般采用秒延发或毫秒延发电雷管起爆。隧洞开挖轮廓控制应采用光面爆破技术，以保证开挖面的光滑平整，尽量减少超挖及欠挖。

（三）临时支护

隧洞爆破开挖后，为了预防围岩产生松动掉块、塌方或其他安全事故，应根据地质条件、开挖方法、隧洞断面等因素，对开挖出来的空间及时进行必要的临时支护。临时支护的时间，取决于地质条件和施工方法，一般要求在开挖后，围岩变形松动到足以破坏之前支护完毕，尽可能做到随开挖随支护，只有当岩层坚硬完整，经地质鉴定后，才可以不设临时支护。

临时支撑应具有足够的强度和稳定性，能适应围岩松动变形、爆破震动、机具碰撞等情况，此外，临时支撑还要求结构简单，便于安装和拆除，不过分占用空间。临时支护可分为喷锚支护和构架支护两类。除特殊情况外，应优先选用喷锚支护。构架支护的形式，按使用材料不同分为木支撑、钢支撑、预制混凝土或钢筋混凝土支撑等以下几种。

1. 木支撑

木支撑具有重量轻、加工架立方便、损坏前有明显变形等优点，但承受压力小、所占净空间大、消耗材料多、费用高，因而逐渐被其他支撑材料所代替。适用于断面不大的导洞的支护。

2. 钢支撑

钢支撑适用于破碎而不稳定的岩层，能承受很大的山岩压力，耐久性好，所占空间小。材料多为 H 型钢、工字钢、钢轨、钢管和钢筋格拱等。钢支撑可以重复使用，但耗材多，费用高，只有在不良地质段施工才采用。

3. 预制混凝土或钢筋混凝土支护

这种支撑能承受很大的山岩压力，耐久性好，且可以留在永久性衬砌内不必拆除。但结构重量大，洞内运输、安装都不方便，应采用机械化施工。

（四）装渣运输

装渣与运输是隧洞开挖中最繁重的工作，所花时间约占循环时间的 50% ~ 60%，导洞开挖时，上导洞可用活动工作平台车出渣。

1. 人工装斗车出渣

这种方式适用于隧洞断面较小、机械化程度不高的情况。人工装渣，要求爆落岩石块度很小。为了减轻装渣的劳动强度，可在装渣地点铺上钢板，使岩石爆落于钢板上，以利用铁铲装车；当采用下导洞开挖时，上导洞可利用漏斗棚架出渣；当采用上导洞开挖时，上导洞可用活动工作平台车出渣。

2. 装岩机装渣、机车牵引斗车或矿车出渣

这种出渣方式适用于开挖断面较大的情况。装岩时可采用 $0.4 \sim 1.0 \text{m}^3$ 的装岩机，装岩斗车或矿车可由电气机车或电瓶车牵引。当运距近、出渣量少时，也可采用人力推运或卷扬机牵引运输。根据出渣量的大小可设置单线或双线运输。单线运输时，每隔 100 ~ 200m 应设置一错车岔道，岔道长度应能够停放一列列车；双线运输时，每隔 300 ~ 400m 应设置一岔道，以满足调车要求。

堆渣地点应设置在洞口附近，其高程较洞口低，以便重车下坡，并可利用废渣铺设路基，逐渐向外延伸。

这种装运方式适用于大断面隧洞开挖。装岩采用斗容量为 $1 \sim 3\text{m}^3$ 的装载机或液压正铲，自卸汽车洞内运输宜设置双车道，如设置单车道时，每隔 200 ~ 300m 应设错车道，运输道路要符合矿山道路的有关规定。

（五）隧洞开挖的辅助作业

隧洞开挖的辅助作业有通风、散烟、防尘、防有害气体、供水、排水、供电照明等。辅助作业是改善洞内劳动条件、加快工程进度的必要保证。

1. 通风与防尘

通风与防尘的主要目的是为了排除因钻孔、爆破等原因而产生的有害气体和岩尘，向洞内供应新鲜空气，改善洞内温度、湿度和气流速度。

（1）通风方式

通风方式有自然通风和机械通风两种。自然通风只有在掘进长度不超过 40m 时，才允许采用。其他情况下都必须有专门的机械通风设备。

机械通风布置方式有压入式、吸入式和混合式三种。压入式是用风管将新鲜空气送到工作面，新鲜空气送入速度快，可保证及时供应，但洞内污浊空气是经洞身流出洞外；吸入式是将污浊空气由风管排出，新鲜空气从洞口经洞身吸入洞内，但流动速度缓慢；混合式是在经常性供风时用压入式，而在爆破后排烟时改用吸入式，充分利

用了上述两种方式的优点。

（2）通风量

通风量可按以下要求分别计算，并取其中最大值，再考虑20%～50%的风管漏风损失。

①按洞内同时工作的最多人数计算，每人所需通风量为3m³/min。②按冲淡爆破后产生的有害气体的需要计算，使其达到允许的浓度（CO的允许浓度应控制在0.02%以下）。③按洞内最小风速不低于0.15m/s的要求，计算和校核通风量。

（3）防尘、防有害气体

除按地下工程施工规定采用湿钻钻孔外，还应在爆破后通风排烟、喷雾降尘，对堆渣洒水，并用压力水冲刷岩壁，以降低空气中的粉尘含量。

2. 排水与供水

隧洞施工，应及时排除地下涌水和施工废水。当隧洞开挖是上坡进行且水量不大时，可沿洞底两侧布置排水沟排水；当隧洞开挖是下坡进行或洞底是水平时，应将隧洞沿纵向分成数段，每段设置排水沟和集水井，用水泵排出洞外。

对洞内钻孔、洒水和混凝土养护等施工用水，一般可在洞外较高处设置水池，利用重力水头供水，或用水泵加压后沿洞内铺设的供水管道送至工作面。

3. 供电与照明

洞内供电线路一般采用三相四线制。动力线电压为380V，成洞段照明用220V，工作段照明用24～36V。在工作较大的场合，也可采用220V的投光灯照明。由于洞内空间小、潮湿，所有线路、灯具、电气设备都必须注意绝缘、防水、防爆，以防止安全事故发生。开挖区的电力起爆线，必须与一般供电线路分开，单独设置，以示区别。

四、循环作业施工组织

开挖循环作业是指在一定时间内，使开挖面掘进一定深度（即循环进尺）所完成的各项工作。循环时间是指完成一个工作循环所需要的时间的总和。循环时间常采用4h、6h、8h、12h等，以便于按时交接班。隧洞开挖循环作业所包括的主要工作有钻孔、装药、爆破、通风散烟、爆后检查处理、装渣运输、铺接轨道等。为了确保掘进速度，常采用流水作业法组织工程施工，编制工序循环作业图，对各工序的起止时间进行控制。

编制循环作业图的关键是合理确定循环进尺。循环进尺是指一个循环内完成的掘进深度。循环进尺越大，炮孔深度越大，钻孔时间越长，爆落的岩石越多，所需装渣时间也就越长。

第二节 掘进机开挖

一、概述

我国水利、电力、铁路、煤炭、矿山、交通、地铁及地下工程等需要建设大量的隧道。近几年来一些城市的地铁工程正在加快步伐建设中，还有一些新的城市地铁将陆续开工。一些省的长距离引水工程在不断规划和开工，例如新疆和青海各有一个长隧洞引水工程先后进行了设备招标，都采用双护盾掘进机方案；南水北调西线工程的掘进机应用研究正在进行中。我国长隧道采用掘进机施工将是发展的必然趋势。

二、掘进机的分类和适用范围

（一）敞开式

切削刀盘的后面均为敞开的，没有护盾保护。敞开式又有单支撑结构和双支撑结构两种设计风格。敞开式适用于岩石整体性较好或整体性中等的情况。

（1）单支撑结构：是历史最悠久的机型。

（2）双支撑结构：分双水平支撑式和双 X 形支撑式两种。双水平支撑方式，共有 5 个支撑腿：2 组水平的，加 1 条垂直的。双 X 形支撑方式，共有 8 个支撑腿。

（二）护盾式

切削刀盘的后面均被护盾所保护，并且在掘进机后部的全部洞壁都被预制的衬砌管片所保护。护盾式分为单护盾式、双护盾式和三护盾式。护盾式适用于松散和复杂的岩石条件，当然也能够在岩石条件较好的情况下工作。

（三）扩孔式

扩孔式的用途是，将先打好的导洞进行一次性的扩孔成形。扩孔式在小导洞贯通后，进行导洞的扩挖。

（四）摇臂式

安装在回转机头上的摇臂，一边随机头做回转运动，一边做摆动，这样，臂架前端的刀盘刀具能在掌子面上开挖出圆形或矩形的断面。摇臂式扩挖较软的岩石，开挖非圆形断面的隧洞。

三、全断面岩石掘进机的构造和工作原理

（一）敞开式掘进机的构造和工作原理

敞开式掘进机由刀盘、导向壳体、传动系统、主梁、推进油缸、水平支撑装置、

后支撑以及出渣皮带机组成。

全断面岩石掘进机的掘进循环由掘进作业和换步作业组成。在掘进作业时，伸出水平支撑板→撑紧洞壁收起后支撑→刀盘旋转，启动皮带机→推进油缸向前推压刀盘，使盘型滚刀切入岩石，由水平支撑承受刀盘掘进时传来的反作用力和反扭矩→岩石面上被破碎的岩渣在自重下掉落到洞底，由刀盘上的铲斗铲起，然后落入掘进机皮带机向机后输出→当推进油缸将掘进机机头、主梁、后支撑向前推进了一个行程时，掘进作业停止，掘进机开始换步。

在换步作业时，刀盘停止回转→伸出后支撑，撑紧洞壁→收缩水平支撑，使支撑靴板离开洞壁→收缩推进油缸，将水平支撑向前移一个行程。

换步结束后，准备在掘进。再伸出水平支撑撑紧洞壁－收起后支撑－回转刀盘－伸出推进油缸，新的一个掘进机行程开始了。

（二）双护盾式掘进机的构造和工作原理

双护盾式掘进机由装切削刀盘的前盾、装支撑装置的后盾（或称主盾）、连接前后盾的伸缩部分和为安装预制混凝土管片的尾盾组成。

双护盾掘进机在良好地层和不良地层中的工作方式是不同的。

1. 在自稳并能支撑的岩石中掘进

此时掘进机的辅助推进油缸全部回缩，不参与掘进过程的推进，掘进机的作业与敞开式掘进机一样。稳定可支撑岩石掘进辅助推进，缸处于全收缩状态，不参与掘进。

它的动作如下：

（1）推进作业

伸出水平支撑油缸撑紧洞壁→启动皮带机→回转刀盘→伸出推进油缸，将刀盘和前护盾先前推进一个行程实现掘进作业。

（2）换步作业

当推进油缸推满一个行程后，就进行换步作业。刀盘停止回转→收缩水平支撑离开洞壁→收缩推进油缸，将掘进机后护盾前移一个行程。

此时也可以利用辅助推进油缸加压顶住管片，一方面将管片挤紧到位，另一方面也帮助后护盾前移。不断重复上述动作，则能实现不断掘进。在此工况下，混凝土管片安装与掘进可同步进行，成洞速度很快。但在这种工况下，辅助推进油缸的主要用途应是将各管片挤紧到位，而不是帮助推进作业。

2. 在能自稳但不能支撑的岩石中掘进

此时，推进油缸处于全收缩状态，并将支撑靴板收缩到与后护盾外圈一致，前后护盾联成一体，就如单护盾掘进机一样掘进。称定不可支撑岩石掘进 V 形推进缸处于全收缩状态，不参与掘进（本工况即单护盾掘进机掘进作业工况）。

它的动作如下：

（1）掘进作业

回转刀盘→伸出辅助推进油缸，撑在管片上掘进，将整个掘进机向前推进一个行程。

（2）换步作业

刀盘停止回转→收缩辅助推进油缸→安装混凝土管片。

重复上述动作实现掘进。此时管片安装与掘进不能同时进行，成洞速度减半。

第三节 盾构机开挖

一、概述

盾构法隧道施工的基本原理是用一件圆形的钢质组件，称为盾构，沿隧道设计轴线一边开挖土体一边向前行进。在隧道前进的过程中，需要对掌子面进行支撑。支撑土体的方法有机械的面板、压缩空气支撑、泥浆支撑、土压平衡支撑。

盾构可分为敞开式盾构或普通盾构、普通闭胸式盾构、机械化闭胸盾构、盾构掘进机（指在岩石条件下使用的全断面岩石掘进机）等四大类。

盾构技术对环境干扰小，不影响城市建筑物的安全，不影响地下水位，施工对周围环境的破坏干扰最小；施工速度快；但盾构机的造价较昂贵，隧道的衬砌、运输、拼装、机械安装等工艺较复杂。

二、土压盾构的工作原理和构造

（一）土压盾构的工作原理

土压平衡盾构的原理在于利用土压来支撑和平衡掌子面（图9-5）。土压平衡式盾构刀盘的切削面和后面的承压隔板之间的空间称为泥土室。刀盘旋转切削下来的土壤通过刀盘上的开口充满了泥土室，与泥土室内的可塑土浆混合。盾构千斤顶的推力通过承压隔板传递到泥土室内的泥土浆上，形成的泥土浆压力作用于开挖面。它起着平衡开挖面处的地下水压、土压、保证开挖面稳定的作用。

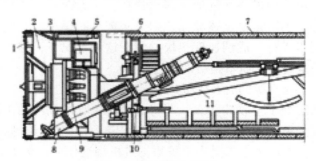

图9-5 土压盾构原理

1—切削轮；2—开挖舱；3—压力舱壁；4—压缩空气削；5—推进油缸，6—盾尾密封；7—管片；8—螺旋输送机；9—切削轮驱动装置；10—拼装器，11-皮带输送机

螺旋输送机从承压隔板的开孔处伸入泥土室进行排土。盾构机的挖掘推进速度和

螺旋输送机单位时间的排土量（或其旋转速度）依靠压力控制系统两者保持着良好的协调，使泥土室内始终充满泥土，且土压与掌子面的压力保持平衡。

对开挖室内土压的测量则会更多的提供开挖面稳定控制所需的信息。现在都采用安装在承压隔板上下不同位置的土压传感器来进行测量。土压通过改变盾构千斤顶的推进速度或螺旋输送机的旋转速度来进行调节。

（二）土压盾构的构造

通常土压平衡盾构由前、中、后护盾三部分壳体组成。中、后护盾间用铆接，基本的装置有切削刀盘及其轴承和驱动装置、泥土室以及螺旋输送机。后护盾下有管片安装机和盾构千斤顶，尾盾处有密封。

三、泥水盾构的工作原理和构造

（一）泥水盾构的工作原理

与土压平衡盾构不同，泥水盾构机施工时，稳定开挖面靠泥水压力，用它来抵抗开挖面的土压力和水压力以保持开挖面的稳定，同时控制开挖面的变形和地基沉降。

在泥水式盾构机中，支护开挖面的液体同时又作为运输渣土的介质。开挖的土料在开挖室中与支护液混合。然后，开挖土料与悬浮液（膨润土）的混合物被泵送到地面。在地面的泥水处理场中支护液与土料分离。随后，如需要添加新的膨润土，再将此液体泵回隧洞开挖面。

（二）泥水盾构的构造

在构造组成方面，泥水盾构和土压平衡盾构的主要不同是没有螺旋输送机，而用泥浆系统取而代之。泥浆系统担负着运送渣土、调节泥浆成分和压力的重要作用。

泥水盾构有直接控制型泥水盾构、间接控制型、混合式等三种。

1. 直接控制型泥水盾构

直接控制型泥水盾构如图 9-6 所示。

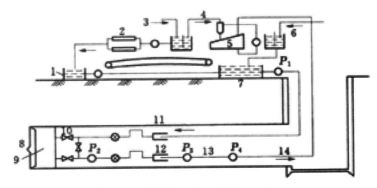

图 9-6　直接控制式盾构的泥水系统

1—清水槽；2—压滤机；3—加药；4—旋流器；5—振动器；6—黏土溶解；7—泥水调整槽；8—大刀盘；9—泥水室；10—流量计；11—密度计；12—伸缩管；13—供泥管；14—排水管

为保证盾构掘进质量，应在进排泥水管路上分别装设流量计和密度计。通过检测的数据，即可算出盾构排土量。将检测到的排土量与理论掘进排土量进行比较，并使实际排土量控制在一定范围内，就可避免和减小地表沉陷。

2. 间接控制型

间接控制型泥水盾构如图9-7所示。间接控制型的工作特征是，通过气垫压力来保持泥水压力和开挖面压力的稳定。

在盾构泥水室内，装有一道半隔板（或称沉浸墙），将泥水室分隔成两部分，在半隔板的前面充满压力泥浆，半隔板后面在盾构轴线以上部分加入压缩空气，形成一个"气垫"。气压作用在隔板后面的泥浆接触面上。由于在接触面上的气、液具有相同的压力，因此只要调节空气压力，就可以确定开挖面上相应的支护压力。

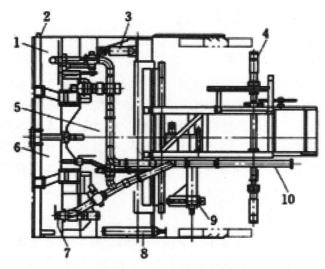

图9-7　泥水式盾构剖面图

1—泥浆注入口：2—刀盘；3—铰接油缸；4—管片定位装置；5—供浆管；6—开挖室；7—搅拌器；8—推进油缸；9—管片安装器；10—排渣管

当盾构掘进时，由于泥浆的流失或盾构推进速度的变化，进出泥浆量将会失去平衡，空气和泥浆接触面位置就会出现上下波动现象。通过液位传感器，可以根据液位的变化控制供泥泵的转速，使液位恢复到设定位置，以保持开挖面支护压力的稳定。

"气垫"的压力是根据开挖室需要的支护泥浆压力而确定的。空气压力可通过空气控制阀使压力保持恒定。同时由于"气垫"的弹性作用，使液位波动时对支护液也无明显影响。因此，间接控制型泥水平衡盾构与直接控制型相比，控制相对更为简单化，对开挖面土层支护更为稳定，对地表沉陷的控制更为方便。

3. 混合式

这种盾构可以根据地质变化情况对开挖面的支撑方式进行转换。混合型盾构的基本结构是间接控制型泥水盾构。在盾构运行过程中，可以根据需要通过旋转喂料器转换为土压平衡模式或压缩空气模式等。因此其适应的地质范围较广。

这种盾构要适应从泥水支撑到气压支撑或土压支撑方式之间的快速转换，盾构上需常备这几套系统，既适用于泥水盾构工况的泥浆系统，又适用于土压盾构工况的螺旋输送机和皮带机系统等。盾构的结构和后配套设备也要适应这几种转换。

实际上，为减少配置，大多数混合型盾构都是运行在间接控制型泥水盾构的模式，而不转换到别的模式。

第四节　隧洞的衬砌与灌浆

一、隧洞衬砌

隧洞开挖后，为了使围岩不致因暴露时间太久而引起风化、松动或塌落，需尽快进行衬砌或支护。对于水工隧洞来说，衬砌还可以减小糙率，增大隧洞的输水能力。隧洞衬砌是一种永久性的支护，根据使用材料的不同可分为现浇混凝土或钢筋混凝土衬砌、混凝土预制块或块石衬砌等。这里仅介绍现浇钢筋混凝土衬砌。

（一）混凝土衬砌的分段与分块

由于隧洞一般较长，衬砌混凝土需要分段浇筑。当衬砌在结构上设有永久伸缩缝时，永久缝即可作为施工缝；当永久缝间距过大或无永久缝时，则应设施工缝分段浇筑，分段长度视断面大小和混凝土浇筑能力而定，一般可取 6 ~ 18m。为了提高衬砌的整体性，施工缝应进行处理。分段方式有以下两种。

1.浇筑段之间设伸缩缝或施工缝

各衬砌段长度基本相同。可采用顺序浇筑法或跳仓浇筑法施工。顺序浇筑时，一段浇筑完成后，需等混凝土硬化再浇筑相邻一段，施工缓慢；而跳仓浇筑时，是先浇奇数号段，再浇偶数号段，施工组织灵活，进度快，但封拱次数多。

2.浇筑段之间设空档

如图9-8所示，空档长度为1m左右，可使各段独立浇筑，大部分衬砌能尽快完成，但遗留空档的混凝土浇筑比较困难，封拱次数很多。当地质条件不利、需尽快完成衬砌时才采用这种方式。

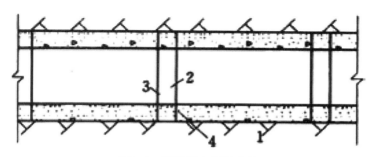

图 9-8　浇筑段之间设空档

1—浇筑段；2—空档；3—缝；4—止水

混凝土衬砌，除了在纵向分段外，在横向还应分块。一般分成顶拱、边墙（边拱）、底拱3块，图9-9为圆断面衬砌分块示意图。分块接缝位置应设在结构弯矩和剪力较小的部位，同时应考虑施工方便。分缝处应有受力钢筋通过，缝面也需进行凿毛处理，必要时还应设置键槽和插筋。

隧洞横断面上各块的浇筑顺序是：先浇筑底拱（底板），然后是边墙和顶拱。在地质条件较差时，也可以先浇筑顶拱，再浇筑边墙和底拱，此时由于顶拱混凝土下方无支托，应注意防止衬砌的位移和变形，并做好分块接头处的反缝的处理。对反缝，除按一般接缝处理外，还需进行接缝灌浆。

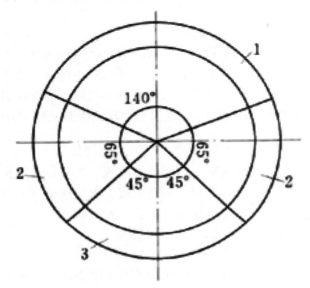

图9-9　圆形隧洞衬砌断面的分块

1—顶拱；2—边墙；3—底拱

（二）隧洞衬砌的模板

隧洞衬砌用的模板，随浇筑部位的不同，其构造和使用特点也不同。

1.底拱模板

当底拱中心角较小时，可以不用表面模板，只安装浇筑段两端的端部模板。在混凝土浇筑后，用弧形样板将混凝土表面刮成弧形即可。当中心角较大时，一般采用悬吊式弧形模板。浇筑前先立好端部模板和弧形模板桁架，混凝土入仓后，自中间向两边安装表面模板。必须注意，混凝土运输系统的支撑不要与模板支撑连在一起，以防混凝土运输产生振动，引起模板位移。

此外，当洞线较长时，常采用底拱拖模，它通过事先固定好的轨道用卷扬机索引拖动，边拖动边浇筑混凝土，浇筑的混凝土在模板的保护下成型后（控制拖动速度）才脱模。

2.边墙和顶拱模板

边墙和顶拱模板有拆移式和移动式两种。拆移式模板又称为装配式模板，主要由面板、桁架、支撑及拉条组成。这种模板通常在现场架立，安装时通过拉条或支撑将模板固定在预埋铁件上，装拆费时，费用也高。

移动式模板有钢模台车和针梁台车。钢模台车主要由车架和模板两部分组成。车架下面装有可沿轨道移动的车轮。模板装拆时，利用车架上的水平千斤顶、垂直千斤顶将模板顶起、撑开或放下；当台车轴线与隧洞轴线不相符合时，可用车架上的水平螺杆来调整模板的水平位置，以保证立模的准确性。模板面板由定型钢模板和扣件拼装而成。

钢模台车使用方便，可大大减少立模时间，从而加快施工进度。钢模台车可兼作洞内其他作业的工作平台，车架下空间大，可以布置运输线路。

3.针梁模板

针梁模板是较先进的全断面一次成型模板，它利用两个多段长的型钢制作的方梁（针梁），通过千斤顶，一端固定在已浇混凝土面上，另一端固定在开挖岩面上，其中一段浇筑混凝土，另一段进行下一浇筑面的准备工作（如进行钢筋施工）。

（三）钢筋施工

衬砌混凝土内的钢筋，形状比较简单，沿洞轴线方向变化不大，但在洞中运输和安装比较困难。钢筋安装前，应先在岩壁上打孔安插架立钢筋。钢筋的绑扎宜采用台车作业，以提高工效。

（四）混凝土浇筑

模板、钢筋、预埋件、浇筑面清洗等准备工作完成后，即可开仓浇筑衬砌混凝土。由于洞内工作面狭小，大型机械设备难以采用，所以混凝土的入仓运输一般以混凝土泵为主。

浇筑边墙时，混凝土由边墙模板上预留的"窗口"送入。两侧边墙的混凝土面应均衡上升，以免一侧受力过大使模板发生位移。浇筑顶拱时，混凝土由模板顶部预留的几个窗口送入，顺隧洞轴线方向边浇边退，直至浇完一段。如相邻段的混凝土已浇至无处可退时，则应从最后一个窗口退出，最后一个窗口拱顶处的混凝土浇筑，称为封拱。在最后一个窗口浇筑时，由于受到已浇段的限制，要想将混凝土送到拱顶处则异常困难。封拱的目的是使衬砌混凝土形成完整的拱圈。

用混凝土泵浇筑边墙和顶拱是隧洞混凝土衬砌最有效的方法。封拱时，在输送混凝土的导管末端接上冲天尾管，垂直穿过模板伸入仓内。尾管的位置应根据浇筑段长度和混凝土扩散半径来定，其间距一般为 4～6m。尾管出口与岩面的距离原则上是越近越好，但应保证压出的混凝土能自由扩散，一般为20cm左右。封拱时为了排除和调节仓内空气、检查拱顶填充情况，可以在浇筑的最高处设置通气管。在仓中央部位还需设置进入孔，以便进入仓内进行必要的辅助工作。

用混凝土泵封拱的步骤如下：①当混凝土浇筑到拱顶仓面处时，撤出工人和浇筑设备，封闭进入孔。②增大混凝土坍落度至14～16cm，同时加大混凝土泵的输送速度，保证仓内混凝土的连续供应。③当通气管开始漏浆或压入的混凝土量已超过预计方量时，说明拱顶处已经填满，可停止输送混凝土，将尾管上包住预留孔眼的铁箍去掉，在孔眼中插入钢筋，以防止混凝土下落，然后拆除混凝土导管。④拱顶拆模后，将露在外面的导管用氧气割去，并用砂浆抹平。

二、隧洞灌浆

隧洞灌浆有回填灌浆和固结灌浆两种。回填灌浆的目的是填塞围岩与衬砌之间的空隙，确保衬砌对围岩的支承，防止围岩变形；固结灌浆的目的是加固围岩，提高围岩的整体性和强度。

为了节省钻孔工作量，防止钻孔时切断钢筋，灌浆前要在衬砌中预埋灌浆管，直径为 38 ~ 50mm。

回填灌浆孔一般只布置在拱顶中心角 120° 范围内。固结灌浆孔则应根据需要布置在整个断面四周。灌浆孔沿隧洞轴线每 2 ~ 4m 布置一排，各排孔位呈梅花形布置。此外，还应根据规范要求布置一定数目的检查孔。

隧洞灌浆必须在衬砌混凝土达到一定强度后才能进行。回填灌浆可在衬砌混凝土浇筑两周后安排进行，固结灌浆可在回填灌浆一周后进行。灌浆时应先用压缩空气清孔，然后用压力水清洗。灌浆在断面上应自下而上进行，以充分利用上部管孔排气；在轴线方向应采用隔排灌注、逐渐加密的方法。

为了保证灌浆质量，必须严格控制灌浆压力。对回填灌浆，无压隧洞第一序孔压力可采用 0.1 ~ 0.3MPa，有压隧洞第一序孔用 0.2 ~ 0.4MPa；第二序孔可增大 1.5 ~ 2 倍。固结灌浆压力应比回填灌浆压力高一些，以灌实围岩裂缝，但压力不能太高，防止衬砌结构破坏。

第五节 喷锚支护技术

喷锚支护是喷混凝土支护、锚杆支护及喷混凝土与锚杆、钢筋网联合支护的统称。它是地下工程支护的一种新形式，也是新奥地利隧洞工程法（简称新奥法）的主要支护措施。喷锚支护适用于不同地层条件、不同断面大小的地下洞室工程，既可用作临时支护又可用作永久性支护。

喷锚支护是在隧洞开挖后，及时在围岩表面喷射一层厚 3 ~ 5cm 的混凝土，必要时加上锚杆、钢筋网以稳定围岩。这一层混凝土一般作为临时支护，以后再在其上加喷混凝土至设计厚度作为永久性支护。这种施工方法称为"新奥法"。

"新奥法"所依据的理论与现浇混凝土支撑拱的理论显著不同。现浇混凝土衬砌的理论是把围岩当作衬砌设计的主要荷载，而"新奥法"是在隧洞开挖后围岩产生大量变形以前，在围岩表面喷射一层混凝土，以期达到以下目的：密封围岩、防止围岩风化；黏结和填充围岩裂隙，防止围岩松动；加固围岩，提高其强度和整体性。新奥法的理论依据是通过对围岩的适时支护，来控制和调整围岩中的应力，防止围岩开挖后产生过渡松动或坍塌，使围岩在与喷锚支护的共同变形中取得稳定。新奥是把"围岩是结构的荷载"的理论转化为"围岩是承载结构的重要组成部分"，围岩荷载由围岩与支护共同承担，从而减少衬砌的厚度。从我国已建隧洞工程的实际来看，采用喷锚支护，可以减少衬砌工程量 50% 以上，节约水泥 1/3 ~ 1/2，减少劳动力和工程投资 50% 左右，缩短工期 50% 以上。喷锚支护，无须安装模板，也无须进行回填灌浆，操作方便，施工安全。

一、锚杆支护

锚杆是为了加固围岩而锚固在岩体中的金属杆件。锚杆插入岩体后，将岩块串联起来，改善了围岩的原有结构性质，使不稳定的围岩趋于稳定，锚杆与围岩共同承担山岩压力。锚杆支护是一种有效的内部加固方式。

（一）锚杆的作用

1.悬吊作用

即利用锚杆把不稳定的岩块固定在完整的岩体上。

2.组合岩梁

将层理面近似水平的岩层用锚杆串联起来，形成一个巨型岩梁，以承受岩体荷载。

3.承载岩拱

通过锚杆的加固作用，使隧洞顶部一定厚度内的缓倾角岩层形成承载岩拱。

但在层理、裂隙近似垂直，或在松散、破碎的岩层中，锚杆的作用将明显降低。

（二）锚杆的分类

按锚固方式的不同可将锚杆分为张力锚杆和砂浆锚杆两类。前者为集中锚固，后者为全长锚固。

1.张力锚杆

张力锚杆有楔缝式锚杆和胀圈式锚杆两种。楔缝式锚杆由楔块、锚栓、垫板和螺帽等四部分组成。锚栓的端部有一条楔缝，安装时将钢楔块少许楔入其内，将楔块连同锚栓一起插入钻孔，再用铁锤冲击锚栓尾部，使楔块深入楔缝内，楔缝张开并挤压孔壁岩石，锚头便锚固在钻孔底部。然后在锚栓尾部安上垫板并用螺帽拧紧，在锚栓内便形成了预应力，从而将附近的岩层压紧。

胀圈式锚杆的端部有四瓣胀圈和套在螺杆上的锥形螺帽。安装时将其同时插入钻孔，因胀圈撑在孔壁上，锥形螺帽卡在胀圈内不能转动，当用扳手在孔外旋转锚杆时，螺杆就会向孔底移动，锥形螺帽做向上的相对移动，促使胀圈张开，压紧孔壁，锚固螺杆。锚杆上的凸头作用是当锚杆插入钻孔时，阻止锚杆下落。胀圈式锚杆除锚头外，其他部分均可回收。

2.砂浆锚杆

在钻孔内先注入砂浆后插入锚杆，或先插入锚杆后注砂浆，待砂浆凝结硬化后即形成砂浆锚杆。因砂浆锚杆是通过水泥砂浆（或其他胶凝材料）在杆体和孔壁之间的摩擦力来进行锚固的,是全长锚固,所以锚固力比张力锚杆大。砂浆还能防止锚杆锈蚀,延长锚杆寿命。这种锚杆多用作永久性支护,而张力锚杆多用作临时性支护。

先注砂浆后插锚杆的施工程序一般为:钻孔—清洗钻孔－压注砂浆和安插锚杆。钻孔时要控制孔位、孔径、孔向、孔深符合设计要求。一般要求孔位误差不大于20cm,孔径比锚杆直径大10mm左右,孔深误差不大于5cm。钻孔清洗要彻底,可用压气将孔内岩粉、积水冲洗干净,以保证砂浆与孔壁的黏结强度。

由于向钻孔内压注砂浆比较困难(当孔口向下时更困难),所以钢筋砂浆锚杆的砂浆常采用风动压浆罐灌注。灌浆时,先将砂浆装入罐内,再将罐底出料口的铁管与输料软管接上,打开进气阀,使压缩空气进入罐内,在压气作用下,罐内砂浆即沿输料软管和注浆管压入钻孔内。为了保证压注质量,注浆管必须插至孔底,确保孔内注浆饱满密实。注满砂浆的钻孔,应采取措施将孔口封堵,以免在插入锚杆前砂浆流失。

风动压浆罐的工作风压为0.5～0.6MPa;砂浆的配合比一般为0.4(水):1.0(水泥):0.5(细砂)。

安装锚杆时,应将锚杆徐徐插入,以免砂浆被过量挤出,造成孔内砂浆不密实而影响锚固力。锚杆插到孔底后,应立即楔紧孔口,24h后才能拆除楔块。

先设锚杆后注砂浆的施工工艺要求基本同上。注浆用真空压力法,注浆时,先启动真空泵,通过端部包以棉布的抽气管抽气,然后由灰浆泵将砂浆压入孔内,一边抽气一边压注砂浆,砂浆注满后,停止灰浆泵,而真空泵仍工作几分钟,以保证注浆的质量。

(三)锚杆的布置

锚杆的布置主要是确定锚杆的插入深度、间距及布置形式。

锚杆的布置有局部锚杆和系统锚杆。局部锚杆主要是用来加固危石,防止掉块。系统锚杆主要用来提高围岩的强度和整体性。锚杆的方向应尽量与岩体结构面垂直,当结构面不明显时,可与周边轮廓垂直。圆断面隧洞可采用径向布置。锚杆在平面上的布置要求呈梅花形或方格形。

锚杆的布置参数主要是通过工程类比和现场试验选择。系统锚杆,锚杆深入岩体深度一般为1.5～3.5m,但不一定要深入稳定岩层,当岩层破碎时,用短而密的系统锚杆,同样可取得较好的锚固效果。系统锚杆间距为插入深度的1/2,但不得大于1.5m。局部锚杆,必须插入稳定岩体内,插入深度和间距根据实际情况而定。大于5m的深孔锚杆应作专门设计。

二、喷混凝土支护

喷混凝土就是将水泥、砂、石等干料按一定比例拌和后装入喷射机中,再用压缩空气将混合料送到喷嘴处与高压水混合,喷射到岩石表面,经凝结硬化而成的一种薄层支护结构。喷射到岩面上的混凝土,能填充围岩的缝隙,将分离的岩面黏结成整体,以提高围岩的强度,增强围岩抵抗位移和松动的能力,还能封闭岩石,防止风化,缓和应力集中。

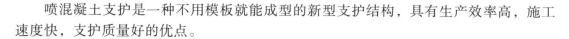

喷混凝土支护是一种不用模板就能成型的新型支护结构，具有生产效率高，施工速度快，支护质量好的优点。

（一）原材料及配合比

喷混凝土原材料与普通混凝土基本相同，但在技术上有一些差别。

1.水泥

普通硅酸水泥，强度等级不低于 42.5MPa，以利混凝土早期强度的快速增长，干硬收缩小，保水性好。

2.砂子

一般采用坚硬洁净的中、粗砂，平均粒径为 0.35 ~ 0.5cm。砂子过粗，容易产生回弹；过细，不仅使水泥用量增加，而且还会引起混凝土的收缩，强度降低，还会在喷射中产生大量粉尘。砂子的含水量应控制在 4% ~ 6%。含水量过低，混合料在管路中容易分离而造成堵管；含水量过高，混合料有可能在喷射罐中就已凝结，无法喷射。

3.石子

用卵石、碎石均可作为喷混凝土骨料。石料粒径为 5 ~ 20mm，其中大于 15mm 的颗粒应控制在 20% 以内，以减少回弹。石子的最大粒径不能超过管路直径的 1/2。石料使用前应经过筛洗。

4.水

喷混凝土用的水与一般混凝土对水的要求相同。地下洞室中的混浊水和一切含酸、碱的侵蚀水不能使用。

5.速凝剂

为了加快喷混凝土的凝结硬化速度，防止在喷射过程中坍落，减少回弹，增加喷射厚度，提高喷混凝土在潮湿地段的适应能力，一般要在喷混凝土中掺入速凝剂。速凝剂应符合国家标准，初凝时间不大于 5min，终凝时间不大于 10min。

喷混凝土配合比应满足强度和工艺要求。水泥用量一般为 375 ~ 400kg/m³，水泥与砂石的重量比一般为 1：4.5 ~ 1：4，砂率为 45% ~ 55%，水灰比为 0.4 ~ 0.5，速凝剂掺量一般为水泥重量的 2% ~ 4%。

水灰比的控制，主要依靠操作人员喷射时对进水量的调节，在很大程度上取决于操作人员的经验。若水灰比太小，喷射时不仅粉尘大，料流分散，回弹量大，而且喷射层上会产生干斑、砂窝等现象，影响混凝土的密实性；若水灰比过大，不但影响混凝土强度，而且可能造成喷射层流淌、滑移，甚至大片坍塌。水灰比控制恰当时，喷混凝土的表面呈暗灰色，有光泽，混凝土黏性好，能一团一团地黏附在喷射面上。水灰比的控制，除了提高操作人员的技术水平外，还必须维持供水压力的稳定。

（二）混凝土喷射机

工程中常用的混凝土喷射机有冶建 69 型双罐式喷射机和 HP- Ⅲ 型转体式喷射机．双罐式喷射机的工作原理是上罐储料，下罐工作，下罐中的干拌和料通过涡轮机构带动的输料盘，均匀地把料送到出料口，再通过压气送至喷嘴，在喷嘴处穿过水环所形成的水幕与水混合后高速喷射到岩面上。转体式喷射机的工作原理是混凝土干料从料斗落到一个多孔形的旋转体中，随孔道旋转至出料口，再在压缩空气的作用下将干料送至喷嘴，与高压水混合后喷射到岩面。转体式喷射机出料量可以调整，体积小，重量轻，操作简单，还可远距离控制，但结构复杂，制造要求高。

喷混凝土施工，劳动条件差，喷枪操作劳动强度大，施工不够安全。有条件时应尽量利用机械手操作。

（三）喷混凝土施工

1.施工准备

喷射混凝土前，应做好各项准备工作，内容包括：搭建工作平台、检查工作面有无欠挖、撬除危石、清洗和凿毛岩面、钢筋网安装、埋设控制喷射厚度的标记、混凝土干料准备等。

2.喷枪操作

直接影响喷射混凝土的质量，应注意对以下几个方面的控制：

（1）喷射角度

这是指喷射方向与喷射面的夹角。一般宜垂直并稍微向刚喷射的部位倾斜（约10°），以使回弹量最小。

（2）喷射距离

这是指喷嘴与受喷面之间的距离。其最佳距离是按混凝土回弹最小和最高强度来确定的，根据喷射试验一般为1m左右。

（3）一次喷射厚度

在设计喷射厚度大于10cm时，一般应分层进行喷射。一次喷射太厚，特别是在喷射拱顶时，往往会因自重而分层脱落；一次喷射也不可太薄，当一次喷射厚度小于最大骨料粒径时，回弹率会迅速增高。当掺有速凝剂时，墙的一次喷射厚度为7～10cm，拱为5～7cm；不掺速凝剂时，墙的一次喷射厚度为5～7cm，拱为3～5cm。分层喷射的层间间隔时间与水泥品种、施工温度和是否掺有速凝剂等因素有关。较合理的间歇时间为内层终凝并且有一定的强度。

（4）喷射区的划分及喷射顺序

当喷射面积较大时需要进行分段、分区喷射。一般是先墙后拱，自下而上地进行喷射。这样可以防止溅落的灰浆黏附于未喷的岩面上，以免影响混凝土与岩面的黏结，同时可以使喷射混凝土均匀、密实、平整。

施工时操作人员应使喷嘴呈螺旋形划圈，圈的直径以20～30cm为宜，以一圈压半圈的方式移动。分段喷射长度以沿轴线方向2～4m较好，高度方向以每次喷射不超过1.5m为宜。

喷射混凝土的质量要求是表面平整，不出现干斑、疏松、脱空、裂隙、露筋等现象，喷射时粉尘少、回弹量小。

（四）养护

喷混凝土单位体积水泥用量较大，凝结硬化快。为使混凝土的强度均匀增加，减少或防止不均匀收缩，必须加强养护。一般在喷射2～4h后开始洒水养护，日洒水

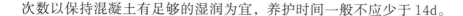

次数以保持混凝土有足够的湿润为宜，养护时间一般不应少于 14d。

第六节 隧洞施工安全技术

一、常见安全事故及预防措施

隧洞施工保证安全是十分重要的。要搞好施工安全工作，除了做好必要的安全教育、促使施工人员重视外，还必须采取相应的技术措施，以确保施工顺利进行。

隧洞施工过程中可能产生的安全事故及处理、防止措施简述如下：

（一）塌方

当隧洞通过断层破碎带、节理裂隙密集带、溶洞，以及地下水活动的不良岩层时，容易产生塌方事故。特别是当洞室入口处地质条件较差时，更容易产生塌方现象。防止塌方的主要措施是：详细了解地质情况，加强开挖过程中的检查，及时进行支撑、支护或衬砌。

（二）滑坡

滑坡主要发生在洞外明挖部分，一般是因地质条件不良所造成。防止滑坡的主要措施是：放缓边坡，并在一定高度设置马道；对裸露岩石进行喷锚处理，防止风化和松动。

（三）涌砂涌水

当隧洞通过地下水发育的软弱地层和一些有高压含水层的不良岩层时，容易产生涌水现象。防止涌水的措施是：详细了解涌水的地质原因，采取封堵和导、排相结合的措施处理，必要时利用灌浆进行处理。

（四）瓦斯中毒与爆炸

瓦斯类有害气体多产生于深层，特别是含煤的矿层中。防止瓦斯中毒与爆炸的措施是：加强洞内通风和安全检查，严格控制烟火。

（五）小块坠石

爆破后及拆除支撑时都有可能产生小块坠石。防止小块坠石的措施是：爆破后应做好安全检查工作，将松动的石块清除干净；进洞人员必须佩戴安全帽。

（六）爆破安全事故

因操作不当或未严格执行操作规程和安全规程而发生事故。防止爆破安全事故的措施是：必须严格执行操作规程和安全规程，加强安全检查，完善爆破报警系统，妥善处理瞎炮。

（七）用电安全事故

洞内施工，动力、照明线路多，洞内潮湿，导致漏电或其他用电事故。防止用电安全事故的措施是：选用绝缘良好的动力、照明供电电线，线路的接头处应采取预防漏电的有效措施，加强用电安全检查。

（八）临时支撑失效

因临时支撑的布置、维护不当而发生坍塌事故。防止临时支撑失效的措施是：重视临时支撑的结构设计和施工，加强临时支撑的维护和管理。

二、洞口段施工与塌方处理

（一）洞口段施工

隧洞的洞口地段，往往是比较破碎的覆盖层，而且在降雨时有地面水流下，很容易发生塌方。洞口又是工作人员出入必经之地，必须做到安全可靠。

隧洞施工前，应结合地质和水文地质条件，选好洞口位置。洞口以外明挖段完成后，应先将洞口边坡、仰坡及地表排水系统做好，然后才能进洞。常用的进洞方式是导洞进洞，即在刷出洞脸后，先架好 5 ~ 6 排明箱（即明挖部分的支撑），其上铺以装砂土的草袋，厚 1 ~ 2m，并用斜支撑顶牢，然后放炮开挖导洞，边挖边架立临时支撑，支撑排架间距 0.5 ~ 0.8m，以后再进行扩大部分开挖和衬砌。

（二）塌方处理

在不稳定的岩层中开挖隧洞，常会遇到塌方。塌方一旦发生，首先应突击加固未塌方地段，防止塌方扩大，并为抢险工作提供比较安全的基地。尽快查明塌方的性质和范围，根据具体情况，采取有效措施进行处理。

1. 小塌方，先支后清

对塌方体未将隧洞全部堵塞，塌方的间歇时间较长或塌方基本停止，施工人员尚可进入塌穴进行观察处理的小塌方，在清除之前，必须先将塌方的顶部支撑牢固，再清除塌方。支撑塌穴的方法应因地制宜。对于规模不大的塌方，塌穴高度较低时，可在渣堆上架设木支撑，将塌穴全面支护，边清边倒换成洞底支撑。

2. 大塌方，先棚后穿

当塌方量很大且已将洞口堵塞，或塌方继续不停地扩展，施工人员不易进入塌穴时，可将塌方体视为松软破碎的地层，按先棚后穿的原则进行处理。即先用硬质圆木（直径 8 ~ 15cm，长约 1m）向上倾斜打入塌方体中，并架立木支撑，再进行出渣，然后向前打入新的圆木并架立支撑，如此逐步向前推进。

第十章 水利水电工程施工安全事故预防与救援

第一节 事故预防概述

从根本上保障人民群众生命财产安全，杜绝事故的发生，就必须坚持"安全第一、预防为主、综合治理"的方针，采取各种措施加强事故预防工作，深入开展事故隐患排查与治理，有效地避免和减少事故的发生。在识别出危险有害因素、完成风险评估后，应建立事故预防机制，对于保障人类生产、生活的安全有着重要意义。

事故是由事故隐患转化而成的。而事故隐患是伴随着生产、生活等社会活动过程而出现的一种潜在危险，是导致事故发生的两个最主要因素的合体，即物质危险状态和管理缺陷共同存在的一种状态。与事故后的处理不同，事故预防理论研究的是事前的防范，是对事故隐患的发现和排除。事故预防理论是以信息论、系统论和控制论为基础，运用社会学、统计学、管理学等方法，与物理学、化学等自然科学方法结合起来，研究事故的原因及预防手段。

事故预防的基础理论主要有3个：事故致因理论、系统失效理论和能力异常释放理论。其中，系统失效理论是目前对事故预防最具有实践意义的理论。用系统失效理论研究事故的预防问题，一方面说明影响事故发生的因素较多，另一方面也说明各种因素之间相互影响，任何一个局部因素或环节发生问题，都可能引起连锁反应，从而导致事故的发生。对事故的预防过程来说，任何一个系统的失效都不是突然发生的，而是有一个逐步变化的过程。要预防事故，一方面要用系统的方法去分析问题，另一方面要把事故隐患消灭在萌芽状态。管理系统在事故预防中的作用容易被人们理解和接受，而社会环境对事故的影响容易被人们忽视。社会环境对事故的影响是潜移默化的。因此，要预防人为因素造成的事故，就必须分析管理系统和社会环境中存在的病态结构，以及对人的行为产生的影响。

事故预防概括来说有两方面，一是事故的预防工作，即通过事故危机预警、安全管理和安全技术等手段，尽可能地防止事故的发生，以降低事故发生的概率为目标的防范措施；二是假定事故必然发生的前提下，通过预先采取一定的预防措施，以达到减低或减轻事故的影响或后果的严重程度为目标的防范措施。从长远看，不管是以降低事故发生概率为目标还是以减低事故的影响为目标的事故预防，低成本、高效率的预防措施是减少事故的关键。

事故预防的重要内容是危机预警和风险干预措施。危机预警是通过监控的手段防范事故的发生。而风险干预措施则是通过安全对策措施防范事故的发生。风险干预可以发生在识别出危险有害因素、完成风险评估后，也可以发生在危机预警系统报警后。在发生安全生产危机前后，通过采取相应的风险干预措施，可以化解安全生产危机，避免生产事故的发生，最大限度地减少人员伤亡、财产损失和不良社会影响。风险干预措施的主要内容是安全管理措施和安全技术措施。

第二节 事故危机预警

在识别出危险有害因素、完成风险评估后，应建立起危机预警系统。通过危机预警监测生产过程中的危险，当某种危险接近预警指标、发生安全生产危机时，发出预警警报提醒工作人员执行相应的干预措施，避免生产事故的发生；或者通过危机预警指标的监测，判断可能即将发生的事故，采取干预措施，尽量减缓事故的发生或减少因事故造成的损失，同时做好应急救援准备，为科学、及时的应急救援提供依据。

一、危机预警

预警理论最早来源于战争，后在经济领域展开研究和运用。发生第一次世界经济危机后，用于监测宏观经济综合运行状况的宏观经济预警理论正式产生，在以后的几十年时间中，宏观经济预警理论的研究和应用都取得了重大进展，研究的内容不断深入，理论得到了丰富，应用范围也逐渐扩展到宏观经济领域以外的其他领域。

（一）危机

就实质内涵来看，危机是转机与恶化的分水岭。在成功与失败一线间的不稳定时期，若能处理得当，危机将成为更上一层楼的前奏；但若处理不当，危机会对安全生产形成致命的伤害。从生产事故的发生过程而言，当进入危机状态时，如果风险干预失败，将进入事故状态。为了对安全绩效进行监测，确定了安全生产风险可接受标准，当超过或达到该接受标准时，就出现了安全生产危机。一座大坝，一个设备（设施），一套装置，都可能发生事故，为了预防事故发生、减少事故发生造成的人员伤亡和财产损失，要建立一些监测指标，在生产过程中，当某些指标接近或超过监测指标时，也就出现了安全生产危机。美国著名的危机处理专家布莱查尔（Brecher）认为危机情境的存在需要满足以下4个必要条件。①工作内外环境突然发生变化。②该情境工作已威胁到组织基本目标的实现。③该工作情境具有风险性，充其量只能事前评估其可能状态，但不能完全避免。④工作对情境作出反应处理的时间非常有限而且紧迫。

（二）危机预警

所谓危机预警是指根据系统外部环境和内部条件的变化，对系统未来的不利事件或风险进行预测和报警。危机预警的对象可以是一个国家、一个行业、一个企业，也可以是一套装置、一个设备（设施）、一个部件。企业安全生产危机预警是预防企业的安全生产危机、应付危机和解决危机的手段和对策措施，其目的是通过安全生产危机预警策划，分析危机预警指标，增强企业的免疫力、应变力和竞争力，保证企业处变不惊，真正做到安全第一、预防为主。

危机预警系统是实现危机预警功能的系统，即实现预测和报警等功能的系统。危机预警系统需要运用经济学、管理学、安全系统科学、减灾防灾科学和复杂科学等多学科的理论和方法，将危机预警管理理论应用于安全生产风险管理中，通过建立相应的预警方法和风险干预组织体系，对安全生产风险及其可能发生事故的因素进行监测、诊断、预先干预，正确区分安全生产系统的不安全状态和安全状态，使得安全生产系统具有"报警"和"免疫"能力。安全生产危机预警管理的实现，可以使生产过程中人的不安全行为和物的不安全状态处于被监测、识别、诊断和干预的监控之下，为预防、制止、纠正、回避系统的的不安全行为和物的不安全状态提供一种可靠的管理模式和行为方式。

（三）危机预警的分类

危机预警的分类有按行业分类、按预警范围分类、按预警目标分类等多种分类方法。危机预警按行业分类可分为采矿业灾难预警、建筑业灾难预警、航空业灾难预警、交通事故预警、水利水电工程事故预警等。按照预警的目标、范围和预警过程可以分为宏观预警和微观预警。宏观预警是对大范围分布的某类事物或现象可能出现的危机情境的预警。如全国安全生产危机预警，是在全国安全生产形势分析、指标宏观统计监测的基础上，预测可能出现生产事故持续多发时发出的预警，属于宏观预警。又如水利水电工程施工安全事故危机预警，也是属于宏观预警。微观预警是对小范围分布的个别事物或现象可能出现的危机情境的预警。如在可能的多雨时期，对某围堰溢流事故预警属于微观预警。

（四）危机预警的指导思想

危机预警是在"非优思想"指导下，研究系统中"非优"与"优"的演化过程，以及如何通过有效预测、预报、警报和控制的方法。"非优思想"是构建危机预警管理系统的指导思想，是一种科学有效的管理思想方法。

组织耗散结构理论综合了热力学与进化论的观点后，认为任何系统的演化过程都是产生、发展和消亡的过程，在产生发展阶段，系统处于上升期，是从无序到有序的过程，在该过程中有序逐渐占据优势。进入消亡阶段，系统处于下降期，是从有序到无序的过程，在该过程中无序逐渐占据优势。根据人类的认识和实践活动结果满足人类主观要求和客观合理性的尺度，系统非优理论确定了"优"和"非优"两个研究范畴。

安全系统理论认为，系统是由多种彼此有机联系的要素组成的整体。系统的大小不同、功能不同、存在的外部环境条件和内部条件不同，但它们都具有普遍的基本特征，即目的性、集合性、相关性、阶层性、整体性和适应性。任何系统、系统中的子系统和要素都具有目的性，要实现一定的目标和功能。任何系统都可以分解为两个或两个以上的要素，即任何一个系统都是由两个或两个以上要素组成的一个系统整体或是由各层次要素集合组成的一个系统整体。每个系统都有自身的总目标，构成系统的所有子系统、要素都为了实现这一总目标而实现各自的分目标。因此，不仅系统与子系统之间、子系统与要素之间有着密切的关系，而且各子系统之间、各要素之间也都存在着密切的相关关系。如果使它们的相关关系处于"优"的状态，实现各自目标的最佳，系统就处于安全状态。

二、危机预警管理系统

建立安全预警系统的主要目的即是为安全生产提供保障。安全生产是企业生存和发展的根本，只有做好安全工作，才能保证生产的顺利进行，并促进企业的发展。通过安全报警通信装置，可以对整个生产区域进行监控，以利于及时、准确地发现安全隐患，并采取有效措施，尽可能地减少甚至避免危险事故的发生。

（一）危机预警管理系统功能

安全生产危机预警管理系统是在安全生产管理功能基础上形成的新的预警机制，它具有警报功能、干预功能、"免疫"功能，并与危险因素分析、风险评估、应急救援和监督管理等共同构成安全生产风险管理系统。危机预警管理是以警报为导向，以干预为手段，以"免疫"为目的的安全生产风险管理机制。

（二）危机预警管理系统工作程序

危机预警管理系统是多种多样的，要实现的目的各不相同，但都需要对危机预警监测指标进行监测、分析处理、发出警报信号、作出危机状态决策、采取干预对策措施。危机预警管理程序包括建立预警监测指标、危机监视、危机决策、风险干预、效果评估等基本程序。

（三）水利水电工程施工安全预警分级与管理权限

对突发事件，预警可以根据总体预案预警分级标准进行预警分级和信息发布。比如环境突发事件应急，按照突发事件的严重性、紧急程度和可能波及的范围，把突发环境事件的预警分为4级，预警级别由低到高，颜色依次为蓝色、黄色、橙色、红色。根据事态的发展情况和采取措施的效果，预警颜色可以升级、降级或解除。但是并不是所有的突发事件都可以进行预警分级的。比如地震灾害，可以按照国家总体预案对地震灾害事件的损失等分成4级：特别重大地震灾害、重大地震灾害、较大地震灾害、一般地震灾害。水利水电工程施工安全事故预警按照其事故的严重性和影响范围进行预警分级，并确定其警报管理权限。

（四）水利水电工程施工安全危机预警管理内容

前人对危机预警管理的内容进行了研究，提出了一些危机预警管理系统模型。参照其他行业的预警管理内容，下面介绍水利水电工程施工安全事故危机预警管理内容。水利水电工程施工，安全事故危机预警管理包括预警分析和预警对策两大模块。

1. 预警分析

预警分析是对各种突发事故征兆进行监测识别、诊断与评估，并及时报警的管理活动。工程中的预警分析是对各类安全事故，包括人身伤亡事故、设备损坏事故等进行识别分析与评估，由此做出警示，并对生产在灾害现象的早期征兆进行及时矫正与控制的管理活动。水利水电工程预警分析包括4个活动阶段：监测、识别、诊断与评估。监测是预警活动的前提，灾害状态识别活动对整个预警系统活动是至关重要的，诊断活动是提供预警识别判别依据的过程，灾害状况评估活动的结论是水利水电企业采用"预防对策"系统开展活动的前提。

2. 预警对策

预警对策是根据预警分析的结果，对事故灾害征兆的不良趋势进行矫正、预防与控制的管理活动。水利水电工程施工安全危机预警管理系统的活动目标是实现对各类灾害现象的早期预防与控制，并能在严重的灾害形势下实施危机管理方式。预控对策活动包括组织准备、日常监督和危机管理等3个活动阶段。

（五）水利水电工程施工安全危机预警管理系统

由于预警是对事故先兆事件的预测和警报，而水利水电工程施工安全事故的先兆事件可以说就是重大危险源，因此，事故预警系统，实际就是对重大危险源的预警。水利水电工程施工安全涉及众多重大危险源，如何对这些重大危险源进行管理和控制，避免重大事故的发生，具有重要的现实意义。下面就根据系统安全工程的理论和方法，建立水利水电工程施工安全的重大危险源事故预警系统。

预警系统的最大特点在于预先分析、将可能导致事故发生的危险因素发现出来并发出警报，通知相关人员对危险因素进行排除；或者自行分析解决办法，指导人员进行危险因素排除或自行排除。因此，它与传统的单反馈、事后分析处理的安全管理系统不同，在检测和监控系统的基础上还增加了预测系统和决策系统。描述危险源从相对安全的状态向事故临界状态转化的条件及其相互之间关系的表达式，由数据处理单元给出预测结果，并结合重大事故应急救援预案启动应急救援。

与传统的安全管理系统比较，预警系统的检测对象发生了变化。传统的安全管理系统只是监测与生产工艺有密切关系的参数，而预警系统侧重于生产工艺不一定有直接联系，却能反映潜在危害的状态信息。当然，有些工艺参数本身就表征了某种潜在危险，对于过程控制和安全监控来说都是必不可少的。

第三节 安全技术措施

安全技术措施是风险干预措施的另一种减小事故发生概率的措施，通过采取相应的工程技术手段，以达到避免事故的发生。安全技术措施是安全生产综合水平的体现，可靠、实用、先进的安全技术措施，不仅可以避免安全生产危机的发生，而且可以减少生产过程的职业危害，降低作业人员的劳动强度，提高了劳动生产效率。

一、安全技术措施

安全技术是指在生产过程中为防止各种伤害以及火灾、爆炸等事故，并为职工提供安全、良好的劳动条件而采取的各种工程技术。安全技术措施是指运用工程技术手段消除物的不安全因素，实现生产工艺和机械设备等生产条件本质安全的措施。安全技术措施的分类方法很多，常用的有对象分析法、行业分类法等。按行业可分为：煤矿安全技术措施、石油化工安全技术措施、冶金安全技术措施、建筑安全技术措施、水利水电工程安全技术措施等。按危险、有害因素的类别可分为：防火防爆安全技术措施、锅炉与压力容器安全技术措施、起重与机械安全技术措施、电气安全技术措施等。按照导致事故的原因可分为：防止事故发生的安全技术措施和减少事故损失的安全技术措施。

（一）防止事故发生的安全技术措施

防止事故发生的安全技术措施是指为了防止事故发生，采取的约束、限制能量或危险物质，防止其意外释放的技术措施。常用的防止事故发生的安全技术措施有消除危险源、限制能量或危险物质、隔离等。

1. 消除危险源

消除系统中的危险源，可以从根本上防止事故的发生。但是，按照现代安全工程的观点，彻底消除所有危险源是不可能的。因此，人们往往首先选择危险性较大、在现有技术条件下可以消除的危险源，作为优先考虑的对象。可以通过选择合适的工艺、技术、设备、设施、合理的结构形式，选择无害、无毒或不能致人伤害的物料来彻底消除某种危险源。

2. 限制能量或危险物质

限制能量或危险物质可以防止事故的发生，如减少能量或危险物质的量，防止能量蓄积，安全地释放能量等。

3. 隔离

隔离是一种常用的控制能量或危险物质的安全技术措施。采取隔离技术，既可以防止事故的发生，又可以防止事故的扩大，减少事故的损失。

4. 故障安全设计

在系统、设备、设施的一部分发生故障或破坏的情况下，在一定时间内也能保证

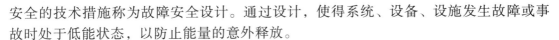

安全的技术措施称为故障安全设计。通过设计，使得系统、设备、设施发生故障或事故时处于低能状态，以防止能量的意外释放。

5. 减少故障和失误

通过增加安全系数、增加可靠性或设置安全监控系统等来减轻物的不安全状态，减少物的故障或事故的发生。

（二）减少事故损失的安全技术措施

防止意外释放的能量能引起人的伤害或物的损坏，或减轻其对人的伤害或对物的破坏的技术措施称为减少事故损失的安全技术措施。该类技术措施是在事故发生后，迅速控制局面，防止事故的扩大，避免引起二次事故的发生，从而减少二次事故造成的损失。通用的减少事故损失的安全技术措施有隔离、设置薄弱环节、个体防护、避难与救援等。

1. 隔离

隔离是把被保护对象与意外释放的能量或危险物质等隔开。隔离措施按照被保护对象与可能致害对象的关系可分为隔开、封闭和缓冲等。

2. 设置薄弱环节。利用事先设计好的薄弱环节，使事故能量按照人们的意图释放，防止能量作用于被保护的人或物，如锅炉上的易熔塞、电路中的熔断器等。

3. 个体防护

个体防护是把人体与意外释放能量或危险物质隔离开，是一种不得已的隔离措施。却是保护人身安全的最后一道防线。

4. 避难与救援

设置避难场所，当事故发生时，人员可暂时避免遭受伤害并为救援赢得时间。事先选择撤退路线，当事故发生时，人员可按照预先选择的撤退路线迅速撤离，避免或减少遭受的伤害。事故发生后，组织有效的应急救援力量，发放应急救援器材，启动应急救援方案，迅速实施救护，是减少事故人员伤亡和财产损失的有效措施。

此外，安全监控系统作为防止事故发生和减少事故损失的安全技术措施，是发现系统故障和系统异常的重要手段。安装安全监控系统，可以及早发现事故，并获得事故发生、发展的数据，避免事故的发生或减少事故的损失。

二、安全技术措施计划

安全技术措施计划是生产企业生产财务计划的一个组成部分，是改善生产企业生产条件，有效防止事故和职业病的重要保证制度。生产企业为了保证安全资金的有效投入，应编制安全技术措施计划。

编制安全技术措施计划应以安全生产方针为指导思想，以《安全生产法》等法律、法规、国家和行业标准为依据。结合生产经营单位安全生产管理、设备、设施的具体情况，以安全管理部门牵头，工会、安全职业卫生管理部门参与，共同研究，也可同时发动生产技术管理部门、基层班组共同提出。对提出的项目，按轻重缓急，根据总体费用投入情况进行分类、排序，对涉及人身安全、公共安全和对生产经营有重大影响的事项应优先安排。

安全技术措施计划的项目范围，包括改善劳动条件、防止事故、预防职业病、提高职工安全素质等技术措施，大体可分为以下 4 类。

（一）安全技术措施

安全技术措施指以防止工伤事故和减少事故损失为目的的一切技术措施。如安全防护措施、保险装置、信号装置、防火防爆装置等。

（二）卫生技术措施

卫生技术措施指改善对职工身体健康有害的生产环境条件、防止职业中毒与职业病的技术措施，如防尘、防毒、防噪声与振动、通风、降温、防寒、防辐射等装置或设施。

（三）辅助措施

辅助措施指保证工业卫生方面所必需的房屋及一切卫生性保障措施，如尘毒作业人员的淋浴室、更衣室或存衣箱、消毒室、妇女卫生室、急救室等。

（四）安全宣传教育措施

安全宣传教育措施指提高作业人员安全素质的有关宣传教育包括设备、仪器、教材和场所等，如劳动保护教育室，安全卫生教材、挂图、宣传画、培训室，安全卫生展览等。

安全技术措施计划的项目应按《安全技术措施计划项目总名称表》执行，以保证安全技术措施费用的合理使用。每一项安全技术措施至少应包括以下内容：措施应用的单位或工作场所、措施名称、措施目的和内容、经费预算及来源、实施部门和负责人、开工日期、竣工日期和措施预期效果及检查验收。对有些单项投入费用较大的安全技术措施，还应进行可行性论证，从技术的先进性、可靠性，以及经济性方面进行比较，编制单独的《可行性研究报告》，报上级主管或邀请专家进行评审。

三、水利水电工程施工安全技术措施计划编制

水利水电工程施工，安全技术措施计划的编制参照《水利水电工程安全技术与措施管理制度》和《水利水电施工安全技术措施编制导则》进行编制，主要有以下内容。

（一）确定措施计划编制时间

年度安全技术措施计划一般应与同年度的生产、技术、财务、供销等计划同时编制。

（二）布置措施计划编制工作

企业领导应根据本单位具体向下属单位或职能部门提出编制措施计划具体要求，并就有关工作进行布置。

（三）确定措施计划项目和内容

下属单位在认真调查和分析本单位存在的问题，并且在征求群众意见的基础上，

确定本单位的安全技术措施、计划项目和主体内容，报上级安全生产管理部。安全生产管理部门对上报的措施计划进行审查、平衡、汇总后，确定措施计划项目，并报有关领导审批。

（四）编制措施计划

安全技术措施计划项目经审批后，由安全管理部门和下属单位组织相关人员，编制具体的措施计划和方案，经讨论后，送上级安全管理部门和有关部门审查。

（五）审批措施计划

上级安全、技术、计划部门对上报安全技术措施计划进行联合会审后，报单位有关领导审批。安全技术措施计划一般由总工程师审批。

（六）下达措施计划

单位主要负责人根据总工程师的审批意见，召集有关部门和下属单位负责人审查、核定措施计划。审查、核定通过后，与生产计划同时下达到有关部门贯彻执行。安全技术措施计划落实到各有关部门和下属单位后，计划部门应定期进行检查。企业领导在检查生产计划的同时，应同时检查安全技术措施计划的完成情况。安全管理与安全技术部门应经常了解安全技术措施计划项目的实施情况，协助解决实施中的问题，及时汇报并督促有关单位按期完成。已完成的措施计划项目要按规定组织竣工验收。竣工验收时一般应注意：所有材料、成品等必须经检验部门检验；外购设备必须有质量证明书；负责单位应向安全技术部门填报竣工验收单，并由安全技术部门组织有关单位验收；验收合格后，由负责单位持竣工验收单向计划部门报完工，并办理财务结算手续；使用单位应建立台账，按《劳动保护设施管理制度》进行维护管理。

（七）实施

安全技术措施计划项目经审批后应正式下达。安全技术措施计划落实到各执行部门后，安全管理部门应定期对计划的完成情况进行监督检查，对已经完成的项目，应由验收部门负责组织验收。安全技术措施验收后，应及时补充、修订相关管理制度、操作规程，开展对相关人员的培训工作，建立相关的档案和记录。对不能按期完成的项目，或没有达到预期效果的项目，必须认真分析原因，制定出相应的补救措施。经上级部门审批的项目，还应上报上级相关部门。

四、水利水电工程施工现场安全技术要求

（一）施工道路及交通

施工生产区内机动车辆临时道路应符合道路纵坡不宜大于8%，进入基坑等特殊部位的个别短距离地段最大纵坡不得超过15%；道路最小转变半径不得小于15m；路面宽度不得小于施工车辆宽度的1.5倍，且双车道路面宽度不宜窄于7.0m，单车道不宜窄于4.0m。单车道应在可视范围内设有会车位置等。施工现场临时性桥梁，应根据

桥梁的用途、承重载荷和相应技术规范进行设计修建，并符合宽度要求；人行道宽度应不小于1.0m，并应设置防护栏杆等。施工现场架设临时性跨越沟槽的便桥和边坡栈桥，应符合基础稳固、平坦畅通、宽度适宜并设有防护栏杆等要求。施工现场工作面、固定生产设备及设施处所等应设置人行通道，并符合宽度要求。

（二）职业卫生和环境保护

粉尘、毒物、噪声、辐射等定期监测可由建设单位或施工单位实施，也可委托职业卫生技术服务机构监测。对粉尘作业区测定粉尘浓度，并采取可靠的防范措施；对毒物作业点应测定其浓度并降至最高允许浓度以下；对噪声作业点测定声级；对辐射进行监测。工程建设各单位应建立职业卫生管理规章制度和施工人员职业健康档案，对从事尘、毒、噪声等职业危害的人员应每年进行一次职业体检，对确认职业病的职工应及时给予治疗，并调离原工作岗位。

第四节 安全事故应急救援

在生产活动中，由于受技术发展水平、人的不安全行为，以及自然客观条件（来自自然灾害）等因素影响，要将事故发生的可能性降至零，即做到绝对安全是不现实的。事实上，无论事故发生的频率降至多低，事故发生的可能性依然存在，而且有些事故一旦发生，后果将是灾难性的。

一、事故应急救援概述

事故应急救援与事故预防是相辅相成的，事故预防以"不发生事故"为目标，应急救援则是以"发生事故后，如何降低损失"为己任，两者共同构成了风险控制的完整过程。因而，事故应急救援与事故预防一样，是风险控制的一个必不可少的关键环节。通过实施科学、系统的事故应急救援可以最大限度地减少人员伤亡和财产损失。建立和健全事故应急救援机制是保持良好社会秩序，有效应对各种灾害、事故、突发事件的重要举措，是预防和控制事故及其所造成的影响的组织保证。如果企业或地方有一套务实的事故应急救援组织系统，有一批精干而又训练有素的救援队伍，一旦发生事故，救援组织应及时出现在事故现场，不仅能"救民于水火"，而且能把事故及其灾害的后果降低到最低限度。特别是针对水利水电工程这样工程规模大且安全级别要求高的，建立完善的事故应急救援体系尤其重要。

（一）事故应急救援的任务

事故应急救援的总目标是通过有效的应急救援行动，尽可能地降低事故的后果，包括人员伤亡、财产损失和环境破坏等。事故应急救援的基本任务包括以下几个方面。

1.控制危险源

及时控制造成事故的危险源是应急救援工作的首要任务，只有及时控制住危险源，防止事故的继续扩展，才能及时、有效地进行救援，特别对发生在城市或人口稠密地区的化学事故，应尽快组织工程抢险队与事故单位技术人员一起及时堵源，控制事态继续扩展。迅速控制事态，并对事故造成的危害进行检测、监测，测定事故的危害区域、危害性质及危害程度。及时控制住造成事故的危险源是应急救援工作的重要任务。只有及时地控制住危险源，防止事故的继续扩展，才能及时有效地进行救援。

2.抢救受害人员

抢救受害人员是应急救援的重要任务。在事故应急救援行动中，及时、有序、有效地实施现场救援与安全转送伤员是降低伤亡，减少事故损失的关键。在事故发生后，应立即组织营救受害人员，组织撤离或者采取其他措施保护危害区域内的其他人员，其中抢救受害人员是事故应急救援的首要任务。

3.指导群众防护，组织群众撤离

由于重大事故发生突然、扩散迅速、涉及范围广、危害大，所以应及时指导和组织群众采取各种措施进行自身防护，并迅速撤离出危险区或可能受到危害的区域。在撤离过程中应积极组织群众开展自救和互救工作。

4.做好现场清理

消除危害后果，对事故外溢的有毒有害物质和可能对人和环境继续造成危害的物质，应及时组织人员予以清除，做好现场恢复工作。针对事故对人体、动植物、土壤、空气等造成的现实危害和可能性的危害，应迅速采取封闭、隔离、洗消、监测等措施，防止造成对人的继续危害和对环境的污染。

（二）事故应急救援系统要素组成

事故应急救援系统是指负责紧急事件预测和报警接收、事故应急救援预案的编制、事故应急救援行动的开展、事故应急救援培训和演练、恢复工作等事务，控制和消除紧急事件，使紧急事件造成的损失程度降低到最小的由若干相互联系和作用的应急要素组成的一个有机体。从安全系统的动态特性出发，人类的安全系统是人、社会、环境、技术、经济、信息等因素构成的大协调系统。事故应急救援系统是安全系统的子系统，也是由人、社会、环境、技术、经济、信息等因素构成的协调系统。

事故应急救援通过预先设计和应急措施，利用一切可以利用的力量，在紧急事件发生后迅速控制其事态发展.保护现场工人和附近居民的健康与安全，并将紧急事件对环境和财产造成的损失降至最小限度，事故应急救援系统的规模随紧急事件的类型和影响范围而定，借鉴国外成功的事故应急救援系统，结合我国的实际情况，一个高效的事故应急救援系统应该由以下要素组成"。

1.事故应急救援预案

事故应急救援预案是事故应急救援系统的重要组成部分，针对各种不同的紧急事件制定有效的事故应急救援预案不仅可以指导应急人员的日常培训和演练，保证各种应急资源处于良好的备战状态，而且可以指导应急行动有序进行，防止救援不力而贻误战机。

2.应急组织机构

建立坚强有力的应急组织是落实事故应急救援预案，实施事故应急救援的关键。健全的应急组织应包括应急管理小组、专业和资源救护队伍、应急专家咨询系统、医疗以及后勤、保卫等其他必要的机构。小规模组织的应急组织机构可由组织其他部门担任，但是系统的各个机构要权责明确，整个应急组织应训练有素，保证紧急事件出现后招之即来，来之能战，战之能胜。

3.应急信息系统

应急信息系统包括：通信联系、报警、信息发布等。通信联系在应急系统中是一个决定性因素。企业应建立可靠的通信联络与报警系统，确保一旦现场发出警报，就能立即通知应急服务机构，同时必须将紧急事件的性质、正在采取的行动，以及控制后果的措施等信息及时向有关人员和公众提供。

4.应急器材与设施

应急器材与设施主要包括信息处理设施、应急动力装备、通信设备、消防器材、紧急照明设备、个人防护用品、疏散通道、安全门、急救器材与设备等。

5.外部援助系统

外部援助系统包括上级指挥中心、特殊专业人员（如分析化学家、毒理学家、气象学家等），紧急事件应急处理数据库、实验室、消防队、公安部门、应急专家咨询机构、军事或民防机构，公共卫生机构、医院、交通部门、电力部门、通信部门、市政部门、民政部门、物资供应企业等。

6.预警系统

预警系统的建立，有助于应急管理小组及时地收集与评判有关紧急事件的各种信息，提前发出预警。

（三）事故应急救援系统应急组织机构

事故应急救援系统应急组织机构包括多个运作中心，主要有应急指挥中心（紧急运转中心）、现场指挥中心、支持保障中心、媒体中心和信息管理中心等。系统内的各中心都有各自的功能职责及构建特点，每个中心都是相对独立的工作机构，但在执行任务时相互联系、相互协调，呈现系统性的运作状态。

二、水利水电工程施工安全事故应急救援系统

应急救援系统是指负责紧急事件预测和报警接收、应急救援预案的编制、应急救援行动的开展、应急救援培训和演练、恢复工作等事务，控制和消除紧急事件，使紧急事件造成的损失程度降低到最小，由若干相互联系和作用的应急要素组成的一个有机体。特别是对于像水利水电工程这样的大型工程，其施工安全事故应急救援系统有其独特的特点和组织形式。

（一）施工安全事故应急救援特点

水利水电工程事故应急救援工作涉及技术事故、自然灾害（引发）、环境保护、

公共卫生和人为突发事件等多个公共安全领域，构成一个复杂系统，这使得水利水电工程施工安全事故应急救援具有以下特点。

1. 不确定性和突发性

不确定性和突发性是水利水电工程施工安全事故的特征，大部分事故都是突然爆发，爆发前基本没有明显征兆，而且一旦发生，迅速蔓延甚至失控。这就使得水利水电工程施工安全事故应急救援工作面临任务重，工作突击性强，救援条件差，人手少，任务重等情况。要求救援人员发扬不怕苦和连续作战的精神，以最小的代价取得最大的效果。

2. 应急活动的复杂性

复杂性表现在水利水电工程施工安全事故原因的复杂性、救援环境的复杂性，以及救援工作具有高度的危险性，这就为救援工作实施带来一定的困难。水利水电工程施工安全事故应急活动的复杂性主要表现在：事故、灾害或事件影响因素与演变规律的不确定性和不可预见的多变性；众多来自不同部门参与事故应急救援活动的单位，在信息沟通、行动协调与指挥、授权与职责、通信等方面的有效组织和管理；以及应急反应过程中当地群众的反应、恐慌心理、群众过急等突发行为复杂性等。水利水电工程施工安全事故应急活动的复杂性另一个重要特点是现场处置措施的复杂性。重大事故的处置措施往往涉及较强的专业技术支持，包括复杂危险工艺以及泥石流事故处置等，对每一行动方案、监测以及应急人员防护等都需要在专业人员的支持下进行决策。因此，针对生产安全事故应急救援的专业化要求，必须高度重视建立和完善重大事故的专业事故应急救援力量、专业检测力量和专业应急技术与信息支持等的建设。

3. 危险性

水利水电工程施工安全事故应急救援工作处在一个高度的危险环境中。特别是事故原因不明，危险源尚大且没有在有效控制的情况下，随时可能造成新的人员伤害。这就要求救援人员树立临危不惧，勇于作战和对人民高度负责的精神。

4. 后果易碎变、激化和放大

水利水电工程施工事故后果一般比较严重，能造成广泛的群众影响应急处理稍有不慎，就有可能改变事故、灾害与事件的性质，引起事故、灾害与事件波及范围扩展，卷入大面积人员伤亡和财产损失、碎变、激化与放大造成的失控状态，不但迫使应急响应升级，甚至可能导致社会性危机出现，使人民群众立即陷入巨大的动荡与恐慌之中。因此，水利水电工程施工重大事故的处置必须坚决果断，而且越早越好，以防止事态扩大。因此，为尽可能降低重大事故的后果及影响，减少重大事故所导致的损失，要求事故应急救援行动必须做到迅速、准确和有效。

5. 事故应急救援力量单薄

由于水利水电工程大多处于偏远山区，事故应急救援力量非常单薄。而且由于水利水电工程一般都距大城市较远，没有像城市完善的应急救援设施与设备，在发生事故时，只能依赖水利水电工程自身的事故应急救援力量，不能有效的借助城市事故应急救援能力。所以水利水电工程施工，事故应急救援力量就非常的单薄，在事故发生初期，就显得尤为突出。因此，必须尽可能将事故控制在萌芽阶段，及时、迅速地控制住危险源消灭危险隐患。否则，事故救援力量单薄的水利水电工程，在得不到城市事故应急救援力量的时候，很容易造成较大的人员和财产损失。

（二）施工安全事故应急救援系统

由于潜在的事故风险多种多样，所以相应每一类事故灾难的应急救援措施可能千差万别，但其基本应急模式是一致的。构建事故应急救援体系，应贯彻顶层设计和系统论的思想，以事件为中心，以功能为基础，分析和明确事故应急救援工作的各项需求，在应急能力评估和应急资源统筹安排的基础之上，科学地建立规范化、标准化的事故应急救援体系，保障各级事故应急救援体系的统一和协调。水利水电工程施工安全应急救援系统由组织机构、运作机制、法制基础和应急保障系统4部分构成。

1.组织机构

水利水电工程施工安全应急救援组织机构由管理机构、功能部门、应急指挥和救援队伍4部门组成。管理机构是指维持应急日常管理的负责部门；功能部门包括与应急活动有关的各类组织机构，如消防、医疗机构等；应急指挥是在事故应急预案启动后，负责事故应急救援活动场外与场内的指挥系统；救援队伍则由专业人员和各施工单位人员组成。

2.运作机制

应急运作机制主要由统一指挥、分级响应、属地为主和公众动员这4个基本机制组成。统一指挥是应急活动的最基本原则。应急指挥一般可分为集中指挥与现场指挥，或场外指挥与场内指挥等。无论采用哪一种指挥系统，都必须实行统一指挥的模式，无论事故应急救援活动涉及单位的行政级别高低和隶属关系不同，都必须在应急指挥部的统一组织协调下行动，有令则行，有禁则止，统一号令，步调一致。分级响应是指在初级响应到扩大应急的过程中实行的分级响应机制。扩大或提高应急级别的主要依据是事故灾难的危害程度，影响范围和控制事态能力。影响范围和控制事态能力是"升级"的最基本条件。扩大事故应急救援主要是提高指挥级别、扩大应急范围等。属地为主强调"第一反应"的思想和以现场应急、现场指挥为主的原则。公众动员机制是应急机制的基础，也是整个事故应急体系的基础，动员周边一切可以动员的人员。

3.法制基础

法制建设是事故应急救援体系的基础和保障，也是开展各项应急活动的依据，与应急有关的法规可分为4个层次：由立法机关通过的法律，如紧急状态法、公民知情权法和紧急动员法等；由政府颁布的规章，如应急救援管理条例等；包括预案在内的以政府令形式颁布的政府法令、规定等；与事故应急救援活动直接有关的标准或管理办法等，如《国务院关于全面加强应急管理工作的意见》《国家突发公共事件总体预案》《国家安全生产事故灾害应急预案》以及水利水电工程建设单位或施工单位制定的《企业应急预案》等。

4.保障系统

保障系统由信息通信、物资装备、人力资源和财务经费4部门组成。列于应急保障系统第一位的是信息与通信系统，构筑集中管理的信息通信平台是应急体系最重要的基础建设。信息通信由工程安全生产委员会办公室负责，其职责是保证所有预警、报警、警报、报告、指挥等活动的信息交流快速、顺畅、准确，以及信息资源共享；物资装备与人力资源由建设部坝区管理部、武警水电、交通部，地方资源（公安、消防、医疗机构）以及事故单位组成，其职责是保证有足够的资源，并且实现快速、及时供应到位；应急财务则由建设部财务结算中心和各施工运行单位负责，其职责是建立专项应急科目，如应急基金等，以保障应急管理运行和应急反应中各项活动的开支。

（三）施工安全事故应急组织机构

水利水电工程施工安全事故应急救援组织机构由水利水电工程建设项目法人，以及施工单位等工程参建单位的事故应急指挥部组成。事故灾难应急救援专业指挥部由各职能和支持保障部门、专业应急救援队伍和社会支持保障力量、专家组和事故发生单位应急机构及救援队伍等组成。

①工作水利水电工程建设部应急管理联动中心由1名主任、3名副主任和若干成员组成，负责指挥水利水电工程建设过程中的总体应急救援行动。②工作水利水电工程建设部事故灾难应急救援专业指挥部由1名指挥长、5名副指挥长和若干成员组成。指挥长由某水利水电工程建设部分管副主任担任，副指挥长由水利水电工程建设部安全委员会办公室或负有管理职责的部门、地方政府安全监督管理部门和事故单位主要负责人担任。③工作专家组根据事故应急工作的实际需要进行聘请，也可向各级政府申请挑选就近的应急救援专业人员。专家组的主要职责是为现场应急工作提出应急处置方案、建议和技术支持，并参与制定现场应急处置方案。④工作事故发生单位应急救援机构救援队伍由事故发生单位自行组建。⑤各职能部门与支持保障部门由本水利水电工程建设的其他部门组成，例如坝区管理部、监理单位、设计单位和施工供电局等。

坝区管理部的主要职责是：跟踪并详细了解施工现场发生的各类事故和应急物资需求情况，并根据指令组织调配、协调工程内外应急救援物资；负责对事故现场周围的警戒，控制无关人员进入现场；负责做好对非安全区域内的道路进行交通管制，确保抢险救灾车辆顺利通行；派出现场指挥部的组成人员，参与现场应急处置工作。

（四）施工安全事故应急运作机制

快速、有序且高效地处理水利水电工程施工安全事故，需要事故应急救援系统中各个组织机构的协调努力。施工安全事故一旦发生，应立即启动事故应急救援系统的运作机制程序。运作机制按其过程通常可分为接警、响应级别确定、应急启动、救援行动、应急恢复和应急结束等几个过程。

1.接警上报

接到事故报警后，先确定警情的真实性，然后按照工作程序上报。事故现场有关人员及时、主动地报告该单位的应急指挥机构或责任人，由该指挥机构或负责人通过电话联系方式及时上报事故灾难应急救援指挥部，由事故灾难应急救援指挥部值班人员通知应急指挥部总指挥长，副总指挥长及相关单位负责人。上报过程中不得迟报、谎报、瞒报和漏报，同时按规定进行逐级上报，并在应急处置过程中，及时续报有关情况。

2.确定响应级别

事故灾难应急救援指挥部根据警情信息作出判断，初步确定响应级别。如果事故不足以启动事故应急救援体系的最低响应级别，响应关闭。

水利水电工程施工安全事故应急救援按照事故的性质、严重程度、事态发展趋势、可控性、影响范围和控制能力实行分级响应机制，对不同的响应级别，相应地明确事故的通报范围、应急中心的启动程度、应急力量的出动和设备、物资的调集规模、疏散的范围、应急总指挥的职位等。水利水电工程施工安全事故应急救援的响应级别通常分为4级：Ⅰ级（特大事故）、Ⅱ级（重大事故）、Ⅲ级（较大事故）、Ⅳ级（一般事故）。

Ⅰ级紧急情况。需要水利水电工程建设单位、省级政府统一组织协调，利用所有有关部门及一切资源进行应急处理的特别严重事故。在该级别中，作出重要决定通常是紧急事务管理部门。

Ⅱ级紧急情况。需要两个或更多个部门、请援市县和相关单位力量进行联合处置的紧急情况。该事故的救援需要有关部门的协作，并且提供人员、设备或其他资源。该级响应需要成立现场指挥部来统一指挥现场的事故应急救援行动。

Ⅲ级紧急情况。需要个别部门、请援县级政府力量和正常利用的资源进行处置的紧急情况。正常可利用的资源指在该部门权力范围内通常可以利用的应急资源，包括人力和物力等。必要时，该部门可以建立一个现场指挥部，所需的后勤支持、人员或其他资源增援由本部门负责解决。

Ⅳ级紧急情况。只需要调度个别部门、单位或请援县级政府的力量和正常可利用的资源能够处置的事故。

3.应急启动

应急响应级别确定后，按所确定的响应级别启动相应的应急救援预案和应急救援程序，如通知应急中心有关人员到位、开通信息与通信网络、通知调配救援所需的应急资源（包括应急队伍和物资、装备等），成立现场指挥部等。

事故灾难应急救援指挥部根据事故等级向工程建设应急联动中心报告事故情况，并在24h内填写事故应急报告，该报告内容包括：事故发生的单位及事故发生的时间、地点；事故发生单位的经济类型、企业规模；事故的简要经过、遇险人数、直接经济损失的初步估计；事故原因、性质的初步判断；事故应急处理的情况和采取的措施；需要有关单位（部门）协助事故抢险和处理的有关事宜；事故报告单位、签发人和报告时间。

4.救援行动

有关应急队伍进入事故现场后，迅速开展侦测、警戒、疏散、人员救助、工程抢险等有关事故应急救援工作。专家组为救援决策提供建议和技术支持。当事态超出响应级别，无法得到有效控制时，向应急中心请求实施更高级别的响应。在水利水电工程施工安全应急救援行动过程中要做的工作如下。

（1）工作召集、调动救援力量

水利水电工程各参建单位接到事故灾难应急救援指挥部指令后、立即响应，派遣事故抢险人员、物资设备等迅速在指定位置聚集，并听从现场指挥长的安排。事故发生地的应急救援力量由现场指挥长直接召集调用。现场指挥长应按预案确定的基本原则和专家建议迅速组织应急救援力量进行应急救援，并且要与参加应急救援行动的各单位（部门）保持通信畅通。

（2）工作现场处置

事故发生单位必须保护好现场，严密封锁周边危险区域，按预案展开营救和保护财产。若发生特殊险情时，事故灾难应急救援指挥部在充分考虑专家和有关方面意见的基础上，依法及时采取紧急处置措施。

（3）工作医疗卫生救助

水利水电工程建设部和参建单位根据应急救援预案及部门职责，依托当地政府建立医疗卫生应急专业技术队伍和保障系统，根据需要及时赶赴现场开展医疗救治、疾病预防控制等卫生应急工作。

（4）应急人员的安全防护

现场应急救援人员应根据需要携带相应的专业防护装备，采取安全防护措施，严格执行应急救援人员进入和离开事故现场的相关规定。进行应急救援时，救护人员至少2～3人为一组集体行动，以便相互监护照应。

事故灾难应急救援指挥部根据需要具体协调、调集相应的安全防护装备。事故超出事故灾难应急救援指挥部处理能力时，应及时向工程建设部应急联动中心请求救援。水利水电工程各基层合同单位要针对单位事故类别及可能发生的事故特点、危险性，制定现场处置方案，现场处置方案包括：事故特征、应急组织与职责、应急处置、注意事项、应急物资装备的目录清单、关键线路、标识和图纸。

5.应急恢复

应急行动结束后，进入临时应急恢复阶段。包括现场清理、人员清点和撤离、警戒解除、善后处理和事故调查等。

6.应急结束

执行应急关闭程序，由事故总指挥宣布应急结束。

参考文献

[1] 闫国新 . 水利水电工程施工技术 [M]. 郑州：黄河水利出版社，2020.

[2] 朱显鸽 . 水利水电工程施工技术 [M]. 郑州：黄河水利出版社，2020.

[3] 代培，任毅，肖晶 . 水利水电工程施工与管理技术 [M]. 长春：吉林科学技术出版社，2020.

[4] 罗永席 . 水利水电工程现场施工安全操作手册 [M]. 哈尔滨：哈尔滨出版社，2020.

[5] 谢文鹏，苗兴皓，姜旭民 . 水利工程施工新技术 [M]. 北京：中国建材工业出版社，2020.

[6] 刘志强，季耀波，孟健婷 . 水利水电建设项目环境保护与水土保持管理 [M]. 昆明：云南大学出版社，2020.

[7] 唐涛 . 水利水电工程 [M]. 北京：中国建材工业出版社，2020.

[8] 崔洲忠 . 水利水电工程管理与实务 [M]. 长春：吉林科学技术出版社，2020.

[9] 闫国新，吴伟 . 水利工程施工技术 [M]. 北京：中国水利水电出版社，2020.

[10] 陈邦尚，白锋 . 水利工程造价 [M]. 北京：中国水利水电出版社，2020.

[11] 张义 . 水利工程建设与施工管理 [M]. 长春：吉林科学技术出版社，2020.

[12] 宋美芝，张灵军，张蕾 . 水利工程建设与水利工程管理 [M]. 长春：吉林科学技术出版社，2020.

[13] 曾瑜，历莎 . 水利工程造价 [M]. 北京：高等教育出版社，2020.

[14] 高明强，曾政，王波 . 水利水电工程施工技术研究 [M]. 延吉：延边大学出版社，2019.

[15] 王东升，徐培蓁 . 水利水电工程施工安全生产技术 [M]. 北京：中国建筑工业出版社，2019.

[16] 周峰，曹光超，宋先锋 . 水利工程与水电施工技术 [M]. 长春：吉林科学技术出版社，2019.

[17] 李宝亭，余继明 . 水利水电工程建设与施工设计优化 [M]. 长春：吉林科学技术出版社，2019.

[18] 郭海，彭立前 . 水利水电混凝土工程单元工程施工质量验收评定表实例及填

表说明 [M]. 北京：中国水利水电出版社，2019.

[19] 袁俊周，郭磊，王春艳 . 水利水电工程与管理研究 [M]. 郑州：黄河水利出版社，2019.

[20] 牛广伟 . 水利工程施工技术与管理实践 [M]. 北京：现代出版社，2019.

[21] 张莹，王东升 . 水利水电工程机械安全生产技术 [M]. 北京：中国建筑工业出版社，2019.

[22] 董哲仁 . 生态水利工程学 [M]. 北京：中国水利水电出版社，2019.

[23] 刘明忠，田淼，易柏生 . 水利工程建设项目施工监理控制管理 [M]. 北京：中国水利水电出版社，2019.

[24] 陈涛 . 水利工程测量 [M]. 北京：中国水利水电出版社，2019.

[25] 吴志强，董树果，蒋安亮 . 水利工程施工技术与水工机械设备维修 [M]. 哈尔滨：哈尔滨工业大学出版社，2019.

[26] 郭振宇，王飞寒 . 中国水利概论 [M]. 郑州：黄河水利出版社，2019.

[27] 魏温芝，任菲，袁波 . 水利水电工程与施工 [M]. 北京：北京工业大学出版社，2018.

[28] 高占祥 . 水利水电工程施工项目管理 [M]. 南昌：江西科学技术出版社，2018.

[29] 王东升，徐培蓁，朱亚光 . 水利水电工程施工安全生产技术 [M]. 徐州：中国矿业大学出版社，2018.

[30] 井德刚，赵国杰，王钰 . 水利水电工程施工与管理 [M]. 天津：天津科学技术出版社，2018.

[31] 薛桦 . 水利水电工程施工技术 [M]. 郑州：黄河水利出版社，2018.

[32] 陈俊 . 水利水电工程施工与管理研究 [M]. 天津：天津科学技术出版社，2018.

[33] 鲁杨明，赵铁斌，赵峰 . 水利水电工程建设与施工安全 [M]. 海口：南方出版社，2018.

[34] 邵章富，孙玉梅，谢长福 . 水利水电施工与工程造价管理 [M]. 北京：中国建材工业出版社，2018.

[35] 贾洪彪，邓清禄，马淑芝 . 水利水电工程地质 [M]. 武汉：中国地质大学出版社，2018.